全国高职高专建筑类专业规划教材

钢结构施工技术

主　编　徐猛勇　　申永康　　田利萍

副主编　祝冰清　　艾思平　　段文涛

　　　　麻　媛

主　审　李有香

U0364369

黄河水利出版社

·郑州·

内 容 提 要

　　本书是全国高职高专建筑类专业规划教材,是根据教育部对高职高专教育的教学基本要求及全国水利水电高职教研会制定的钢结构施工技术课程标准编写完成的。本书是按现行国家标准,以培养钢结构施工技术人才为目的而编写的教材,主要内容包括钢结构的发展、钢结构材料、钢结构工程施工图识读及详图设计、钢结构加工制作、钢结构连接、钢结构安装、钢结构涂装、钢结构质量验收、钢结构案例等。

　　本书工程实践性突出,可作为高职高专院校建筑工程技术、工程监理、土木工程技术等土建类专业的教材,也可作为其他职业学校、相关职业岗位培训教材或自学用书。

图书在版编目(CIP)数据

　　钢结构施工技术/徐猛勇,申永康,田利萍主编 . —郑州:
黄河水利出版社,2013.3
　　全国高职高专建筑类专业规划教材
　　ISBN 978 - 7 - 5509 - 0432 - 3

　　Ⅰ . ①钢⋯　Ⅱ . ①徐⋯ ②申⋯ ③田⋯　Ⅲ . ①钢结
构 - 工程施工 - 高等职业教育 - 教材　Ⅳ . ①TU758.11

　　中国版本图书馆 CIP 数据核字(2013)第 033201 号

　　组稿编辑:王路平　　电话:0371 - 66022212　E-mail:hhslwlp@163.com
　　　　　　　路夷坦　　　　　　　　66026749　　　　hhsllyt@126.com

出　版　社:黄河水利出版社
　　　　地址:河南省郑州市顺河路黄委会综合楼 14 层　　　邮政编码:450003
发行单位:黄河水利出版社
　　　　发行部电话:0371 - 66026940,66020550,66028024,66022620(传真)
　　　　E-mail:hhslcbs@126.com
承印单位:黄河水利委员会印刷厂
开本:787 mm × 1 092 mm　1/16
印张:17.25
字数:400 千字　　　　　　　　　　　　　印数:1—4 100
版次:2013 年 3 月第 1 版　　　　　　　　印次:2013 年 3 月第 1 次印刷
定价:35.00 元

前　言

本书是根据《教育部关于全面提高高等职业教育教学质量的若干意见》(教高〔2006〕16 号)、《教育部关于推进高等职业教育改革创新引领职业教育科学发展的若干意见》(教职成〔2011〕12 号)等文件精神,由全国水利水电高职教研会拟定的教材编写规划,在中国水利教育协会指导下,由全国水利水电高职教研会组织编写的建筑类专业规划教材。本套教材以学生能力培养为主线,具有鲜明的时代特点,体现出实用性、实践性、创新性的教材特色,是一套理论联系实际、教学面向生产的高职高专教育精品规划教材。

钢结构施工技术是高职高专建筑工程技术、工程监理、土木工程技术等专业的一门主要职业技术课程。通过本课程的学习,学生应掌握钢结构工程施工与管理基本技能,掌握钢结构加工和安装工序,对钢结构施工质量进行控制,能识读钢结构工程施工图纸。本书编写贯彻理论联系实际的原则,注重施工技能的培养,主要内容包括钢结构的发展、钢结构材料、钢结构工程施工图识读及详图设计、钢结构加工制作、钢结构连接、钢结构安装、钢结构涂装、钢结构质量验收、钢结构案例等。

本书编写人员及编写分工如下:湖南水利水电职业技术学院徐猛勇编写第 1 章、第 6 章,山西水利职业技术学院麻媛编写第 2 章,杨凌职业技术学院申永康编写第 3 章,安徽水利水电职业技术学院艾思平编写第 4 章,内蒙古机电职业技术学院田利萍编写第 5 章、第 8 章,安徽水利水电职业技术学院祝冰清编写第 7 章,长江工程职业技术学院段文涛编写第 9 章。本书由徐猛勇、申永康、田利萍担任主编,徐猛勇负责全书统稿;由祝冰清、艾思平、段文涛、麻媛担任副主编;由安徽水利水电职业技术学院李有香担任主审。

本书引用了大量有关专业文献和资料,未在书中一一注明出处,在此对有关文献的作者表示感谢。由于编者水平有限,加之时间仓促,难免存在错误和不足之处,诚恳地希望读者批评指正。

编　者
2013 年 1 月

目　录

第1章 钢结构的发展

【学习目标】

通过本章的学习,掌握钢结构的特点,能对钢结构的应用进行选择。

1.1 钢结构在我国的发展概况

在钢结构的应用和发展方面,我国有着悠久的历史。据历史资料记载,远在公元1世纪50~60年代,为了与西域国家通商和进行文化及宗教上的交流,在我国西南地区通往南亚诸国通道的深山峡谷上,成功地建造了一些铁索桥。例如,我国云南省景东地区澜沧江上的兰津桥,建于公元58~75年,是世界上最早的一座铁索桥,它比欧洲最早出现的铁索桥要早70年。随后陆续建造的有云南省的沅江桥(建于400多年前)、贵州省的盘江桥(建于300多年前)以及四川省泸定县的大渡河铁链桥(建于1696年)等。这些桥无论在工程规模上还是在建造技术上,当时都处于世界领先水平。大渡河铁链桥由9根桥面铁链、4根桥栏铁链构成,大桥净长100 m,桥宽2.8 m,可同时通行2辆马车,铁链锚定在直径20 cm、长4 m的锚桩上,每根铁链重达1.5 t。

我国古代在各地还建造了不少铁塔。例如:湖北省当阳的玉泉寺铁塔,计13层,高17.5 m,建于1061年;江苏省镇江的甘露寺铁塔,原为9层,现存4层,建于1078年;山东省济宁的铁塔寺铁塔,建于1105年等。我国古代采用钢结构的光辉史绩,充分说明了我国古代的冶金技术是领先的。

近百余年来,随着欧洲工业革命的兴起,钢铁冶炼技术的迅速发展,钢结构在欧美一些国家的工业与民用建筑物中得到了广泛的应用,不但数量日渐增多,而且应用范围也不断扩大。但我国由于长期处于封建落后的状态,特别是1840年鸦片战争以后,沦为半封建半殖民地,备受帝国主义、封建主义和官僚资本主义的压迫与剥削,发展很缓慢。那一时期,在全国只建造了少量的工业与民用建筑物(如上海18层的国际饭店、上海大厦等)和一些公路及铁路钢桥,而且主要是由外商承包设计和施工。同一时期,我国的钢结构工作者在艰难的条件下也建造了一些钢结构的建筑物,其中有代表性的有1931年建成的广州中山纪念堂、1934年建成的上海体育馆和1937年建成的杭州钱塘江大桥,其中杭州钱塘江大桥是我国自行设计和建造的第一座公路铁路两用钢桥,安全使用到现在。

1949年新中国成立以来,我国冶金工业不断发展,钢铁产量不断增长,钢结构的设计、制造和安装水平有了很大的提高,为我国钢结构的发展创造了条件。

在新中国成立初期的几年时间内,建造了一批钢结构厂房和矿场,其中主要有新建的太原和富拉尔基重型机器制造厂、长春第一汽车制造厂、哈尔滨三大动力厂、洛阳拖拉机厂、沈阳和哈尔滨的一些飞机制造厂等,扩建和恢复的有鞍山钢铁公司、武汉钢铁公司和大连造船厂等。此外,还新建了汉阳铁路桥和武汉长江大桥等。1959年在北京建成的人民大会堂,采用了跨度达60.9 m、高达7 m的钢屋架和分别挑出15.5 m和16.4 m的看台箱形钢梁。1961年建成的北京工人体育馆,屋盖采用了直径为94 m的车辐式悬索结构,能容纳观众15 000人。1965年在广州建成的第一座高200 m的电视塔,截面为八角形,8根立柱各由3根圆钢组成,缀条也采用了圆钢组合截面。1967年建成的首都体育馆,屋盖采用了平板网架结构,跨度达99 m,可容纳观众15 000人。

随后,在"文化大革命"时期,我国的基本建设几乎陷于完全停滞状态。这期间,只建成少数几个钢结构工程。例如:1968年建成的南京长江大桥,采用了三跨连续桁架,并适当降低中间支座,调整桁架内力,取得了节约钢材10%的经济效果;1973年建成的上海万人体育馆,屋盖采用了直径达110 m的圆形平板网架;1978年建成的武汉钢铁公司一米七轧钢厂,采用的钢结构用钢量达5万t。在这十年中,我国无论是钢结构的理论研究,还是工程应用,基本上处于停滞状态,进展缓慢。

1978年党的十一届三中全会以后,国家工作的重点转到了经济建设方面。从此,我国的社会主义建设步入了一个新的发展时期,各行各业都出现了蓬勃发展的新态势。对钢结构建筑的需求量不断增加,特别是钢产量逐年增长,从1985年的4 666万t,1987年的5 600万t,1997年达到1亿t,到2003年达到2亿t,更加促进了我国钢结构建筑的应用和发展。从20世纪80年代起,建成的大型钢结构工程主要有:上海宝山钢铁公司第一、二期工程,1986年建成的北京香格里拉饭店(高82.75 m),1987年完工的深圳发展中心大厦(高160 m),以及1996年竣工的九江长江大桥,2002年竣工的芜湖长江大桥等。

高层建筑和大型公共建筑物大量兴建,其中主要有北京京广大厦(高208 m),北京京城大厦(高182.8 m),上海锦江饭店分馆(高153.2 m)。另有:深圳发展中心大厦,有5根巨大箱形钢柱,截面尺寸为1 070 mm×1 070 mm,钢板厚度达130 mm;1996年建成的深圳市地王大厦,地下3层,地上81层,高383.95 m(到旗杆顶),采用的箱形钢柱最大截面为2 500 mm×1 500 mm,钢板最大厚度70 mm。近年来,钢管混凝土柱的应用也已进入了高层建筑领域。例如,1999年建成的深圳赛格广场大厦(柱子全部为钢管混凝土柱,地下4层,地上72层),以及上海浦东的金茂大厦(高达420 m,1998年完工)。据不完全统计,自20世纪80年代迄今,全国各地兴建的百米以上的高层建筑已有数十座之多,其中大都采用钢结构。

近年来,我国各地建造的很多体育馆、剧场和大会堂等,也采用了钢网架结构或悬索结构。例如:首都体育馆采用了99 m×112.2 m的正交平板网架;1986年建造的吉林滑冰馆,采用了双层悬索屋盖结构,悬索跨度为59 m,房屋跨度为70 m;1998年为冬运会建造的长春体育馆,采用了两个部分球壳组成的长轴191.68 m、短轴146 m的方钢管拱壳屋盖结构,高4.067 m。

此外,还有工业建筑中的飞机库、飞机装配车间等。如1995年建造的首都机场四机位飞机库,是当今世界上规模最大的飞机库,跨度为(153 + 153)m,屋盖采用大桥和多层四角锥网架相结合的形式,有10 t悬挂吊车,屋盖结构总重约5 400 t。北京地毯厂、长春第一汽车制造厂、天津钢厂无缝钢管厂以及上海宝钢管坯连铸主厂房等在厂房屋盖中,也都采用了网架结构,建筑总面积超过300万 m²。

1993年建成的黑龙江省大庆市电视塔,塔身高160 m,天线高100 m,是我国2000年前已建成的最高钢电视塔。2000年新建成的黑龙江省电视塔,连天线总高336 m,是迄今世界第二高的钢电视塔。

此外,轻型钢结构的发展也很快,据不完全统计,进入20世纪90年代后期,我国每年建成的工程面积达400万 m² 之多。安徽芜湖951一期工程的厂房(长315 m,宽240 m,建筑面积达7.56万 m²)、浙江吉利集团在前两年修建的临海机车工业公司厂房(计14.5万 m²)等工程均采用了轻型钢结构。

综上所述,钢结构虽然造价高,但由于本身的特点,如轻质高强、抗震性能好、建造速度快、工期短等,因而综合经济效益好,获得广泛应用。可以预期,随着我国经济建设的不断发展,钢结构的应用将日益广泛,并将进入新的更高的发展阶段。

1.2 钢结构的特点和应用范围

钢结构是用钢板和各种型钢,如角钢、工字钢、槽钢、H型钢、钢管和薄壁型钢等制成的结构,在钢结构制造厂中加工制造,运到现场进行安装。

1.2.1 钢结构的特点

1.2.1.1 钢材的强度高,钢结构的质量轻

钢材的强度比混凝土、砖石和木材等建筑材料要高得多,适用于荷载重、跨度大的结构。钢材的密度虽比其他建筑材料大,但强度却高得多,属于轻质高强材料。在相同的跨度和荷载条件下,钢屋架的质量只有钢筋混凝土屋架质量的 $1/4 \sim 1/3$,若采用薄壁型钢屋架甚至接近1/10。钢结构质量轻,便于运输和安装,同时可以减轻基础的负荷,对抵抗地震作用比较有利。

1.2.1.2 钢材的塑性和韧性好

钢材的塑性好,在一般情况下钢结构不会因偶然超载或局部超载而突然断裂破坏,只是出现变形,使应力重分布。钢材的韧性好,使钢材具有一定的抗冲击脆断的能力,对动力荷载的适应性强。其良好的延性和耗能能力使钢结构具有较强的抗震性能。

1.2.1.3 材质均匀,和力学计算的假定条件比较符合

钢材在冶炼和轧制的过程中质量可以严格控制,材质波动性小。因此,钢材的内部组织比较均匀,接近各向同性体,而且在一定的应力幅度内材料为弹性,所以钢结构的实际受力情况和工程力学计算的假定条件比较符合,计算结果比较可靠。

1.2.1.4 钢结构密闭性好

钢结构的钢材和焊接连接的不渗漏性、气密性和水密性比较好,适合制造各种密封的板壳结构容器,如油罐、气罐、管道和压力容器等。

1.2.1.5 钢结构制造简便,施工周期短

钢结构制造工厂化、施工装配化。钢结构所用的材料是由轧制成型的各种型材,由型材加工制成的构件在金属结构厂中制造,加工制作简便,成品的精确度高。制成的构件运到现场安装,构件又较轻,现场占地少,连接简单,安装方便,施工周期短,钢结构采用螺栓连接,还便于加固、改扩建和拆迁。

1.2.1.6 钢材耐腐蚀性差

钢材在湿度大和有侵蚀性介质的环境中,容易锈蚀,截面不断削弱,使结构受损,特别是薄壁构件更要注意。因而对钢结构必须注意采用防护措施,如表面除锈、刷油漆和涂料等,而且需要定期维护,故维护费用较高。

1.2.1.7 钢材耐热但不耐火

钢材受热时,当温度在200 ℃以内时,其主要力学性能(如屈服点和弹性模量)降低不多。当温度超过200 ℃时,钢材性能发生较大的变化,不仅强度逐步降低,还会发生蓝脆和徐变现象。当温度达600 ℃时,钢材进入塑性状态,失去承载力。因此,规范规定当钢材表面温度超过150 ℃时,应采用有效的防护措施,对需防火的结构,应按相关的标准采取防火措施。

1.2.2 钢结构的应用范围

钢结构由于其具有的特点和结构形式的多样化,随着我国国民经济的迅猛发展,其应用的范围越来越广泛,在工业与民用建筑中钢结构的合理应用范围如下。

1.2.2.1 大跨度结构

结构的跨度较大时,吊车减轻结构自重就会有明显的经济效果。钢材轻质高强,大跨度结构应采用钢结构,如体育馆、大剧场、展览馆、大会堂、会展中心以及工业建筑中的飞机库、飞机装配车间、大煤棚等。结构体系可为网架、悬索、拱架以及框架等。

1.2.2.2 重型工业厂房

对于跨度和柱距都比较大,吊车起重量较大或工作较繁重的车间多采用钢结构,如冶金工厂的炼钢车间、轧钢车间、重型机器制造厂的车间。此外,具有温度作用或设备的振动作用的车间也采用钢结构,如锻压车间等。

1.2.2.3 高耸结构

高耸结构包括塔架和桅杆结构等,如电视塔、微波塔、输电线塔、矿井塔、环境大气监测塔、无线电天线桅杆和广播发射桅杆等。

1.2.2.4 多层建筑和高层建筑

多层建筑和高层建筑的骨架采用钢结构体系,最能体现钢结构建筑轻质高强的优越性,近年来钢结构在此领域已逐步得到发展。例如,在上海浦东开发区建设中,高层建筑钢结构的发展尤其迅速,现已建成的上海金茂大厦,据有关资料介绍为框 – 筒结构,混合材料,高度420.5 m,地上88层,地下3层,钢结构安装,电动爬模。在北京、深圳等地的高层、超高层建筑中,大都采用了钢结构建筑。

目前,在高层、超高层建筑中应用的体系大致有三种:一是混凝土结构;二是钢结构;三是以上两种体系组成的混合结构。在这种混合结构中因发挥了钢结构的优点而克服了钢结构的缺点,所以应用得比较多。现在钢结构应用的形式主要有:①作为钢框架与混凝土核心筒组成受力结构体系,这是高层混合结构中常用的形式。②作为劲性骨架与混凝土一起组成受力构件,包括钢管混凝土,这种混合结构兼有钢材与混凝土两者的优点,整体强度大,刚性好,抗震性能好。当采用外包混凝土结构形式时,更具有良好的耐火和耐腐蚀性能。混合结构构件一般可以降低用钢量15% ~20%,还可减少支模、施工方便、快速,因此混合结构在高层、超高层建筑中所占比重较大。

1.2.2.5 承受振动荷载影响和地震作用的结构

由于钢材具有良好的韧性,在设有较大锻锤的车间,其骨架直接承受的动力荷载尽管不大,但间接的振动却极为强烈,应采用钢结构。对地震作用要求较高的结构也宜采用钢结构。

1.2.2.6 可拆卸或移动的结构

建筑工地的生产、生活附属用房以及流动式展览馆等可拆卸、移动的结构,如建筑机械的塔式起重机、履带式起重机的吊臂和龙门起重机等,都采用钢结构。

1.2.2.7 板壳结构及其他结构

油罐、煤气罐、高炉、锅炉、料斗、烟囱、水塔以及各种管道等均采用钢材板壳结构,运输通廊、栈桥、管道支架、高炉和锅炉构架、井架和海上采油平台等结构应采用钢结构,另外钢结构也广泛应用于跨度大、结构形式新颖的桥梁结构。

1.2.2.8 轻型钢结构

轻型钢结构包括轻型门式刚架房屋钢结构、冷弯薄壁型钢结构以及钢管结构等。这些结构可用于荷载较轻或跨度较小的建筑,具有自重小、建造快且节省钢材等许多优点,近年来轻型钢结构在我国发展非常迅猛。

以上是当前我国钢结构应用范围的一般情况。在确定采用钢结构时,应从建筑物或构筑物的使用要求和具体条件出发,考虑综合经济效果。总的来说,根据我国现实情况,钢结构适用于高、大、重型、轻型结构。

1.3 钢结构的发展及实例

钢材是国民经济建设和国防建设中的重要材料。钢结构由于具有强度高、自重轻、可靠性好、容易密封、工业化程度高、施工速度快等优点,一直是人们喜爱采用的一种结构,近百年来得到了快速的发展。随着我国经济建设的迅速发展和钢产量的不断提高,生产工艺的不断革新,钢结构也相应保持并扩大其应用领域。21世纪,在建筑用钢量比例上,钢结构与钢筋混凝土将分别出现增长与递减的趋势。钢结构将主宰大跨度、重载荷、超高层及可移动结构领域,并向中小跨度延伸。钢结构的市场越来越广泛,我国钢结构的应用及发展应在合理地使用材料的基础上,不断创新合理的结构形式,更新设计理论和计算方法,充分发挥钢结构自身的优点,不断扩大其应用领域。

1.3.1 高效钢材的应用

钢材的质量和品种,直接影响钢结构的应用和发展。近年来,世界各产钢国竞相发展高效钢材。高效钢材是相对于普通钢材的统称,是指在一定环境和工作条件下,适用性好、社会综合经济效益高的钢材。与普通钢材相比,其主要表现为几何尺寸合理、性能更好、适用性广泛、节约金属、经久耐用、易于维护、使用方便。它包含的品种有低合金钢材、热强化钢材、经济截面钢材、表面处理钢材、冷加工钢材和金属制品等。

1.3.1.1 低合金钢材

用低合金钢代替普通碳素钢,利用添加少量合金元素提高钢材的强度和改善其他一些性能,从而达到降低钢材用量和延长钢材使用寿命等目的,以取得良好的经济效益。各产钢国一般都结合其富有的合金资源大力开发,我国亦将开发低合金钢列为发展高效钢材的重点,并已形成锰、钒、钛、铌和稀土元素的低合金钢系列,且近几年发展速度较快。通常所说的低合金钢材包括高强度结构钢、耐腐蚀钢、耐腐蚀钢轨、高强度建筑钢筋等。例如耐候钢(耐腐蚀钢),是低合金钢中需大力发展的钢种之一,由于耐候钢暴露在大气条件下时,表面可逐渐形成一层非常致密且附着力很强的稳定锈层,从而阻止外界腐蚀介质的侵入,减缓金属继续腐蚀的速度,因此耐候钢可大量节约涂漆和维护费用。近年来,一些国家的铁路车辆、桥梁和房屋建筑已较普遍地采用低合金耐候钢,经济效果显著。

1.3.1.2 热强化钢材

热强化钢材是指经控制轧制、控制冷却和热处理的各类钢材,包括控制轧制钢材、控制冷却钢材、强化热处理钢材等。由于经热强化后,钢材的内部组织经过调整,其强度、韧性等均有显著提高,如钢轨经热强化后,寿命可较一般的钢延长12倍。但我国的热强化钢材的品种及数量还很有限,仍需进一步的研制和发展。控制轧制法的利用目前也比较普遍,通过控轧控冷,钢材强度约可提高一个等级,韧性也有所改善,能显著节约钢材。

1.3.1.3 经济截面钢材

经济截面钢材包括 H 型钢、T 型钢、异型钢、周期断面型钢、钢管及冷弯型钢、压型钢板等。由于截面形状合理,故在用钢量相等的情况下,其截面惯性矩可比一般截面型材的大,且使用方便,能高效地发挥钢材的作用,节约金属和降低钢结构制造费用。热轧 H 型钢是经工字钢优化改进而来的经济断面形式,因其平行翼缘比工字钢宽,而其腹板又相对较薄,在工字形截面钢构件中,抗弯作用主要由翼缘承担,H 型钢宽翼缘加上相应的薄腹板,其力学性能明显地优于工字钢,20 世纪五六十年代发达国家已广泛应用 H 型钢。在材料用料相同的情况下,H 型钢的实际承载能力比传统的普通工字钢大,而且对梁、柱、桩,可根据其受力特性,选择工厂生产的不同类型的 H 型钢,以适应结构特点,节约钢材。

在我国,冷弯薄壁型钢结构的具体应用也有很多成功的工程实践经验,自 20 世纪 60 年代以来,已建造了约 50 万 m² ,并成功地用于跨度达 30 m 的屋盖结构。压型钢板在我国目前多用于建筑物的组合楼盖和围护结构(屋面和墙面)。组合楼盖是将压型钢板置于梁上,并在其上浇灌混凝土。此时,压型钢板可以代替拉筋承受拉力,和混凝土良好的受压性能结合,各尽所能,效果显著。

围护结构用的压型钢板主要有彩色涂层钢板、镀锌钢板和铝合金板,它们可直接用作非保温的屋面板或墙板。例如,彩色压型钢板复合墙板具有质量轻、保温性好、色彩鲜艳、立面美观、施工速度快等优点,由于所使用的压型钢板已敷有各种防腐耐蚀涂层,因而还具有耐久性能好和抗腐蚀性能好的优点。彩色压型钢板复合墙板不仅适用于工业建筑物的外墙挂板,而且在许多民用建筑和公共建筑中也已被广泛采用。由于压型钢板自重比过去传统的钢筋混凝土板轻得多,且制造、安装简便,外形美观,故近年来在我国已得到较多应用。

1.3.1.4 表面处理钢材

镀层、涂层、复合等表面处理钢材由于钢材表面覆层后,防腐蚀性能改善,可使其寿命延长 25 倍,是节约钢材的有效途径。主要包括镀保护金属(锌、铝或锌铝合金)的镀层钢材(如镀锌钢板等)和涂有机物(油漆和塑料)的涂层钢材(如彩色涂层钢板)等,可适应各产业部门对耐蚀性、涂装性、焊接性和美观性等各种不同要求,从而在汽车、电机和建材等方面的应用不断扩大。用覆层钢板制造冷弯型钢和压型钢板等经济截面,配套用于轻型钢结构或做围护结构用材,可减少维护费用,经济效果更为显著。

1.3.1.5 冷加工钢材

冷加工钢材是指经冷轧、冷拔和冷挤压的钢材。由于产生冷加工硬化,故其强度大为提高,且表面光洁,尺寸精确,不仅可用于特殊用途,也可代替热轧钢材,通常包括冷轧薄钢板(带)、冷轧(拔)无缝管、冷轧硅钢片、冷拉冷轧型钢材。如用得最多的冷轧薄钢板,由于强度较高,使用厚度相对较薄,一般可节约钢材约 30%,而生产费用仅增加约 10%,故主要产钢国家都在努力发展。

1.3.1.6 金属制品

金属制品一般是指各类钢丝、预应力高强度钢丝及钢绞线、钢丝绳、镀层和复合层钢丝、钢丝绳等。由于经冷拔的钢丝及其制品钢绞线、钢丝绳等有极高的抗拉强度,可比普通线材极大地节约钢材。钢丝、钢绞线除用于预应力混凝土结构外,钢绞线亦是钢结构中的悬索屋顶结构和悬索桥梁的主要用材。悬索结构是能最充分有效地发挥钢材性能特点的新型钢结构,是节约钢材的有效途径。

综上所述,由于高效钢材具有良好的性能、截面形状合理等特点,因此可以大大节约钢材并延长使用寿命。实践证明,高效钢材在使用中一般可以节约金属 15% 左右,有的品种节约金属更多。国外低合金钢的使用平均可以节约金属 30%。因此,大力发展高效钢材生产,是增加社会效益、缓和钢材紧缺矛盾的重要措施。例如,HRB400 钢筋不仅强度高,而且黏结性能好,2000 年经建设部与国家冶金局协调后,我国钢厂已能生产且已生产出包括细直径在内的各种直径的 HRB400 级钢筋,所以现行规范不仅在纵向受力钢筋上推广使用这种钢筋,而且在箍筋上也推广使用这种钢筋,这样可以明显降低钢筋用量。即使在分布钢筋上推广使用这种钢筋,与光面的 HPB235 级钢筋相比,也可以有效地减小混凝土裂缝宽度。

1.3.2 设计方法的改进

1.3.2.1 概率极限状态设计方法有待发展和完善

结构设计规范是实践和智慧的结晶,代表着一个国家结构设计理论发展的水平。作为标准,它不是一成不变的,而是随着科学技术的不断发展和对客观世界的新认识,在继承旧规范合理部分的同时,不断吸收新的研究成果,逐步修订和完善。工程结构设计经历了传统的容许应力法、概率设计法、极限状态设计法等阶段后,目前已进入以概率理论为基础的极限状态设计法阶段。

目前,我国以概率理论为基础的极限状态设计法中很多数据的研究分析及理论阐述尚需进一步的完善和发展,因为它计算的可靠度还只是构件或某一截面的可靠度,而不是结构体系的可靠度,同时也不适用于疲劳计算的反复荷载作用下的结构,对于板件屈曲后的强度、压弯构件的弯扭屈曲、空间结构的稳定、钢材的断裂理论等问题,都是今后要发展的理论研究课题。

1.3.2.2 组合结构、预应力结构、高层结构、钢管结构等的研究和发展

规范只对钢管结构及组合梁规定了一般的设计原则,很多设计问题还需逐步解决,以适应推广使用的要求。高层钢结构、预应力钢结构的优点,还有待总结。

1.3.2.3 计算机辅助设计的开发

国外采用计算机进行计算在设计工作中越来越占主要地位,结构设计上考虑优化理论的应用与计算机辅助设计及绘图都得到很大的发展,所有概略的比较和计算都已用小型计算机进行,国外比较通用的钢结构设计计算软件有 XSTEEL、ANSYS 等。我国也相继开发了一系列比较好的软件,如中国建筑科学研究院的 PKPM 中 STS 模块,同济大学研究的 3D3S 软件、MTS 等。软件的开发离不开程序的开发,钢网架、轻钢结构的设计程序比较成熟,但是高层钢结构设计程序有待于进一步研究,在高层钢结构设计中弹塑性动力时程分析仍是难点,钢结构住宅的通用程序也有待于开发。

1.3.3 新型结构的采用

1.3.3.1 轻型钢结构

轻型钢结构的材料规格小,杆件细而薄,而且材料的调直、下料、弯曲成型、加工拼装、构件的翻身搬运容易,不需要大型的专用设备,故特别适合在中、小型工厂加工制造。轻型钢结构能使同样数量的钢材发挥更大的作用,减轻结构自重,降低耗钢指标,降低工程造价。轻型钢结构主要用在不承受大载荷的承重建筑。比如,采用轻型 H 型钢(焊接或轧制,变截面或等截面)做成门式钢架支承;采用 C 型、Z 型冷弯薄壁型钢做檩条和墙梁;采用压型钢板或轻质夹芯板做屋面、墙面围护结构;采用高强度螺栓、普通螺栓及自攻螺丝等连接件和密封材料组装成的低层、多层预制装配式钢结构房屋体系。

1.3.3.2 空间结构

近年来,结构新材料的应用进一步推动了大跨度空间钢结构的发展,网架、网壳、钢管桁架结构等空间结构获得了广泛应用。20 世纪 60 年代网架在我国开始获得应用,到 80 ~ 90 年代,大、中、小跨度的网架几乎已遍及各地。以 1990 年北京亚运会为例,兴建的场馆中有 7 个馆采用了网架、网壳结构。在此期间,机械、汽车、化工、轻工等行业先后兴建许多大面积工业厂房,也大量采用了多种形式的大跨度空间钢结构。尤其是近年来,大型公共建筑大多采用了钢管杆件直接会交的钢管桁架结构,它们外形丰富、结构轻巧、传力简捷、制作安装方便、经济效果好,是当前应用较多的一种结构体系,这标志着我国房屋建筑由传统的平面结构体系向空间结构体系迈进了一大步。今后除配合开发高效钢材、挖掘潜力、改进平板网架的设计外,还应开发更加节约钢材的悬索结构。

1.3.3.3 预应力钢结构

预应力技术不仅用于混凝土结构,而且又广泛应用于钢结构中。随着科学技术的飞速发展,工程建设要求扩大钢结构的应用,而且要求尽量节约钢材。解决这种矛盾的主要

途径是：不断研究和改进现有的钢结构形式和设计理论，并创造新型的钢结构形式（包括组合或复合结构）。除节约钢材减轻自重外，还扩大其应用的范围，创造新型的独特建筑风格，在此过程中，预应力技术必不可少。应用预应力钢结构技术的基本思想是，采用人为的方法在结构或构件最大受力截面部位，引入与荷载效应相反的预应力，以提高结构承载能力（延伸了材料的强度幅度），改善结构受力状态（调整内力峰值），增大刚度（施加初始位移，扩大结构允许位移范围），达到节约材料、降低造价的目的。此外，预应力还具有提高结构稳定性、抗震性，改善结构疲劳强度，改进材料低温脆断、抗蚀等各种特性的作用。现在国外的发展趋势是，不论是平面结构还是空间结构或塔桅结构，均广泛施加预应力，以达到减轻结构自重、节约钢材的目的，同时对结构的刚度加以改善。我国在 20 世纪末期已研制、开发、采用各种形式的预应力空间钢结构建筑约 80 幢，充分显示出这类结构的众多特点和优势，具有强大的生命力，是空间结构发展的一种新趋向。在 21 世纪，预应力空间钢结构将会更加发挥其固有的特色和活力，有更为广阔的应用和发展。

1.3.3.4 组合结构

随着材料、工艺和有限元分析技术的发展，新型钢－混凝土组合结构层出不穷。概括地讲，组合结构可分为以下两大类：一是结构中采用了组合构件（由两种以上的材料通过黏结力、机械咬合力或连接件结合为整体共同受力的构件，从截面来看是两种异性材料的结合），主要有波形钢板箱梁、混凝土板和钢管桁架组成的空腹式箱梁、钢－混凝土组合梁、混合梁等；二是由两种以上不同材料的构件组合为一种新的结构体系，并共同承担外荷载，主要有梁拱组合结构、部分斜拉桥等。

组合结构利用钢和混凝土组合起来共同受力，并充分发挥各自的长处，有效地节约钢材和模板，降低造价。如组合结构中的劲性钢筋混凝土柱就是一种具有开发价值的结构形式，它是用钢构件做骨架，再在外面包上钢筋混凝土，这种组合结构柱在高层房屋建筑中使用时可有效地节约钢材，其强度、稳定性和抗震性能均较好，还可弥补全钢结构用钢量过多和全混凝土结构截面过大的缺点，同时其钢骨架在施工时可先作为承重骨架，有利于开展工作面，加快施工进度。组合结构的发展也为桥梁结构中一些技术难题的解决提供了全新的思路，是桥梁工程发展的重要方向。

1.3.4 钢结构实例

1.3.4.1 国家大剧院

国家大剧院，总占地面积 11.89 万 m^2，总建筑面积 16.5 万 m^2。外部围护钢结构壳体呈半椭球形，平面投影东西方向 212.20 m，南北方向 143.64 m，建筑物高度为 46.285 m，基础埋深的最深部分达到地面以下 32.5 m。椭球形屋面主要采用钛金属板饰面，中部为渐开式玻璃幕墙。椭球壳体外环绕人工湖，湖面面积达 3.55 万 m^2，各种通道和入口都设在水面下，见图 1-1。

1.3.4.2 国家体育场——"鸟巢"

"鸟巢"（见图 1-2），建设地点在北京奥林匹克公园，建筑面积 25.8 万 m^2，座席数 8 万个。赛时功能包括田径、足球。建筑顶面呈马鞍形，长轴为 332.3 m，短轴为 296.4 m，

图 1-1　国家大剧院

最高点高度为 68.5 m,最低点高度为 42.8 m。"鸟巢"外形结构主要由巨大的门式钢架组成,共有 24 根桁架柱。大跨度屋盖支撑在桁架柱上,柱距为 37.96 m。主桁架围绕屋盖中间的开口呈放射形布置。钢结构大量采用由钢板焊接而成的箱形构件,交叉布置的主桁架与屋面及立面的次结构一起形成了"鸟巢"的特殊建筑造型。

图 1-2　国家体育场——"鸟巢"

1.3.4.3　慕尼黑奥林匹克体育中心

奥运会的主要比赛场馆都建在奥林匹克公园内,其中奥林匹克主体育场是最为醒目的标志性建筑,由 45 岁的斯图加特建筑师拜尼施受 1967 年蒙特利尔世界博览会上德国馆一个小小的帐篷式结构的启发而创造的。其新颖之处就在于它有着半透明帐篷形的棚顶,覆盖面积达 85 000 m²,可以使数万名观众避免日晒雨淋。整个棚顶呈圆锥形,由网索钢缆组成,每一网格为 75 cm×75 cm,网索屋顶镶嵌浅灰棕色丙烯塑料玻璃,用氟丁橡胶卡将玻璃卡在铝框中,使覆盖部分内光线充足且柔和。独具匠心的拜尼施以蜿蜒的奥林匹克湖为背景,该奥运会的主要比赛场馆包容在连绵的帐篷式悬空顶篷之下,以横空出世的气势将体育场馆与自然景观融为一体,为激烈的比赛带来了大自然的温馨。体育场不仅外形别具一格,而且配套设备齐全。看台共有 4.7 万个座位和 3.3 万个站席,观众离场上最远处的距离为 195 m。在西看台上面最高处有体育评论员室。在南北看台上方装有电子显示牌。在看台下面设有更衣室、休息室、工程技术室、诊疗室、会议厅、贵宾室和新闻记者室等,还有停车场以及小卖部、餐厅和必要的通信设施用房。场内铺设了天然草皮,草皮下 25 cm 处按照设计铺设了全长 18.95 km 的管道,形成加热管道网,冷天可以导入热水,增加场地的温度,这样可以保证草皮四季常青。运动场的跑道是塑料跑道。奥林匹克火炬塔安装在体育场南侧的小山丘上,这样从各体育场馆都可以看到。虽然这座 74 800 m² 的体育场由预算时的 1 800 万马克激增到 1.7 亿马克,但在政府的大力支持下得以顺利完成,拜尼施本人也因此而跻身世界著名建筑师的行列,并在 20 年后主持完成了德国议会新楼的建设工程。这个在世界建筑史上堪称杰作的大型建筑群,成为慕尼黑市现代建筑的代表,见图 1-3。

图 1-3　慕尼黑奥林匹克体育中心

1.3.4.4　沈阳奥林匹克体育中心

沈阳奥林匹克体育中心体育场为容纳 6 万人的大型体育场,其南北看台顶部设置了一对平等投影为梭形的空间钢网壳罩棚结构,在东西两端采用平行弦桁架将南北网壳进行局部连接,本罩棚钢结构总用量约 11 000 t,总建筑面积 140 000 多 m²,如图 1-4 所示。

该罩棚几何外形可以认为取自一直径约为 433 m 的球体,两着地点间水平距离 360 m,正中最宽处水平投影尺寸 111 m,最高点距地面约 82 m,屋面罩棚结构采用单层网壳结构体系,南北罩棚内侧悬挑处各设置一空间加劲三角桁架,屋面网壳采用单根大口径钢管(主要规格有:$\phi 1\,524 \times 23$、$\phi 1\,422 \times 33$),一端支撑在地面上,另一端直接与悬挑端的空间加劲桁架相贯连接。该工程主体钢屋盖呈双曲面,各点标高不一,主要构件超重、超长,主桁架跨度大、高度高,而且在屋盖内四周都是看台混凝土结构,在混凝土结构施工期间大型机械不能以常规方式在屋盖下进行作业,另外主要杆件均为大口径钢管,最大的钢管直径达到 1 524 mm,且按设计要求,所有拱架及外围轮廓杆件均需按照圆弧曲管加工和焊接,其中主桁架的最大安装标高达到 82 m 左右,安装设计较高,吊装难度大,对加工精度要求非常高。

图1-4　沈阳奥林匹克体育中心

1.3.4.5　雅典奥林匹克主体育场

雅典奥林匹克主体育场(见图1-5)比赛项目为田径、足球,场馆面积127 625 m^2。奥林匹克主体育场是2004年雅典奥运会的中心,位于雅典北郊马罗西,是雅典奥林匹克综合体育场的一部分。体育场可容纳55 000名观众,进行开闭幕式、田径和足球比赛。西班牙建筑师圣迭戈·卡拉特拉瓦受雅典文化部创意的启发,在综合体育场的升级改造工程中增加了很多创新理念,包括奥林匹克主体育场屋顶结构的设计。

图1-5　雅典奥林匹克主体育场

1.4　钢结构新技术

1.4.1　高层钢结构新技术

根据建筑高度和设计要求采用框架、框架－支撑、筒体和巨型框架结构,其构件可采用钢、劲性钢筋混凝土或钢管混凝土。钢构件质轻、延性好,可采用焊接型钢或轧制型钢,适用于超高层建筑。劲性钢筋混凝土构件刚度大,防火性能好,适用于高层建筑或底部结构。钢管混凝土施工简便,仅用于柱结构。

1.4.2 空间钢结构技术

空间钢结构自重轻、刚度大、造型美观、施工速度快。以钢管为杆件的球节点平板网架、多层变截面网架及网壳等是我国空间钢结构用量最多的结构形式,在设计、施工方面均达到国际先进水平,有专门的设计、施工和检验规程,并可提供完整的 CAD 软件,除网架结构外,空间结构尚有大跨悬索结构、索 – 膜结构、大跨空间钢管桁架结构等。

1.4.3 轻钢结构技术

伴随着轻型彩色钢板制成墙体和屋面围护结构组成的新结构形式,由厚 4 mm 以上钢板焊接成轧制的大断面薄壁 H 型钢墙梁和屋面檩条,圆钢制成柔性支撑系统和高强度螺栓连接构成的轻钢结构体系,柱距 6 ~ 9 m,跨度可达到 30 m 或更大,高度可达 10 m,并可设轻型吊车,用钢量 20 ~ 30 kg/m²。现已有标准化的设计程序和专业化生产企业,其产品质量好、安装速度快、质量轻、投资少,施工不受季节限制,适用于各种轻型工业厂房。

1.4.4 钢 – 混凝土组合结构技术

以轻钢或钢管与混凝土构件组成的梁、柱承重结构为钢 – 混凝土组合结构,近年来应用范围日益扩大,适用于承受较大荷载的多层建筑或高层建筑的框架梁、柱及楼盖,工业建筑柱及楼盖等。

1.4.5 高强度螺栓连接与焊接技术

高强度螺栓通过摩擦力来传递应力,由螺栓、螺母和垫圈 3 部分组成。高强度螺栓连接具有施工简便、拆除灵活、承载力高、抗疲劳性能和自锁性好、安全性高等优点,工程中已取代了铆接和部分焊接,成为钢结构制作及安装中的主要连接手段。在车间内制作的钢构件,厚板应采用自动多丝埋弧焊,箱形柱隔板应采用熔嘴电渣焊等技术。在现场安装施工中应采用半自动焊技术和气体保护焊药芯焊丝及自保护药芯焊丝技术。

1.4.6 钢结构防护技术

钢结构防护包括防火、防腐、防锈,一般在防火涂料处理后无须再做防锈处理,但在有腐蚀气体的建筑中尚需做防腐处理。

国内防火涂料种类较多,如 TN 系列、MC – 10 等,其中 MC – 10 防火涂料具有防火、防腐功能。防腐防锈涂料有醇酸磁漆、氯化橡胶漆、氯橡胶涂料及氯磺化涂料等。在施工中应根据钢结构形式、耐火等级要求和环境要求选用合适的涂料及涂层厚度。

随着经济和科学技术的迅猛发展,钢结构技术日新月异,一些新型结构体系如住宅钢结构体系、预应力结构体系、张弦顶结构、膜结构等处于研究开发和推广应用阶段,一些新型高效材料如轧制 H 型钢、冷弯型钢、压型钢板、耐火钢、不锈钢正在被积极推广。

本章小结

本章主要对钢结构的特点及应用范围,钢结构的发展进行了介绍,并对相关钢结构工程实例进行了分析。

思考练习题

1.钢结构有哪些特点?
2.钢结构的应用范围有哪些?

第2章 钢结构材料

【学习目标】

通过本章的学习,了解钢材的品种,熟悉钢材的性能,掌握钢材的选用方法,能够根据施工的需要、设计的要求合理选择钢材,以保证正常施工。

2.1 建筑钢材的性能

钢材的品种繁多,性能各异,但建筑钢材应满足一定的性能要求,例如:具有较高的屈服点和抗拉强度,从而在设计和建造时可以减小构件截面,减轻结构自重,增加结构的安全储备,提高结构的可靠性;具有较好的塑性,使结构在破坏前能产生较大的变形,有明显的破坏预兆;具有较好的韧性,在动力荷载作用下,可吸收较多的能量,降低脆性破坏的危险程度;具有较好的耐疲劳性能,能抵抗重复荷载的作用;具有良好的加工性能,易于加工成各种不同形式的构件,且不至于因加工而改变其性能;在特殊情况下,还应具有适应低温、高温和耐腐蚀的性能。

2.1.1 力学性能

钢结构在使用过程中,受到各种作用,因此选用的钢材必须具备抵抗各种作用的能力。钢材在各种作用下所表现出来的各种特性如强度、塑性、韧性、硬度等称为钢材的力学性能。这些性能通过钢材的力学性能指标来衡量,它们是钢结构设计的重要依据。

2.1.1.1 强度

建筑钢材的强度一般通过常温静载条件下单向均匀拉伸试验测定。该试验是将钢材的标准试件放在拉伸试验机上,在常温下按规定的加载速度均匀地施加拉力荷载,使试件逐渐伸长直至拉断破坏。可根据加载过程中所测得的数据画出其应力—应变曲线(即$\sigma \sim \varepsilon$曲线)。图 2-1 即为 Q235 钢在常温静载下的应力—应变曲线。根据应力—应变曲

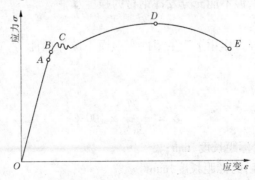

图 2-1 Q235 钢在常温静载下的应力—应变曲线

线,低碳钢在单向受拉过程中的工作特性,可以分为五个阶段。

1. 弹性阶段(OA 段)

弹性阶段 OA 由一直线段和一很短的曲线段组成。直线段应力与应变成正比,符合胡克定律,即 $\sigma = E\varepsilon$,E 在数值上为该直线段的斜率,称为钢材的弹性模量,$E = 2.06 \times 10^5$ N/mm^2。对应于直线段最高点处的应力 σ_p 称为比例极限;而在曲线段,即当 $\sigma_p < \sigma < \sigma_e$ 时,钢材仍然处于弹性阶段。由于钢材的比例极限 σ_p 和弹性极限 σ_e 十分接近,实际应用中常不加区分,认为两者相同,即用比例极限 σ_p 表示。

2. 弹塑性阶段(AB 段)

当施加荷载使应力超过弹性极限后,钢材不再是完全弹性的,此时钢材的变形包括弹性变形和塑性变形。

3. 屈服阶段(BC 段)

当施加荷载使应力经过弹塑性阶段而达到某一数值时,应力—应变曲线出现一段接近水平的锯齿形线段 BC,波动最高点称为上屈服点,最低点称为下屈服点。下屈服点数值较为稳定,因此以它作为材料的抗力指标,称为屈服点 σ_s。

钢材的屈服点是衡量钢材承载能力的一个重要指标,这是因为钢材屈服后,将暂时失去继续承受荷载的能力,并且伴随产生较大的变形。因此,在钢结构设计中常把屈服点定为构件应力可以达到的极限,即把屈服点作为强度承载能力极限状态的标志。

有些钢材无明显的屈服现象,以材料产生的2%塑性变形时的应力作为屈服强度。

4. 强化阶段(CD 段)

钢材经历了屈服阶段较大的塑性变形后,其内部结晶组织自行作了调整,使抵抗外荷载的能力有所提高,应力—应变曲线又开始上升进入强化阶段,直至应力达到 D 点的最大值,即极限应力 σ_b,对应抗拉强度 f_t,它是衡量钢材强度的一项重要指标。

5. 颈缩阶段(DE 段)

当试件应力达到 σ_b 时,在试件某一薄弱截面处,横截面急剧变细收缩,试件伸长量迅速增加,直至试件拉断破坏。

屈服点(屈服强度)和抗拉强度是工程设计与选材的重要依据,也是材料购销和检验工作的重要指标。工程上对屈强比还有要求,屈强比是屈服点和抗拉强度的比,屈强比越小,则结构安全度越大,但不能充分发挥钢材的强度水平。

2.1.1.2 塑性

塑性表示钢材在外力作用下产生塑性变形而不破坏的能力,它是钢材的一个重要性能指标,用伸长率表示。

伸长率用下式计算:

$$\delta = \frac{l - l_0}{l_0} \times 100\% \tag{2-1}$$

式中　l_0——试件原始标距长度,mm;

l——试件拉断后的标距长度,mm。

$l_0 = 5d_0$,$l_0 = 10d_0$ 对应的伸长率分别记为 δ_5 和 δ_{10},同一种钢材 δ_5 大于 δ_{10},现常用 δ_5 表示塑性指标。

2.1.1.3 韧性

韧性是指材料对冲击荷载的抵抗能力,用冲击韧性值 a_k 来度量,单位为 J/cm^2。a_k 越大,材料韧性越好。温度对冲击韧性有重大影响,材料转变温度越低,说明钢的低温冲击韧性越好,为了避免钢结构的低温脆断,必须注意钢材的转变温度。

2.1.1.4 硬度

硬度是指材料表面局部区域抵抗变形的能力。钢材的硬度常用的有布氏硬度和洛氏硬度。布氏法的特点是压痕大,测得的数据准确、稳定。洛氏法的特点是操作迅速简便,压痕小,可测较薄的试样和成品。

2.1.2 工艺性能

工艺性能是指钢材在投入生产的过程中,能承受各种加工制造工艺而不产生疵病或废品而应具备的性能。工艺性能包括冷弯性能和焊接性能。

2.1.2.1 冷弯性能

冷弯性能是指材料在常温下能承受弯曲而不破裂的能力。弯曲程度一般用弯曲角度或弯心直径与材料厚度的比值来表示,弯曲角度越大或弯心直径与材料厚度的比值越小,则表示材料的冷弯性能就越好。

2.1.2.2 焊接性能

焊接性能(又称可焊性)是指钢材适应焊接方法和焊接工艺的能力。焊接性能好的钢材易于用常用的焊接方法和焊接工艺焊接,焊接性能差的钢材焊接后焊缝强度低。

2.1.3 影响钢材性能的因素

2.1.3.1 钢的组织

钢材是由无数微细晶粒所构成的,碳与铁结合的方式不同,形成不同的晶体组织,使钢材的性能产生显著差异,如珠光体的强度、硬度适中,并有良好的塑性、韧性。

2.1.3.2 化学成分

碳(C)是决定钢材性能的主要元素,随着含碳量增加,钢材的强度和硬度增大,但塑性和韧性降低,同时钢的冷弯性能和焊接性能也降低。

硅(Si)和锰(Mn)是钢的有利元素。硅是脱氧剂,能提高钢的强度和硬度;锰也是脱氧剂,脱氧能力比硅元素弱,能提高钢的强度和硬度,还能消除硫、氧对钢材的影响。硅、锰都要控制含量,避免对钢材产生其他不利影响。

硫(S)和磷(P)是钢的有害元素。硫的存在可能导致钢材的热脆现象,同时硫又是钢中偏析最严重的杂质之一,偏析程度大则造成的危害大。磷的存在可提高钢的强度,但会降低塑性、韧性,特别是在低温时使钢材产生冷脆性,使承受冲击荷载或在负温下使用的钢结构产生破坏。

低合金结构钢中的合金元素以锰(Mn)、钒(V)、铌(Nb)、钛(Ti)、铬(Cr)、镍(Ni)等为主。

钒、铌、钛等元素的添加,都能提高钢材的强度,改善可焊性。镍和铬是不锈钢的主要元素,能提高强度、硬度、耐磨性等,但对可焊性不利。为改善低合金结构钢的性能,尚允许加入少量钼(Mo)和稀土元素(RE),可改善其综合性能。

2.1.3.3 冶炼过程

建筑结构钢主要由转炉和平炉冶炼,电炉生产成本高,适用于冶炼质量要求高的钢。

在浇铸前需对钢水进行脱氧,减少钢的热脆性。根据脱氧方法和脱氧程度的不同将钢分成镇静钢、半镇静钢和沸腾钢。半镇静钢的性能介于镇静钢和沸腾钢之间。

为了保证钢材的质量,在轧制过程中应控制轧制温度、压下量和冷却速度等。

2.1.3.4 热处理

热处理就是将钢在固态下施以不同的加热、保温和冷却,以改变其组织,从而获得所需性能的一种工艺。热处理不改变金属成材的形状和大小,而是通过改变钢材的内部组织来改善性能,包括退火、正火、淬火、回火等。

2.2 结构用钢材的分类

2.2.1 碳素结构钢

碳素结构钢是最普通的工程用钢,按其含碳量的多少可分为低碳钢、中碳钢和高碳钢。通常把含碳量在 0.25% 以下的称为低碳钢,含碳量为 0.25% ~ 0.60% 的称为中碳钢,含碳量在 0.60% 以上的称为高碳钢。

2.2.1.1 普通碳素结构钢

按国家标准《碳素结构钢》(GB/T 700—2006)规定,碳素结构钢分 4 个牌号,分别为 Q195、Q215、Q235、Q275。钢的牌号由代表屈服强度的字母、屈服强度数值、质量等级符号、脱氧方法符号等 4 个部分按顺序组成。质量等级分 A、B、C、D 四个等级;脱氧方法符号:F——沸腾钢、b——半镇静钢、Z——镇静钢、TZ——特殊镇静钢(牌号中 Z 与 TZ 符号可以省略)。

碳素结构钢的化学成分应符合表 2-1 的规定,机械性能应符合表 2-2 的规定,冷弯试验指标应符合表 2-3 的规定。随着牌号的增大,强度、硬度提高,塑性、韧性、可焊性降低。

表 2-1 碳素结构钢的化学成分

牌号	统一数字代号[a]	等级	厚度(或直径)(mm)	脱氧方法	化学成分(质量分数,%),不大于				
					C	Si	Mn	P	S
Q195	U11952	—	—	F、Z	0.12	0.30	0.50	0.035	0.040
Q215	U12152	A		F、Z	0.15	0.35	1.20	0.045	0.050
	U12155	B							0.045
Q235	U12352	A	—	F、Z	0.22	0.35	1.40	0.045	0.050
	U12355	B			0.20[b]				0.045
	U12358	C		Z	0.17			0.040	0.040
	U12359	D		TZ				0.035	0.035

续表 2-1

牌号	统一数字代号[a]	等级	厚度(或直径)(mm)	脱氧方法	化学成分(质量分数,%),不大于				
					C	Si	Mn	P	S
Q275	U12752	A	—	F、Z	0.24			0.045	0.050
	U12755	B	≤40	Z	0.21	0.35	1.50	0.045	0.045
			>40		0.22				
	U12758	C	—	Z	0.20			0.040	0.040
	U12759	D	—	TZ				0.035	0.035

注:a. 表中为镇静钢、特殊镇静钢牌号的统一数字,沸腾钢牌号的统一数字代号如下:

Q195F——U11950;

Q215AF——U12150,Q215BF——U12153;

Q235AF——U12350,Q235BF——U12353;

Q275AF——U12750。

b. 经需方同意,Q235B 的碳含量可不大于 0.22%。

表 2-2　碳素结构钢的机械性能

牌号	等级	屈服强度[a] R_{eH}(N/mm²),不小于						抗拉强度[b] R_m (N/mm²)	断后伸长率 A(%),不小于					冲击试验(V形缺口)	
		厚度(或直径)(mm)							厚度(或直径)(mm)					温度(℃)	冲击吸收功(纵向)(J),不小于
		≤16	>16~40	>40~60	>60~100	>100~150	>150~200		≤40	>40~60	>60~100	>100~150	>150~200		
Q195	—	195	185	—	—	—	—	315~430	33	—	—	—	—	—	—
Q215	A	215	205	195	185	175	165	335~450	31	30	29	27	26	—	—
	B													+20	27
Q235	A	235	225	215	215	195	185	370~500	26	25	24	22	21	—	27[c]
	B													+20	
	C													0	
	D													−20	
Q275	A	275	265	255	245	225	215	410~540	22	21	20	18	17	—	27
	B													+20	
	C													0	
	D													−20	

注:a. Q195 的屈服强度值仅供参考,不作交货条件。

b. 厚度大于 100 mm 的钢材,抗拉强度下限允许降低 20 N/mm²。宽带钢(包括剪切钢板)抗拉强度上限不作交货条件。

c. 厚度小于 25 mm 的 Q235B 级钢材,如供方能保证冲击吸收功值合格,经需方同意,可不作检验。

表 2-3　碳素结构钢的冷弯试验指标

牌号	试样方向	冷弯试验 $180°$　$B = 2a^a$	
		钢材厚度（或直径）[b]（mm）	
		≤60	>60～100
		弯心直径 d	
Q195	纵	0	—
	横	0.5a	
Q215	纵	0.5a	1.5a
	横	a	2a
Q235	纵	a	2a
	横	1.5a	2.5a
Q275	纵	1.5a	2.5a
	横	2a	3a

注：a. B 为试样宽度，a 为试样厚度（或直径）。

　　b. 钢材厚度（或直径）大于 100 mm 时，弯曲试验由双方协商确定。

建筑钢结构中应用最多的碳素钢是 Q235，多轧制成型材、型钢和钢板，用于建造房屋和桥梁等。

2.2.1.2　优质碳素结构钢

优质碳素结构钢对有害杂质含量控制严格，质量稳定，但成本较高。一般不用于建筑钢结构，特定条件下以优代劣解决急需材料，在高强度螺栓中也有应用。优质碳素结构钢钢号用代表平均含碳量的数字表示，参照国家标准《优质碳素结构钢》（GB/T 699—1999），例如 20，表示平均含碳量为 0.20%。

2.2.2　低合金高强度结构钢

低合金高强度结构钢是一种在碳素结构钢的基础上添加总量不超过 5% 合金元素的钢材。加入合金元素后钢材强度明显提高，同时具有良好的韧性和可焊性、耐腐蚀性、耐低温性能。在钢结构中采用低合金高强度结构钢可节约钢材并减轻结构自重，特别适用于大型、大跨度结构或重负荷结构。

按国家标准《低合金高强度结构钢》（GB/T 1591—2008）规定，低合金高强度结构钢分 5 个牌号，分别为 Q345、Q390、Q420、Q460、Q500。钢的牌号由代表屈服点的字母 Q、屈服强度数值、质量等级符号等按顺序组成。质量等级分 A、B、C、D、E 五个等级。

2.3　耐大气腐蚀用钢

在钢中加入少量的合金元素，如 Cu、Cr、Ni、Nb 等，使其在金属基体表面上形成保护层,以提高钢材耐大气腐蚀的性能,这类钢称为耐大气腐蚀钢或耐候钢。

我国现行生产的这类钢又分为焊接结构用耐候钢和高耐候结构钢两类。

2.3.1 焊接结构用耐候钢

焊接结构用耐候钢能保持钢材良好的焊接性能,适用于桥梁、建筑和其他结构,适用厚度可达 100 mm。

按国家标准《耐候结构钢》(GB/T 4171—2008)规定,钢的牌号由"屈服强度"、"耐候"的汉语拼音首位字母"Q"、"NH"、屈服强度的下限值以及质量等级(A、B、C、D、E)组成。焊接结构用耐候钢分 7 个牌号,牌号分别为 Q235NH、Q295NH、Q355NH、Q415NH、Q460NH、Q500NH、Q550NH。

焊接结构用耐候钢的牌号和化学成分应符合表2-4 的规定,其力学性能应符合表2-5 的规定。

表2-4 焊接结构用耐候钢的牌号和化学成分(部分)

牌号	统一数字代号	化学成分(%)							
		C	Si	Mn	P	S	Cu	Cr	Ni
Q235NH	L52350	≤0.15	0.15 ~ 0.40	0.20 ~ 0.60	≤0.030	≤0.030	0.25 ~ 0.55	0.40 ~ 0.80	≤0.55
Q295NH	L52950	≤0.15	0.15 ~ 0.50	0.30 ~ 1.00	≤0.030	≤0.030	0.25 ~ 0.55	0.40 ~ 0.80	≤0.55
Q355NH	L53550	≤0.16	≤0.50	0.50 ~ 1.50	≤0.030	≤0.030	0.25 ~ 0.55	0.40 ~ 0.80	≤0.65
Q460NH	L54600	≤0.16	≤0.50	≤1.50	≤0.025	≤0.030	0.20 ~ 0.55	0.40 ~ 0.80	0.12 ~ 0.65

2.3.2 高耐候结构钢

高耐候结构钢的耐候性能比焊接结构用耐候钢好,适用于车辆、集装箱、建筑、塔架等高耐候性结构,但作为焊接结构用钢,厚度应不大于 16 mm。

按国家标准《耐候结构钢》(GB/T 4171—2008)的规定,高耐候性结构钢分为 4 个牌号,分别为 Q355GNH、Q265GNH、Q310GNH、Q295GNH。牌号由"屈服强度"、"高耐候"的汉语拼音首位字母"Q"、"GNH"、屈服强度的下限值以及质量等级(A、B、C、D、E)组成。

高耐候结构钢的化学成分应符合表2-6 的规定,其力学性能应符合表2-7 和表2-8 的规定。

表2-5 焊接结构用耐候钢的力学性能(部分)

牌号	钢材厚度 (mm)	屈服点 σ_s (MPa)不小于	抗拉强度 σ_b(MPa)	断后伸长率 δ_s(%)不小于	180° 弯曲试验
Q235NH	≤16	235	360～510	25	$d=a$
	>16～40	225		25	
	>40～60	215		24	$d=2a$
	>60	215		23	
Q295NH	≤16	295	430～560	24	$d=2a$
	>16～40	285		24	
	>40～60	275		23	$d=3a$
	>60～100	255		22	
Q355NH	≤16	355	490～630	22	$d=2a$
	>16～40	345		22	
	>40～60	335		21	$d=3a$
	>60～100	325		20	
Q460NH	≤16	460	570～730	22	$d=2a$
	>16～40	450		22	
	>40～60	440		21	$d=3a$
	>60～100			20	

注:d 为弯心直径;a 为钢材厚度。

表2-6 高耐候结构钢的化学成分(部分)

牌号	统一数 字代号	化学成分(%)							
		C	Si	Mn	P	S	Cu	Cr	Ni
Q295GNH	L52951	≤0.12	0.10～ 0.40	0.20～ 0.50	0.07～ 0.12	≤0.020	0.25～ 0.45	0.30～ 0.65	0.25～ 0.50
Q355GNH	L53451	≤0.12	0.20～ 0.75	≤1.0	0.07～ 0.15	≤0.020	0.25～ 0.55	0.30～ 1.25	≤0.65

表2-7 高耐候结构钢的力学性能(部分)

牌号	厚度 (mm)	屈服点 σ_s (MPa)不小于	抗拉强度 σ_b (MPa)不小于	伸长率 δ_s (%)不小于
Q295GNH	≤16	295	390	24
	>16～40			
Q355GNH	≤16	355	490～630	22
	>16～40			

表 2-8 高耐候结构钢的冲击性能

质量等级	V 形缺口冲击试验		
	试验方向	温度(℃)	平均冲击功(J)
A		—	—
B		+ 20	≥47
C	纵向	0	≥34
D		− 20	≥34
E		− 40	≥27

注:试验温度在合同中注明。

2.4 建筑钢材的品种、规格

2.4.1 钢板和钢带

钢板是矩形平板状的钢材,可直接轧制或由宽钢带剪切而成。其按厚度可分为薄钢板(厚度不大于 4 mm)和厚钢板(厚度大于 4 mm)。实际工作中常将厚度为 4 ~ 20 mm 的钢板称为中板,厚度为 20 ~ 60 mm 的钢板称为厚板,厚度大于 60 mm 的钢板称为特厚板。成张的钢板的规格以厚度×宽度×长度的毫米数表示。长度很长,成卷供应的钢板称为钢带,钢带的规格以厚度×宽度的毫米数表示。

建筑钢结构使用的钢板(钢带)按轧制方法分为冷轧钢板和热轧钢板。热轧钢板和钢带的规格尺寸应符合国家标准《热轧钢板和钢带的尺寸、外形、重量及允许偏差》(GB/T 709—2006)的规定,同时符合《热轧钢板表面质量的一般要求》(GB/T 14977—2008)的规定,其技术要求要符合《碳素结构钢和低合金结构钢热轧薄钢板和钢带》(GB/T 912—2008)和《碳素结构钢和低合金结构钢热轧厚钢板和钢带》(GB/T 3274—2007)的规定。冷轧钢板的规格应符合《冷轧钢板和钢带的尺寸、外形、重量及允许偏差》(GB/T 708—2006)的规定,技术要求应符合《碳素结构钢冷轧薄钢板及钢带》(GB/T 11253—2007)的规定。

2.4.2 普通型材

2.4.2.1 工字钢

工字钢是截面为工字形,腿部内侧有 1:6 斜度的长条钢材。其规格以腰高(h)×腿宽(b)×腰厚(d)的毫米数表示,也可用型号表示,型号为腰高的厘米数,同一型号工字钢又可分为 a、b、c 等。工字钢应符合《热轧型钢》(GB/T 706—2008)的规定。

2.4.2.2 槽钢

槽钢是截面为凹槽形,腿部内侧有 1:10 斜度的长条钢材。其规格表示同工字钢,不同腿宽和腰厚也需用 a、b、c 加以区别。槽钢的规格应符合《热轧型钢》(GB/T 706—2008)的规定。

2.4.2.3 角钢

角钢是两边互相垂直成直角形的长条钢材,有等边角钢和不等边角钢两大类。等边角钢的规格以边宽×边宽×边厚的毫米数表示,也可用型号(边宽的厘米数)表示,其规格应符合《热轧型钢》(GB/T 706—2008)的规定。

不等边角钢的规格以长边宽×短边宽×边厚的毫米数表示,也可用型号(长边宽/短边宽的厘米数)表示,其规格应符合《热轧型钢》(GB/T 706—2008)的规定。

2.4.3 热轧 H 型钢和焊接 H 型钢

H 型钢由工字钢发展而来,与工字钢相比,H 型钢具有翼缘宽、翼缘相互平行、内侧没有斜度、自重轻、节约钢材等特点。

热轧 H 型钢分三类:宽翼缘 H 型钢(HW),中翼缘 H 型钢(HM),窄翼缘 H 型钢(HN)。其规格型号用高度(h)×宽度(b)×腹板厚度(t_1)×翼缘厚度(t_2)表示,规格应符合《热轧 H 型钢和剖分 T 型钢》(GB/T 11263—2010)的规定。

焊接 H 型钢是将钢板剪截、组合并焊接而成 H 形的型钢,分为焊接 H 型钢(HA)、焊接 H 型钢钢桩(HGZ)、轻型焊接 H 型钢(HAQ)。其规格型号用高度×宽度表示,规格应符合《焊接 H 型钢》(YB 3301—2005)的规定。

2.4.4 热轧剖分 T 型钢

热轧剖分 T 型钢由热轧 H 型钢剖分后而成,见图 2-2,分为宽翼缘剖分 T 型钢(TW)、中翼缘剖分 T 型钢(TM)、窄翼缘剖分 T 型钢(TN)三类。其规格型号用高度(h)×宽度(b)×腹板厚度(t_1)×翼缘厚度(t_2)表示,规格应符合《热轧 H 型钢和剖分 T 型钢》(GB/T 11263—2010)的规定。

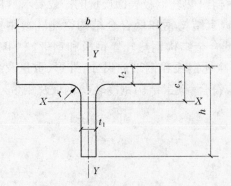

图 2-2　热轧剖分 T 型钢的尺寸

2.4.5 冷弯型钢

冷弯型钢是用可加工变形的冷轧钢带或热轧钢带在连续辊式冷弯机组上生产的冷加工型材,其质量应符合《冷弯型钢》(GB/T 6725—2002)的规定。

2.4.5.1 通用冷弯开口型钢

通用冷弯开口型钢按其形状分为 8 种(见图 2-3):等边角钢、不等边角钢、等边槽钢、不等边槽钢、内卷边槽钢、外卷边槽钢、Z型钢、卷边Z型钢。通用冷弯开口型钢的规格应符合《通用冷弯开口型钢尺寸、外形、重量及允许偏差》(GB/T 6723—2008)的规定。

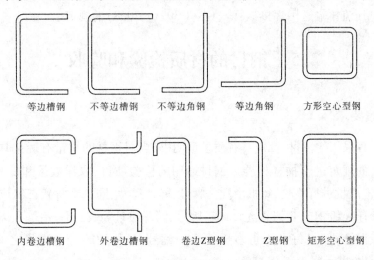

等边槽钢　不等边槽钢　不等边角钢　等边角钢　方形空心型钢

内卷边槽钢　外卷边槽钢　卷边Z型钢　Z型钢　矩形空心型钢

图2-3　冷弯型钢截面示意图

2.4.5.2　结构用冷弯空心型钢

空心型钢按外形可分为方形空心型钢(F)和矩形空心型钢(J),见图2-3。方形空心型钢的规格表示方法为:F边长×边长×壁厚。矩形空心型钢的规格表示方法为:J长边×短边×壁厚。空心型钢的规格应符合《结构用冷弯空心型钢尺寸、外形、重量及允许偏差》(GB/T 6728—2002)的规定。

2.4.6　厚度方向性能钢板

厚度方向性能钢板不仅要求沿宽度方向和长度方向有一定的力学性能,而且要求厚度方向有良好的抗层状撕裂性能。钢板的抗层状撕裂性能采用厚度方向拉力试验时的断面收缩率来评定。

国家标准《厚度方向性能钢板》(GB/T 5313—2010)就是对有关标准的钢板要求做厚度方向性能试验时的专用规定。按含硫量和断面收缩率将钢板厚度方向性能级别分为Z15、Z25、Z35 三级。

行业标准《高层建筑结构用钢板》(YB 4104—2000)中的钢板牌号由屈服点的字母Q、屈服点数值、高层建筑字母GJ及质量等级符号组成,对厚度方向性能钢板再加后缀字母Z。其4个牌号为Q235GJ、Q235GJZ、Q345GJ、Q345GJZ。

2.4.7　结构用钢管

结构用钢管有热轧无缝钢管和焊接钢管。结构用无缝钢管按《结构用无缝钢管》(GB/T 8162—2008)规定,分热轧(挤压、扩)和冷拔(轧)两种。热轧钢管外径为32～630mm,壁厚为2.5～75 mm;冷拔钢管外径为5～200 mm,壁厚为2.5～12 mm。焊接钢管由钢板或钢带经过卷曲成型后焊制而成,分直缝电焊钢管和螺旋焊钢管。直缝电焊钢管外径为 5 ~ 508 mm,壁厚为 0.5 ~ 12.7 mm,应符合《直缝电焊钢管》(GB/T 13793—2008)的规定。低压流体输送用焊接钢管也称一般焊管,俗称黑管,规格用公称口径的毫米数表示,应符合《低压流体输送用焊接钢管》(GB/T 3091—2008)的规定。

2.5 钢材的材质检验和验收

2.5.1 一般要求

钢结构工程采用的钢材,都应具有质量证明书,当对钢材的质量有疑义时,可按国家现行有关标准的规定进行抽样检验。钢材通用的检验项目、取样数量和试验方法参见表2-9。钢材应成批进行验收,每批由同一牌号、同一尺寸、同一交货状态组成,质量不得大于 60 t。只有 A 级钢或 B 级钢允许同一牌号、同一质量等级、同一冶炼和浇筑方法、不同炉罐号组成混合批,但每批不得多于 6 个炉罐号,且每炉罐号含碳量之差不得大于 0.02%,含锰量之差不得大于 0.15%。

符合下列情况的钢结构工程用的钢材须同时具备材质质量保证书和试验报告:①国外进口的钢材;②钢材不同批次混淆;③钢材质量保证书的项目少于设计要求(应提供缺少项目对应的试验报告单);④设计有特殊要求的钢结构用钢材。

表2-9 钢材通用检验项目规定

序号	检验项目	取样数量(个)	取样方法	试验方法
1	化学分析	1(每炉罐号)	GB/T 222	GB/T 223
2	拉伸	1	GB/T 2975	GB/T 228.1
3	弯曲	1	GB/T 2975	GB/T 232
4	常温冲击	3	GB/T 2975	GB/T 229
5	低温冲击	3	GB/T 2975	GB/T 229

2.5.2 钢材性能复验

2.5.2.1 化学成分分析

化学成分复试是钢材复试中的常见项目,对钢厂生产能力有怀疑,钢材表面铭牌标记不清,钢号不明时一般都要取样做化学成分分析。

按国家标准规定,复验属于成品分析,试样必须在钢材具有代表性的部位采取。化学分析用试样样屑,可以钻取、刨取或用其他工具机制取。采样时严禁接触油类,防止油类中的碳使复试结果发生偏差;为防止浮锈物和表面脱碳等影响试验结果,必须去除钢材表面锈蚀或氧化铁皮并有足够的深度。

2.5.2.2 钢材性能试验

钢材性能复试项目中主要是力学性能和工艺性能的复试。由于钢材轧制方向等方面原因,钢材各个部位的性能不尽相同,按标准规定截取试样才能正确反映钢材的性能。

1.试样切取位置

(1)板材试样。对钢板和宽度大于或等于 400 mm 的扁钢,应在距离一边约 1/4 板宽位置切取,见图 2-4。

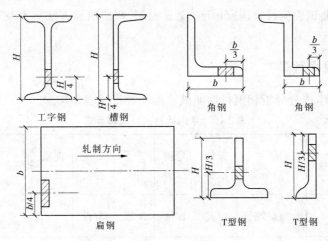

图 2-4 各种型材取样部分

(2)型材试样。球扁钢、T 型钢、角钢、槽钢、工字钢切取部位见图 2-4。

(3)管材试样。对于外径小于 30 mm 的钢管,应取整个管段作试样;当外径大于 30 mm 时,应剖管取纵向试样或横向试样;对大口径钢管,其壁厚小于 8 mm 时,应取条状试样;当壁厚大于 8 mm 时,也可加工成圆形比例试样,见图 2-5。

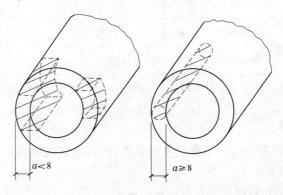

图 2-5 管材取样示意图

2.试样切取方向

(1)拉伸试样。板材试样主轴线与最终轧制方向垂直,型钢试样主轴线与最终轧制方向平行。

(2)冲击试样。纵向冲击试样主轴线与最终轧制方向平行,横向冲击试样主轴线与最终轧制方向垂直。

3. 试验方法

（1）钢材拉伸试验应符合国家标准《金属材料 拉伸试验 第1部分：室温试验方法》（GB/T 228.1—2010）的规定。

（2）钢材冲击试验应符合国家标准《金属材料 夏比摆锤冲击试验方法》（GB/T 229—2007）的规定。

（3）钢材弯曲试验应符合国家标准《金属材料 弯曲试验方法》（GB/T 232—2010）的规定。

2.5.3 试验取样数量

常用钢材化学成分分析和钢材性能试验取样数量见表2-10。

表2-10 常用钢材试样取样要求

标准名称及标准号	化学成分	拉伸试验	弯曲试验	常温冲击	低温冲击	时效冲击	表面	厚度方向性能	超声波探伤
碳素结构钢 GB/T 700—2006	1/每炉罐号	1/批	1/批	3/批	3/批				
优质碳素结构钢 GB/T 699—1999	1/每炉罐号	2/批		2/批					
低合金高强度结构钢 GB/T 1591—2008	1/每炉罐号	1/批	1/批	3/批	3/批				
耐候结构钢 GB/T 4171—2008	1/每炉罐号	1/批	1/批	3/批					
桥梁用结构钢	1/每炉罐号	1/批	1/批	3/批		2/批	逐张		
高层建筑用钢板	1/每炉罐号	1/批	1/批	3/批				3/批	逐张

注：每批由同一牌号、同一质量等级、同一炉罐号、同一品种、同一尺寸、同一交货状态组成，质量不得大于60 t。

2.5.4 钢材的验收

钢材的验收是保证钢结构工程质量的重要环节，应该按照规定执行。钢材验收应达到以下要求：

（1）钢材的品种和数量是否与订货单一致。

（2）钢材的质量保证书是否与钢材上打印的记号相符。

（3）核对钢材的规格尺寸，测量钢材尺寸是否符合标准规定，尤其是钢板厚度的偏差。

（4）进行钢材表面质量检验，表面不允许有结疤、裂纹、折叠和分层等缺陷，钢材表面的锈蚀深度不得超过其厚度负偏差值的一半，有以上问题的钢材应另行堆放，以便研究处理。

本章小结

  钢材在各种作用下所表现出来的各种特性如强度、塑性、韧性、硬度等称为钢材的力学性能。钢材由无数微细晶粒所构成,碳与铁结合的方式不同,形成不同的晶体组织,使钢材的性能产生显著差异。钢材性能复试项目中主要是力学性能和工艺性能的复试。由于钢材轧制方向等方面原因,钢材各个部位的性能不尽相同,按标准规定截取试样才能正确反映钢材的性能。

思考练习题

1. 钢材的化学成分对钢材的性能有哪些影响?
2. 结构用钢材牌号的表示方法分别是什么?
3. 钢结构常用的型钢有哪些?
4. 钢材性能复试内容有哪些?
5. 钢材验收应达到哪些要求?

第3章 钢结构工程施工图识读及详图设计

【学习目标】

通过钢结构工程施工图识读的理论教学和技能实训,熟悉钢结构施工图的基本内容;能对钢结构施工图中图示符号识图,具备一定的钢结构施工图识读和绘图能力;能进行施工详图构造设计。

3.1 钢结构工程施工图基本概念

钢结构建筑建造要经过设计阶段与施工阶段,其中为施工服务的图样称为建筑工程施工图。施工图由于专业的分工不同,又分为建筑施工图(简称建施)、结构施工图(简称结施)和设备施工图。

钢结构工程施工图一般应按专业顺序编排,由图纸目录、设计施工总说明、建筑施工图、结构施工图、设备施工图等组成。其中,各专业的图纸应按图纸内容的主次关系、逻辑关系,并且遵循"先整体,后局部"以及施工的先后顺序进行排列。图纸编号通常称为图号,其编号方法一般是将专业施工图的简称和排列序号组合在一起,如建施—1、结施—1等。图纸目录应包括建设单位名称、工程名称、图纸的类别及设计编号、各类图纸的图号、图名及图幅的大小等,其目的是便于查阅。

3.1.1 钢结构工程设计

钢结构设计工作一般又分为三个阶段:初步设计、施工图设计及施工详图设计。对一些技术复杂而又缺乏设计经验的工程,还增加了技术设计,又称扩大初步设计。

(1)初步设计。设计人员根据设计单位的要求,收集资料、调查研究,经过多方案比较作出初步方案图。初步设计的内容包括平面布置图,建筑平面图、立面图、剖面图,设计说明,相关技术和经济指标等。初步方案图需按一定比例绘制,并送交有关部门审批。

(2)技术设计。在已审定的初步设计方案的基础上,进一步解决构件的选型、布置、各工种之间的配合等技术问题,统一各工种之间的矛盾,进行深入的技术分析以及必要的数据处理等。绘制出技术设计图,大型、重要建筑的技术设计图也应报相关部门审批。

(3)施工图设计。主要是将已经批准的技术设计图按照施工的要求予以具体化。为施工安装,编制施工预算,安排材料、设备和非标准构配件的制作提供完整、正确的图纸依据。

(4)施工详图设计。是根据设计图编制的工厂施工详图和安装详图,也包含少量的连接计算和构造计算。它是对设计图的进一步深化设计,目的是为制造厂或施工单位提供制造、加工和安装的施工详图。它一般由制造厂或施工单位编制完成,图纸表示详细,数量多。

3.1.2 钢结构工程建筑施工图

钢结构工程建筑施工图一般包括施工总说明(有时包括结构总说明)、建筑总平面图、建筑施工图(门窗表、建筑平面图、建筑立面图、建筑剖面图和建筑详图)等。

3.1.2.1 施工总说明

施工总说明应包括工程概况、设计依据、施工要求等。施工总说明主要对图样上未能详细注写的用料和做法等要求作出具体的文字说明。中小型房屋建筑的施工总说明一般放在建筑施工图内。

3.1.2.2 建筑总平面图

建筑总平面图也称为总图,它是整套施工图中领先的图纸。它是说明建筑物所在的地理位置和周围环境的平面图。建筑总平面图是表明新建房屋所在基地有关范围内的总体布局,它反映新建房屋、构筑物等的位置和朝向,室外场地、道路、绿化等的布置,地形、地貌、标高以及原有环境的关系和临街情况等;也是房屋及其他设施施工定位、土方施工以及绘制水、暖、电等管线总平面图和施工总平面图的依据。建筑总平面图一般包括以下几点:

(1)图名、比例。

(2)应用图例来表明新建区、扩建区或改建区的总体布置,表明各建筑物和构筑物的位置,道路、广场、室外场地和绿化等的布置情况以及各建筑物的层数等。

(3)确定新建工程或扩建工程的具体位置,一般根据原有建筑或道路来定位,并以 m 为单位标注出定位尺寸。当新建成片的建筑物和构筑物或较大的公共建筑或厂房时,往往用坐标来确定每一建筑物及道路转折点等的位置。在地势起伏较大的地区,还应画出地形等高线。

(4)注明新建房屋底层室内地面和室外整平地面的绝对标高。

(5)画上风频率玫瑰图及指北针,来表示该地区的常年风向频率和建筑物、构筑物等的朝向,有时也可只画单独的指北针。

3.1.2.3 建筑施工图

建筑部分的施工图主要是说明房屋建筑构造的图纸,简称为建筑施工图,在图框中以"建施××图"标志,以区别于其他类图纸。建筑施工图主要将房屋的建筑造型、规模、外形尺寸、细部构造、建筑装饰和建筑艺术表示出来。它包括建筑平面图、立面图、剖面图和建筑构造的大样图,还要注明采用的建筑材料和做法要求等。

建筑施工图是在确定了建筑平面图、立面图、剖面图初步设计的基础上绘制的,它必须满足施工的要求。建筑施工图是表示建筑物的总体布局、外部造型、内部布置、细部构造、内外装饰以及一些固定设施和施工要求的图样,它所表达的建筑构配件、材料、轴线、尺寸和固定设施等必须与结构、设备施工图取得一致,并互相配合与协调。总之,建筑施工图主要用来作为施工放线,砌筑基础及墙身,铺设楼板、楼梯、屋面,安装门窗,室内外装饰以及编制预算和施工组织计划等的依据。

3.1.3　钢结构工程结构施工图

在建筑钢结构工程设计中,通常将结构施工图的设计分为设计图设计和施工详图设计两个阶段。设计图设计由设计单位编制完成,施工详图设计是以设计图为依据,由钢结构加工厂深化编制完成,并将其作为钢结构加工与安装的依据。设计图与施工详图的主要区别为:设计图是根据工艺、建筑和初步设计等要求,经设计和计算编制而成的较高阶段的施工设计图。它的目的和深度以及所包含的内容是施工详图编制的依据,它由设计单位编制完成,图纸表达简明,图纸量少。内容一般包括设计总说明、结构布置图、构件图、节点图和钢材订货表等。施工详图是根据设计图编制的工厂施工详图和安装详图,也包含少量的连接计算和构造计算。它是对设计图的进一步深化设计,目的是为制造厂或施工单位提供制造、加工和安装的施工详图,它一般由制造厂或施工单位编制完成,图纸表示详细,数量多。内容包括构件安装布置图、构件详图等。

钢结构施工图部分是说明建筑物基础和主体部分的结构构造及要求的图纸。它是以图形和必要的文字、表格描述结构设计结果,是制造厂加工制造构件、施工单位工地结构安装的主要依据。它包括结构类型、结构尺寸、结构标高、使用材料和技术要求以及结构构件的详图和构造。这类图纸在图框上的图号区内常写为"结施××图"。一般有基础图(含基础详图)、上部结构的布置图和结构详图等,具体地说包括结构设计总说明、基础平面图、基础详图、柱网布置图、支撑布置图、各层(包括屋面)结构平面图、框架图、楼梯(雨篷)图、构件及钢结构节点详图等。

钢结构施工图主要表达钢结构设计的内容,是表示建筑物各承重构件(如基础、墙、柱、梁、板、屋架等)布置、形状、大小、材料、构造及其相互关系与构件间连接构造的图样。它还要反映出其他专业(如建筑、给排水、暖通、电气等)对结构的要求。结构施工图主要用来作为施工放线、挖基槽、支模板、绑扎钢筋、设置预埋件和预留孔洞、浇捣混凝土板,安装钢结构梁、柱等构件以及编制预算和施工组织设计等的依据。

不同类型的钢结构施工图的具体内容与表达各有不同,施工图数量与工程大小和结构复杂程度有关,一般为十几张至几十张。结构施工图的图幅大小、比例、线型、图例、图框以及标注方法等要依据《房屋建筑制图统一标准》(GB/T 50001—2001)和《建筑结构制图标准》(GB/T 50105—2001)进行绘制,以保证制图质量,符合设计、施工和存档的要求。图面要清晰、简明,布局合理,看图方便。

不同类型的结构,其施工图的具体内容与表达也各有不同,但一般包括下列三个方面的内容:

(1)结构设计说明。主要包括:本工程结构设计的主要依据;设计标高所对应的绝对标高值;建筑结构的安全等级和设计使用年限;建筑场地的地震基本烈度、场地类别、地基土的液化等级、建筑抗震设防类别、抗震设防烈度和混凝土结构的抗震等级;对材料、焊接、焊接质量等级、高强螺栓摩擦面抗滑移系数、预拉力、构件加工、预装、防锈与涂装等施工要求及注意事项;所采用的通用做法的标准图图集;施工应遵循的施工规范和注意事项。

(2)结构平面布置图。主要包括:基础平面图,采用桩基础时还应包括桩位平面图,工业建筑还包括设备基础布置图;楼层结构平面布置图,工业建筑还包括柱网、吊车梁、柱间支撑、连系梁布置等;屋顶结构布置图,工业建筑还应包括屋面板、天沟板、屋架、天窗架及支撑系统布置等。

结构平面布置图主要供现场安装用,依据钢结构施工图,以同一类构件系统(如屋盖、刚架、吊车梁、平台等)为绘制对象,绘制出本系统构件的平面布置图和剖面布置图,并应对所有的构件编号、布置图尺寸标明各构件的定位尺寸、轴线关系、标高以及构件表、设计总说明等。施工图中注明零件的型号和尺寸,包括加工尺寸、定位尺寸、安装尺寸和孔洞位置。加工尺寸是下料、加工的依据,包括杆件和零件的长度、宽度、切割要求与孔洞位置等;定位尺寸是杆件或零件对屋架几何轴线的相应位置,如角钢肢背到轴线的距离,角钢端部至轴线交会点的距离,交会点至节点板边缘的距离,以及其他零件在图纸上的位置,螺栓孔位置要符合型钢线距表和螺栓排列的最大、最小容许距离的要求;安装尺寸主要指屋架和其他构件连接的相互关系,如连接支撑的螺栓孔的位置要和支撑构件配合,屋架支座处锚栓孔要和定位尺寸线配合等内容。对制造和安装的其他要求包括零件切斜角、孔洞直径和焊缝尺寸等都应注明,有些构造焊缝,可不必标注,只在文字说明中统一说明。

(3)构件详图。主要包括:梁、板、柱及基础的结构详图;楼梯、电梯结构详图;屋架结构详图;其他详图,如支撑、预埋件、连接件等的详图。

详图中材料表应包括各零件的截面、长度、数量(正、反)和质量。材料表主要用于配料和计算用钢指标以及配备起重运输设备。

施工图中的文字说明,应包括用图形不能表达以及为了简化图面而易于用文字集中说明的内容,如采用的钢号、保证项目、焊条型号、焊接方法,未注明的焊缝尺寸、螺栓直径、螺孔直径以及防锈处理、运输、安装和制造的要求等。

3.1.4 钢结构设备施工图

3.1.4.1 电气设备施工图

电气设备施工图主要是说明房屋内电气设备位置、线路走向、总需功率、用线规格和品种等构造的图纸。它分为平面图、系统图和详图,在这类图的前面还有技术要求和施工要求的设计说明。

3.1.4.2 给水、排水施工图

给水、排水施工图主要表明一座房屋建筑中需用水点的布置和用过后排出的装置,俗称卫生设备的布置,上、下水管线的走向,管径大小,排水坡度,使用的卫生设备品牌、规格、型号等。这类图亦分为平面图、透视图(或称系统图)以及详图,还有相应的设计说明。

3.1.4.3 采暖、通风空调施工图

采暖施工图主要是北方需供暖地区要装置的设备和线路的图纸。它有区域的供热管线的总图,表明管线走向、管径、膨胀穴等,在进入一座房屋之后要表示立管的位置(供热管和回水管)和水平管走向,散热器装置的位置、数量及型号、规格和品牌等。图上还应表示出主要部位的阀门和必需的零件。这类图纸分为平面图、透视图(系统图)和详图,

以及对施工技术要求等进行说明。

通风空调施工图是在房屋功能日趋提高后出现的。图纸可分为管道走向的平面图和剖面图。图上要表示它和建筑的关系尺寸、管道的长度和断面尺寸、保温的做法和厚度。在建筑上还要表示出回风口的位置和尺寸,以及回风道的建筑尺寸和构造。通风空调中同样也有所要求的技术说明。

3.1.5 钢结构施工图的编排顺序

钢结构工程图纸的编排一般是全局性图纸在前,说明局部的图纸在后;先施工的图纸在前,后施工的图纸在后;重要的图纸在前,次要的图纸在后。一般顺序为图纸目录、设计总说明、总平面图、建筑施工图、结构施工图、设备施工图(顺序为水、电、暖)。

(1)图纸目录包括图纸的目录、类别、名称与图号等,目的是便于查找图纸。

(2)设计总说明包括设计依据,工程的设计规模和建筑面积,工程的用料说明,相对标高与绝对标高的关系,门窗表等。

(3)建筑施工图主要表示建筑的总体布局,包括总平面图、平面图、立面图、剖面图、构造详图等。

(4)结构施工图包括结构设计说明、结构平面布置图、构件详图、节点详图等。

(5)设备施工图包括给水排水、采暖通风、电气等设备的布置平面图和详图等。

3.1.6 钢结构施工图识读的方法和步骤

3.1.6.1 钢结构施工图识读的方法

一般先要弄清是什么图纸,要根据图纸的特点来看。将看图经验归结为:从上往下看、从左往右看、从外往里看、由大到小看、由粗到细看,图样与说明对照看,建筑施工图与结构施工图结合看,施工图结合施工详图识图。必要时还要以设备图参照,这样才能达到较好的效果。

3.1.6.2 钢结构施工图识读的步骤

拿到钢结构施工图纸后,一般按以下步骤来看图:先把目录看一遍,了解是什么类型的建筑,是工业厂房还是民用房屋,建筑面积有多大,是单层、多层还是高层,是哪个建设单位、哪个设计单位,图纸共有多少张等。这样对这份图纸的建筑类型就有了一点初步认识。

(1)图纸目录检查。先按照图纸目录检查各类图纸是否齐全,图纸编号与图名是否相符合。如采用相配套的标准图,则要看标准图的类型,以及图集的编号和编制单位。然后把它们准备好放在手边以便可以随时查看。在图纸齐全后就可以按图纸顺序看图了。

(2)设计总说明识读。识图程序是先看设计总说明,以了解建筑概况、技术要求等,然后看图。一般按目录的排列逐张往下看。

(3)钢结构建筑总平面图识读。先看建筑总平面图,了解建筑物的地理位置、高程、坐标、朝向以及与建筑物有关的一些情况。作为施工技术人员,看过建筑总平面图以后,就需要进一步考虑施工时如何进行施工的平面布置。

(4)钢结构平面图、立面图、剖面图识读。读完建筑总平面图之后,一般先看施工图中的平面图,从而了解房屋的长度、宽度、开间尺寸、开间大小、内部一般的布局等。看了平面图之后可再看立面图和剖面图,从而对建筑物有一个总体的了解。最好是通过看这三种图之后,能在头脑中形成这栋房屋的立体形象,能想象出它的规模和轮廓。这就需要运用自己的生产实践经验和想象能力了。

(5)钢结构施工图深入识读。在对每张图纸经过初步全面的看阅后,在对建筑、结构、水电设备的大致了解之后,回过头来可以根据施工程序的先后,从基础施工图开始深入看图。先从基础平面图、剖面图了解挖土的深度,基础的构造、尺寸、轴线位置等开始仔细看图。按照基础—钢结构—建筑—结构设施(包括各类详图)的施工程序看图,遇到问题可以记下来,以便在继续看图中进行解决,或到设计交底时再提出得到答复。在看基础施工图时,还应结合看地质勘探图,了解土质情况,以便在施工中核对土质构造,保证地基土的质量。在看完全部图纸之后,可按不同工种有关部分进行施工,再细读图纸。

(6)钢结构施工详图编制。钢结构施工详图由加工厂或专业详图单位根据设计图编制而成,可包括部分连接节点及分段等简单计算。图纸表达详细,图纸量大,一般分为布置图、构件图和零件图。布置图必须满足现场安装需要,构件图和零件图必须满足加工需要,作为加工厂制作和现场安装的依据。需要指出的是,进行详图设计时,一些设计中尚需补充进行的部分构造设计与连接计算,应该在详图设计阶段进一步实现。

3.2　钢结构施工图表示方法

3.2.1　图纸的幅面和比例

3.2.1.1　图纸的幅面

图纸的幅面是指图纸尺寸规格的大小,图纸幅面及图框尺寸应符合表 3-1 的规定。一般 A0～A3 图纸宜横式使用,必要时也可立式使用。如果图纸幅面不够,可将图纸长边加长,短边不得加长。在一套图纸中应尽可能采用同一规格的幅面,不宜多于两种幅面(图纸目录可用 A4 幅面除外)。

表 3-1　图纸幅面及图框尺寸

尺寸代号	幅面代号				
	A0	A1	A2	A3	A4
$b \times t$(mm × mm)	841 × 1 189	594 × 841	420 × 594	297 × 420	210 × 297
c(mm)	10			5	
a(mm)	25				

表 3-1 为常用建筑施工图纸幅面图纸,以短边作为垂直边称为横式,以短边作为水平边称为立式;一般 A0～A3 宜横式使用,必要时也可用立式;图纸的短边一般不应加长,长边可加长,但应符合表 3-2 的规定。

3.2.1.2　图样的比例

图样的比例,应为图形与实物相对应的线性尺寸之比。比例的大小,是指其比值的大小,如1:50大于1:100。比值大于1的比例,称为放大的比例,如5:1;比值小于1的比例,称为缩小的比例,如1:100。建筑工程图中所用的比例,应根据图样的用途与被绘对象的复杂程度从表3-3中选用,并应优先选用表中的常用比例。在特殊情况下也可自选比例,这时除应注出绘图比例外,还必须在适当位置绘制出相应的比例尺。

表3-2 图纸幅面加长后的尺寸 （单位:mm）

幅面尺寸	长边尺寸	长边加长后的尺寸
A0	1 189	1 486、1 635、1 783、1 932、2 080、2 230、2 378
A1	841	1 051、1 261、1 471、1 682、1 892、2 102
A2	594	743、891、1 041、1 189、1 338、1 486、1 635
A3	420	630、841、1 051、1 261、1 471、1 682、1 892

注:有特殊需要的图纸,可采用 $b \times t$ 为841 mm×891 mm 与1 189 mm×1 261 mm 的幅面。

表3-3 图纸常用比例

图名	常用比例	必要时可增加的比例
总平面图	1:500、1:1 000、1:2 000	1:2 500、1:5 000、1:10 000
总平面图专业的断面图	1:100、1:200、1:1 000、1:2 000	1:500、1:5 000
平面图、立面图、剖面图、次要平面图	1:50、1:100、1:200、1:300、1:400	1:150、1:500
详图	1:1、1:2、1:5、1:10、1:20、1:25、1:50	1:3、1:4、1:30、1:40

图纸上图形应按比例绘制,根据图形用途和复杂程度按常用比例选用。结构施工图及详图可按表3-4选用。一般情况下,结构布置的平面图、立面图、剖面图采用1:100、1:200,构件图用1:50,节点图用1:10、1:15、1:20、1:25。图形宜选用同一种比例,几何中心线用较小比例,截面用较大比例。一般情况下,一个图样选用一种比例。根据专业制图需要,同一图样可选用两种比例。

表3-4 钢结构及详图常用绘图比例

类型	常用比例
基础平面图、结构施工图	1:50、1:100、1:150、1:200
详图	1:5、1:10、1:20、1:50

图名一般在图形下面写明,并在图名下绘一粗与一细实线来显示,一般比例注写在图名的右侧。当一张图纸上用一种比例时,也可以只标在图标内图名的下面。标注详图的比例,一般都写在详图索引标志的右下角。

3.2.1.3 图纸的布置形式

钢结构施工图布置一般采用横式图纸(见图3-1)与立式图纸(见图3-2)形式表达。

3.2.1.4 图线表示

图线的宽度 b,可根据图幅大小从下列线宽系列中选取:2.0 mm、1.4 mm、1.0 mm、

0.7 mm、0.5 mm、0.35 mm。为了突出表示钢结构构件的配置情况，在构件结构图中，把钢结构构件绘制成粗实线。钢结构施工图常用线型与线宽如表 3-5 所示。

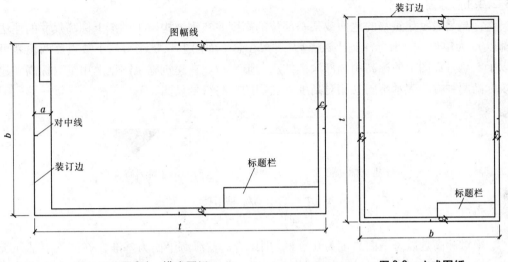

图 3-1　横式图纸　　　　　　　　　　　　图 3-2　立式图纸

表 3-5　钢结构施工图常用线型与线宽

名称		线型	线宽	一般用途
实线	粗	———	b	螺栓、主钢筋线、结构平面图中的单线结构构件线、钢木支撑线及纱杆线、图名下横线、剖切线
	中	———	$0.5b$	结构平面图及详图中剖到或可见的墙身轮廓线、基础轮廓线、钢结构轮廓线、木结构轮廓线、箍筋线、板钢筋线
	细	———	$0.25b$	可见的钢筋混凝土构件的轮廓线、尺寸线、标注引出线、标高符号、索引符号
虚线	粗	- - - - -	b	不可见的钢筋、螺栓线、结构平面图中的不可见的单线结构构件线及钢支撑线、木支撑线
	中	- - - - -	$0.5b$	结构平面图的不可见构件、墙身轮廓线及钢构件轮廓线、木构件轮廓线
	细	- - - -	$0.25b$	基础平面图中的管沟轮廓线、不可见的钢筋混凝土构件轮廓线
单点画线	粗	—·—·—	b	柱间支撑线、垂直支撑线、设备基础轴线图中的中心线
	细	—·—·—	$0.25b$	定位轴线、对称线、中心线
双点画线	粗	—··—··—	b	预应力钢筋线
	细	—··—··—	$0.25b$	原有结构轮廓线
折断线		———√———	$0.25b$	断开界线
波浪线		∼∼∼∼	$0.25b$	断开界线

3.2.2 钢结构施工图常用的符号

3.2.2.1 标高

标高是表示建筑物的地面或某一部位的高度。在钢结构施工图纸上标高尺寸的注法都以 m 为单位。一般标注到小数点后三位,在总平面图上只要注写到小数点后两位就可以了。总平面图上的标高用全部涂黑的三角形表示。在建筑施工图纸上用绝对标高和建筑标高两种方法表示不同的相对高度。它们的标高符号见图3-3。

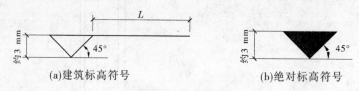

(a)建筑标高符号 (b)绝对标高符号

L—注写标高数字的长度

图3-3 标高符号

绝对标高是以海平面高度为 0 点(我国以青岛黄海海平面为基准),在图纸上某处所注的绝对标高的高度,就是说明该图面上某处的高度比海平面高出的距离,一般称为黄海高程。绝对标高一般只用在总平面图上,以标志新建筑处地面的高度。有时在建筑施工图的首层平面也有注写,例如标注方法▼50.00,表示该建筑的首层地面比黄海海平面高出 50 m,绝对标高的图式是黑色三角形。

建筑标高是除总平面图外,其他施工图上用来表示建筑物各部位的高度,都是以该建筑物的首层(即底层)室内地面高度作为 0 点(写作 ±0.000)来计算的。比 0 点高的部位称为正标高,如比 0 点高出 3 m 的地方,标成 $\triangledown^{3.000}$,而数字前面不加"+"号;反之,比 0 点低的地方,如室外散水比 0 点低 45 cm,标成 $\triangledown^{-0.450}$,在数字前面加上了"−"号。

3.2.2.2 指北针与风玫瑰图

在总平面图及首层的建筑平面图上,一般都绘有指北针,表示该建筑物的朝向。指北针的形式见图3-4。圆的直径为 8 ~ 20 mm。主要的画法是在尖头处要注明"北"字。如为对外设计的图纸则用"N"表示北。

风玫瑰图是总平面图上用来表示该地区每年风向频率的标志。它是以十字坐标定出东、南、西、北、东南、东北、西南、西北等 16 个方向后,根据该地区多年平均统计的各个方向吹风次数的百分数绘成的折线图,称为风频率玫瑰图。风玫瑰的形状见图3-5,此风玫瑰说明该地多年平均的最频风向是西北风。虚线表示夏季的主导风向。

3.2.2.3 定位轴线和编号

定位轴线和编号圆圈以细实线绘制,圆的直径为 8 ~ 10 mm。平面及纵横剖面布置图的定位轴线和编号应以设计图为准,横为列,竖为行。横轴线以数字表示,纵轴线以大写字母表示。

3.2.2.4 构件及截面表示符号

钢结构的各种构件,如梁、板、柱等,种类繁多,布置复杂。为了表达清楚及书写的简便,在施工图中构件常采用符号表示。在钢结构施工图中,构件中的梁、柱、板等一般用构件汉语拼音首字母代表构件名称,常用的构件代号见表3-6。

图3-4 指北针

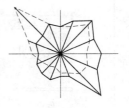

图3-5 风玫瑰

表3-6 常用的构件代号

序号	名称	代号	序号	名称	代号	序号	名称	代号
1	板	B	19	槽形板	CB	37	楼梯板	TB
2	屋面板	WB	20	折板	ZB	38	盖板或沟盖板	GB
3	空心板	KB	21	密肋板	MB	39	挡雨板或檐口板	YB
4	吊车安全走道板	DB	22	框支梁	KZL	40	挡土墙	DQ
5	墙板	QB	23	屋面框架梁	WKL	41	地沟	DG
6	天沟板	TGB	24	檩条	LT	42	柱间支撑	ZC
7	梁	L	25	屋架	WJ	43	垂直支撑	CC
8	屋面梁	WL	26	托架	TJ	44	水平支撑	SC
9	吊车梁	DL	27	天窗架	CJ	45	梯	T
10	单轨吊车梁	DDL	28	框架	KJ	46	雨篷	YP
11	轨道连接	DGL	29	刚架	GJ	47	阳台	YT
12	车挡	CD	30	支架	ZJ	48	梁垫	LD
13	圈梁	QL	31	柱	Z	49	预埋件	M
14	过梁	GL	32	框架柱	KZ	50	天窗端壁	TD
15	连系梁	LL	33	构造柱	GZ	51	钢筋网	W
16	基础梁	JL	34	承台	CT	52	钢筋骨架	G
17	楼梯梁	TL	35	设备基础	SJ	53	基础	J
18	框架梁	KL	36	桩	ZH	54	暗柱	AZ

钢结构施工图中常用型钢材料,型钢的符号是图纸上为了说明使用型钢的类型、型号,也可用符号表示。钢结构常用型材标注方法如表3-7所示。

表 3-7　钢结构常用型材标注方法

序号	名称	截面	标注(mm)	说明
1	H 型钢		$h \times b_1 \times (b_2) \times t_w \times$ $t_1 \times (t_2)$ 对称截面时括号内 省略不写 如:HN346 × 174 × 6 × 9	HT—热轧薄壁 H 型钢 HW—热轧宽翼缘 H 型钢 HM—热轧中翼缘 H 型钢 HN—热轧窄翼缘 H 型钢 H—可用于焊接 H 型钢
2	T 型钢		$h \times b \times s \times t$ 如:TN173 × 174 × 6 × 9	TW—热轧宽翼缘 T 型钢 TM—热轧中翼缘 T 型钢 TN—热轧窄翼缘 T 型钢
3	工字钢		I × × 如:I 20a	I 为前缀,轻型工字钢应加上 Q 字
4	槽钢		C × × 如:C16	C 为前缀 轻型槽钢前应加上 Q 字 薄壁槽钢前应加上 B 字
5	角钢		∟ $b \times t$(等边角钢) ∟ $B \times b \times t$ (不等边角钢) 如:∟ 100 × 10 ∟ 100 × 80 × 10	∟ 为前缀
6	钢板		$- t \times b \times l$ 如:- 10 × 1 200 × 5 000	-厚×宽×长
7	圆钢		D × × 或 ϕ × × 如:D20	
8	方钢		□ b	
9	圆管		$D \times t$	

序号	名称	截面	标注(mm)	说明
10	矩形管 方形管	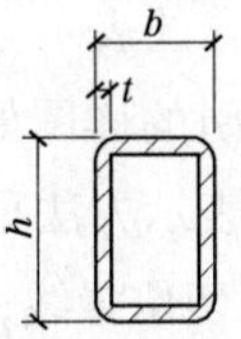	管(TUBE)$h \times b \times t$ 如:管(TUBE) $300 \times 300 \times 10$	
11	冷弯薄壁C型钢	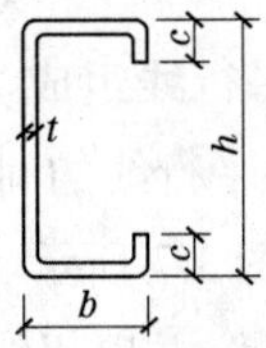	$Ch \times b \times c \times t$ 如:C200 × 70 × 20 × 2.0	C 为前缀
12	冷弯薄壁Z型钢	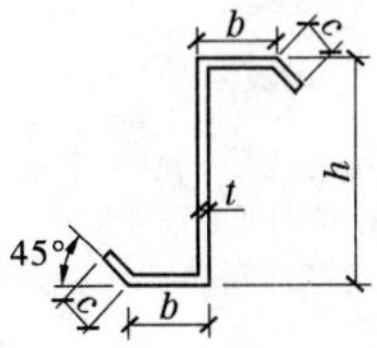	$Zh \times b \times c \times t$ 如:Z200 × 70 × 20 × 2.0	Z 为前缀
13	起重机钢轨		QU × × 如:QU100	
14	轻轨及重轨		如: × ×kg/m 钢轨	
15	钢格板	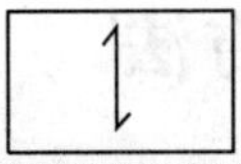 (此图为钢格板的表示方法,钢格板截面图中1表示钢格板负载扁钢长度方向)	G×/×/× × × 如 G325/30/100FG	G ×/×/× × ──表面处理状态标记 ──负载扁钢外形标记 ──横杆中心间距(mm) ──负载扁钢中心间距(mm) ──负载扁钢截面尺寸 (宽度×厚度,mm×mm) ──钢格板标记 注:1.负载扁钢外形标记: F 表示标准平面型扁钢(在标记中可省略);I 表示I形扁钢;S 表示齿形扁钢。 2.表面处理状态标记: G 表示热浸镀锌(在标记中可省略); P 表示涂漆;U 表示表面不作处理。 例如,G325/30/100FG 表示:钢格板的负载扁钢为标准平面型,其截面尺寸为32 mm×5 mm,负载扁钢中心间距为 30 mm,横杆中心间距为 100 mm,表面热镀锌处理

3.2.2.5　符号

（1）索引标志符号。图样中的某一局部或构件需另见详图时，以索引符号索引。索引符号用圆圈表示，圆圈的直径一般为 8 ~ 10 mm。索引标志的表示方法有以下几种：所索引的详图如在本张图纸上，其表示方法见图 3-6(a)；所索引的详图如不在本张图纸上，其表示方法见图 3-6(b)；所索引的详图如采用详图标准，其表示方法见图 3-6(c)。

索引符号用于索引剖视详图时，在被剖切的部位绘制剖切位置线，并用引出线引出索引符号，引出线所在一侧表示剖视方向，如图 3-6(d)所示。

（2）对称符号。施工图中的对称符号由对称线和两对平行线组成。对称线用细点画线表示，平行线用实线表示。平行线长度为 6 ~ 10 mm，每对平行线的间距为 2 ~ 3 mm，对称线垂直平分于两对平行线，两端超出平行线 2 ~ 3 mm，如图 3-7 所示。

（3）剖切符号是剖切符号图形，只表示剖切处的截面形状，并以粗线绘制。

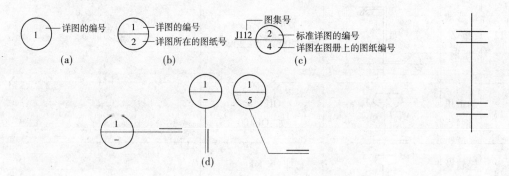

图 3-6　详图索引　　　　　　　　　　　　　　　　　　图 3-7　对称符号

3.3　焊缝及螺栓的表示方法

3.3.1　螺栓、孔、电焊铆钉的表示方法

钢结构施工图及施工详图中螺栓、孔、电焊铆钉的表示方法见表 3-8。

3.3.2　焊缝的表示方法

根据国家标准《焊缝符号表示法》（GB/T 324—2008）的规定，焊缝符号一般由基本符号与指引线组成。必要时还可加上辅助符号、补充符号和焊缝尺寸等。

3.3.2.1　基本符号

基本符号是表示横截面形状的符号。表 3-9 为常见焊缝的基本符号和标注示例。

表 3-8　螺栓、孔、电焊铆钉的表示方法

序号	名称	图例	说明
1	永久螺栓	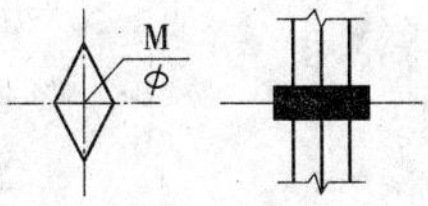	(1)细"+"表示定位线 (2)M 表示螺栓型号 (3)ϕ表示螺栓孔直径 (4)采用引出线表示螺栓时,横线上标注螺栓规格,横线下标注螺栓孔规格 (5)d 表示膨胀螺栓、电焊铆钉直径
2	高强度螺栓	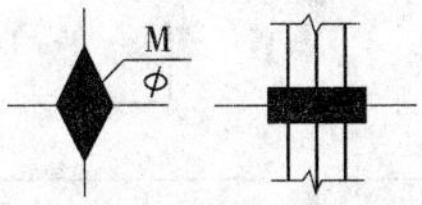	
3	安装螺栓	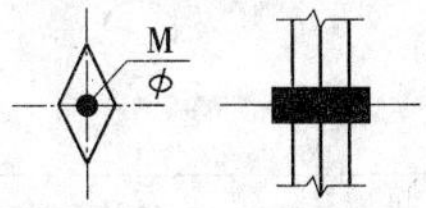	
4	圆形螺栓孔	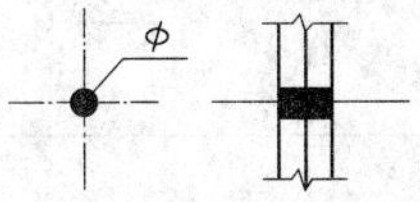	
5	长圆形螺栓孔	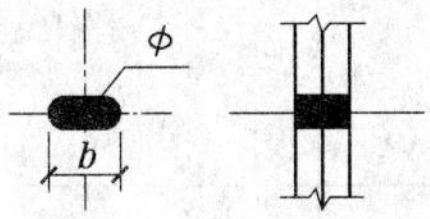	
6	电焊铆钉	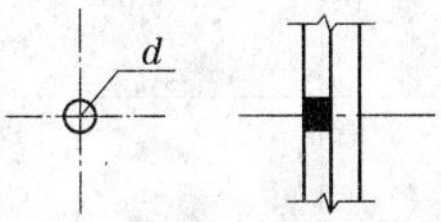	

表 3-9　常见焊缝的基本符号和标注示例

序号	名称	示意图	基本符号	标注示例
1	I 形焊缝			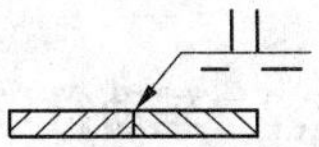
2	V 形焊缝			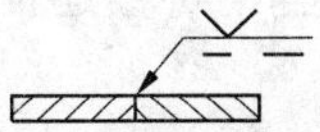
3	单边 V 形焊缝			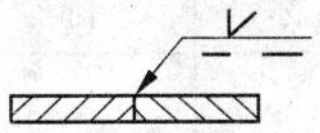
4	带钝边 V 形焊缝			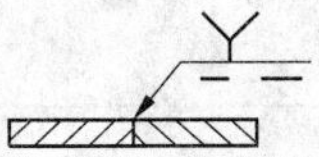
5	带钝边单边 V 形焊缝			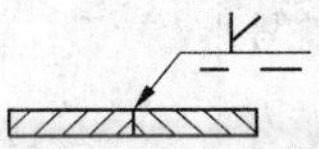
6	带钝边 U 形焊缝			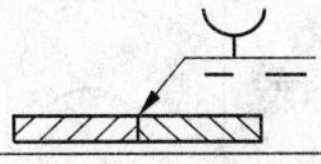

序号	名称	示意图	基本符号	标注示例
7	带钝边 J 形焊缝			
8	角焊缝			
9	点焊缝			
10	封底焊缝			
11	塞焊缝或槽焊缝			
12	喇叭形焊缝			
13	缝焊缝			

3.3.2.2 辅助符号

辅助符号是表示焊缝表面形状特征有辅助要求的符号,见表 3-10。

表 3-10 辅助符号和标注示例

名称	符号	示意图	示例	说明
平面符号	—			焊缝表面平齐（一般通过加工）
凹面符号				焊缝表面凹陷
凸面符号				焊缝表面凸起

3.3.2.3 补充符号

补充符号是为了说明焊缝的某些特征要求的符号,见表 3-11。

表 3-11 补充符号和标注示例

名称	符号	示意图	示例	说明
带垫板符号			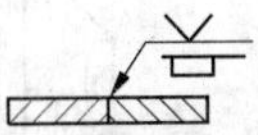	表示焊缝底部有垫板
三面焊缝符号		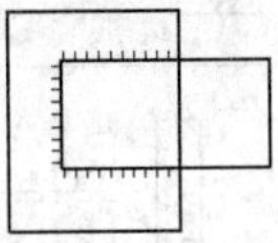	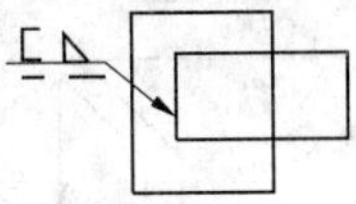	表示三面有焊缝
周围焊缝符号		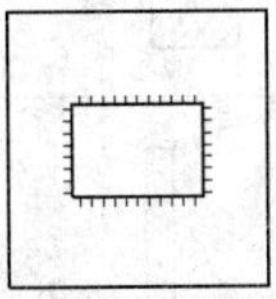	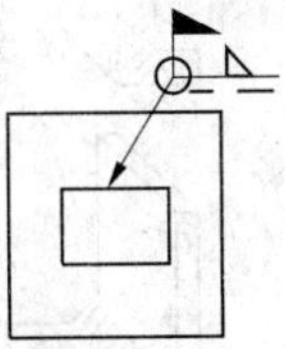	表示环绕工作周围焊缝
现场符号				表示在现场或工地上进行焊接
尾部符号				可以表示所需的信息

3.3.2.4 基本符号组合

标注双面焊焊缝接头时,基本符号可以组合使用,如表 3-12 所示。

表 3-12 基本符号的组合举例

序号	名称	示意图	符号
1	双面 V 形焊缝（X 焊缝）	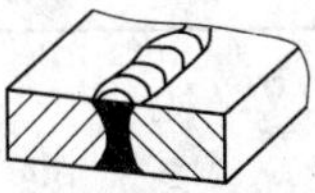	
2	双面单边 V 形焊缝	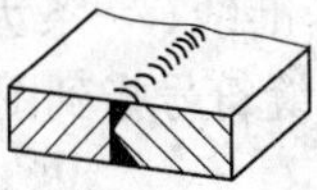	
3	带钝边的双面 V 形焊缝		
4	带钝边的双面单边 V 形焊缝	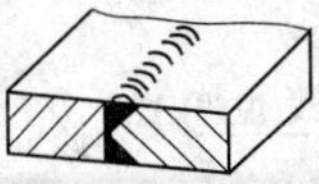	
5	双面 U 形焊缝		

3.3.2.5 基本符号的应用示例

表 3-13 给出了基本符号的应用示例。

表 3-13 基本符号的应用示例

序号	符号	示意图	标注示例	说明
1	$\bigvee$			
2	$\bigvee$			
3	$\triangle$			
4	$\bigtimes$			
5	$\bigslant$			

3.3.2.6 指引线

指引线一般由箭头线和两条基准线(一条为细实线,一条为虚线)两部分构成,如图 3-8(a)所示。箭头用作将整个焊缝符号指到图样上的有关焊缝处,必要时允许弯折一次,如图 3-8(b)所示。

(a)　　　　　　　　　　　　　　　　　(b)

图 3-8 指引线的画法

基准线的上方和下方用来标注有关焊缝符号和尺寸。基准线的虚线可画在基准线实线的上侧或下侧，基准线一般应与图样的底边平行。

箭头线相对焊缝的位置一般没有特殊要求，但是在标注Ⅴ、Ⅴ、Ⅴ形焊缝时，箭头应指向带有坡口一侧的工件。

3.3.2.7 焊缝符号及标注示例说明

如果焊缝箭头指向焊缝的施焊面一侧，则其基本符号等标注在基准线的实线一侧，如图 3-9(a)所示。如果焊缝箭头指向焊缝的施焊背面一侧，则其基本符号等标注在基准线的虚线一侧，如图 3-9(b)所示。标注对称焊缝及双面焊缝时，可不加虚线。但在国内多数图纸上不论是单面角焊缝还是单面坡口焊，都没有标注虚线。可以约定虚线的位置总是在实线的下端，从而可以省略虚线标注。如图 3-9(c)、(d)所示，虚线没有画出，但位置总是在实线的下面。当箭头指向非剖口面时，把基本符号标注在基准线(实线)下即可。

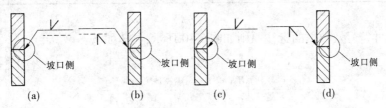

图 3-9　单面坡口标注示例

3.3.2.8 焊缝尺寸符号及其标注位置

基本符号必要时可附带有尺寸符号及数据，这些尺寸符号见表 3-14。

表 3-14　焊缝尺寸符号

符号	名称	示意图	符号	名称	示意图
δ	工件厚度		e	焊间距缝	
α	坡口角度		K	焊脚尺寸	
b	根部间隙		d	熔核直径	
p	钝边		S	焊缝有效厚度	
c	焊缝宽度		N	相同焊缝数量	$N=3$

符号	名称	示意图	符号	名称	示意图
R	根部半径		H	坡口深度	
l	焊缝长度		h	余高	
n	焊缝段数		β	坡口面角度	

焊缝尺寸符号及数据的标注原则如图 3-10 所示,具体如下:

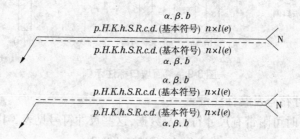

图 3-10　焊缝尺寸符号及数据的标注原则

(1)焊缝横截面上的尺寸标注在基本符号的左侧;

(2)焊缝长度方向尺寸标注在基本符号的右侧;

(3)坡口角度、坡口面角度、根部间隙等尺寸标注在基本符号的上侧或下侧;

(4)相同焊缝索引符号标注在尾部;

(5)当需要标注的尺寸数据较多又不易分辨时,可在数据前面增加相应的尺寸符号。

当箭头线方向变化时,上述原则不变。

焊缝标注示例见图 3-11。

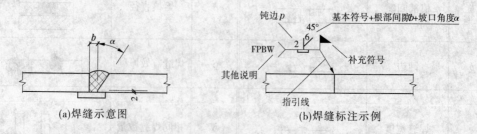

图 3-11　焊缝标注示例

3.3.2.9　其他注意事项

焊接钢构件的焊缝除应按现行的国家标准《焊缝符号表示法》(GB/T 324—2008)中的规定外,还应符合以下各项规定。

(1)单面焊缝的标注方法。对于单面焊缝,当引出线的箭头指向对应焊缝所在的一面时,应将焊缝符号和尺寸标注在基准线的上方,如图 3-12 所示;当箭头指向对应焊缝所在的另一面时,应将焊缝符号和尺寸标注在基准线的下方,如图 3-12 所示。

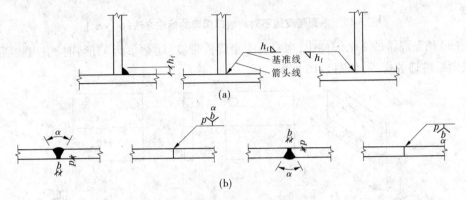

图 3-12　单面焊缝的标注方法

(2)双面焊缝的标注方法。应在基准线的上、下方都标注焊缝符号和尺寸。上方表示箭头一面的焊缝符号和尺寸,下方表示另一面的焊缝符号和尺寸;当两面焊缝的尺寸相同时,只需在基准线上方标注焊缝尺寸,如图 3-13 所示。

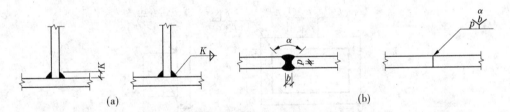

图 3-13　双面焊缝的标注方法

(3)3 个和 3 个以上的焊件相互焊接的焊缝,不得作为双面焊缝标注。其焊缝符号和尺寸应分别标注,如图 3-14 所示。

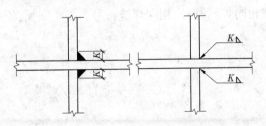

图 3-14　3 个以上焊件的焊缝标注方法

(4)相互焊接的 2 个焊件,当为单面带双边不对称坡口焊缝时,引出线箭头必须指向较大坡口的焊件,如图 3-15 所示。

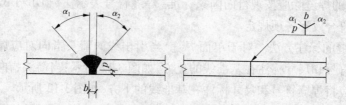

图 3-15　单面带双边不对称坡口焊缝的标注方法($\alpha_1 > \alpha_2$)

(5)相互焊接的 2 个焊件中,当只有 1 个焊件带坡口(如单面 V 形)时,引出线箭头必须指向带坡口的焊件,如图 3-16 所示。

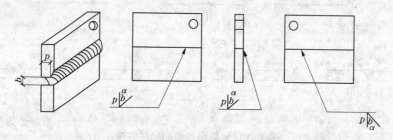

图 3-16　1 个焊件带坡口的焊缝标注方法

(6)当焊缝分布不规则时,在标注焊缝符号的同时,宜在焊缝处加中实线(表示可见焊缝),或加细线(表示不可见焊缝),如图 3-17 所示。

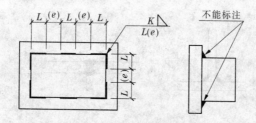

图 3-17　不规则焊缝的标注方法

(7)相同焊缝符号应按下列方法表示。

①在同一图形上,当焊缝形式、断面尺寸和辅助要求均相同时,可只选择一处标注焊缝符号和尺寸,并加注相同焊缝符号,相同焊缝符号为 3/4 圆弧,绘在引出线的转折角处,如图 3-18 所示。

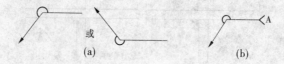

图 3-18　相同焊缝的表示方法

②在同一图形上,当有数种相同焊缝时,标注方法如下。

焊缝时,可将焊缝分类编号标注。在同一类焊缝中可选择一处标注焊缝符号和尺寸。

分类编号采用大写的拉丁字母 A、B、C…,如图 3-18 所示。

(8)需要在施工现场进行焊接的焊件焊缝,应标注现场焊缝符号。现场焊缝符号为涂黑的三角形旗号,绘在引出线的转折处,如图 3-19 所示。

(9)图样中较长的角焊缝(如焊接实腹钢梁的翼缘焊缝),可不用引出线标注,而直接在角焊缝旁标注焊缝尺寸值 K,如图 3-20 所示。

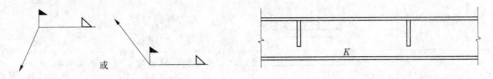

图 3-19　现场焊缝的表示方法　　　　图 3-20　较长焊缝的标注方法

(10)熔透角焊缝的符号应按图 3-21 的方式标注。熔透角焊缝的符号为涂黑的圆圈,绘在引出线的转折处。

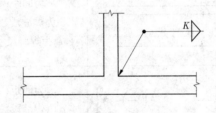

图 3-21　熔透角焊缝的标注方法

(11)局部焊缝应按图 3-22 的方式标注。

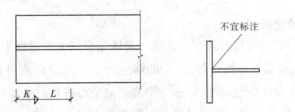

图 3-22　局部焊缝的标注方法

(12)尾部标注内容的次序。

当尾部需要标注的内容较多时,可参照如下次序排列:

①相同焊缝数量;

②焊接方法代号(按照 GB/T 5185 规定);

③缺欠质量等级(按照 GB/T 19418 规定);

④焊接位置(按照 GB/T 16672 规定);

⑤焊接材料(按照相关焊接材料标准)。

每个款项应用斜线"/"分开。

(13)尺寸标注示例。

表 3-15 给出了尺寸标注的应用示例。

表 3-15　尺寸标注的应用示例

符号	名称	示意图	尺寸符号	标注方法
1	对接焊缝	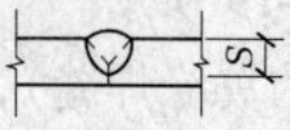	S 为焊缝有效高度	
2	连续角焊缝	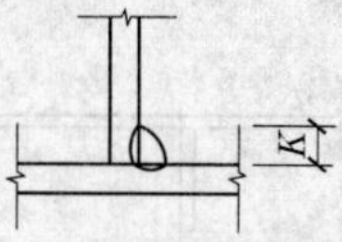	K 为焊脚尺寸	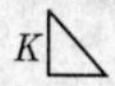
3	断续角焊缝	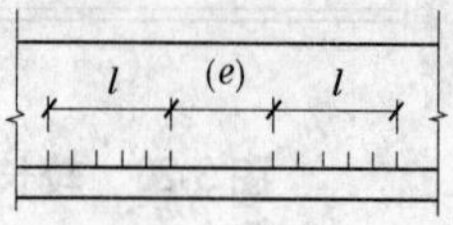	l 为焊缝长度； e 为间距； n 为焊缝段数； K 为焊脚尺寸	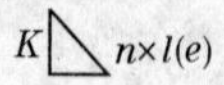
4	交错断续 角焊缝	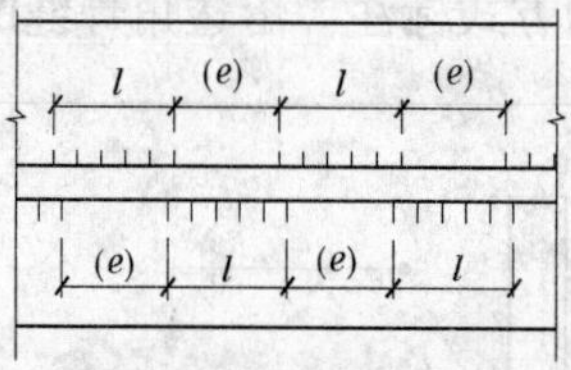	l 为焊缝长度； e 为间距； n 为焊缝段数； K 为焊脚尺寸	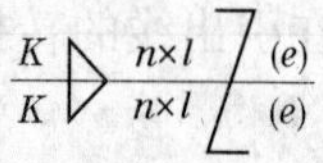
5	点焊缝	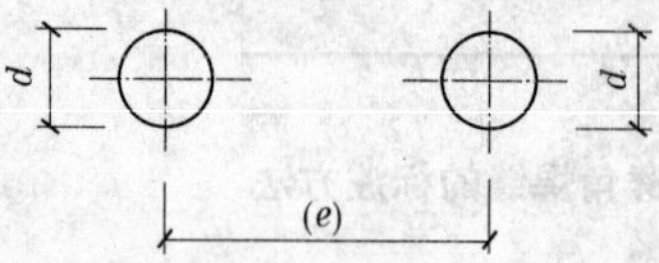	e 为间距； n 为焊缝段数； d 为孔径	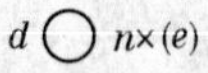

3.3.2.10　焊缝的选择

焊缝的主要形式有对接焊缝和角焊缝。金属完全填充于焊件平面内的焊缝为对接焊缝（或坡口焊缝），如果为全熔透焊缝，则能够充分发挥焊缝两侧母材的强度。部分熔透对接焊缝只有规定厚度的金属熔透，用于不需要完全发挥母材强度的情况下，在计算其理论强度时，将其看作角焊缝。角焊缝的截面近似为在凹角区域内形成的三角形，而不像对接焊缝那样。它的强度取决于焊缝截面的金属抗剪能力，焊缝的大小用焊脚尺寸表示。

焊接是钢结构重要的连接方式，焊缝标注是钢结构细部的主要体现之一，所用焊缝的标注应尽量标准化，应清楚明了，不能使加工和安装者产生误解。

一般情况下对接焊缝要单独列出焊接形式，需现场焊接的要求标注在图纸上。

3.3.3　常用焊缝的标注方法

常用焊缝的标注方法见表3-16。

3.3.4　尺寸标注

（1）两构件的两条很近的重心线，应在交会处将其各自向外错开，如图3-23所示。

表 3-16　常用焊缝的标注方法

焊缝名称	形式	标准标注方法	说明
I 形焊缝			
单边 V 形焊缝			
带钝边单边 V 形焊缝			b:焊件间隙(施工图中可不标注);
带垫板 V 形焊缝			β:施工图中可不标注; p:钝边,施工图中可不标注; α:施工图中可不标注
Y 形焊缝			

（2）弯曲构件的尺寸应沿其弧度的曲线标注弧的轴线长度,如图 3-24 所示。

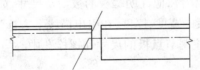

图 3-23　两构件重心不重合的表示方法

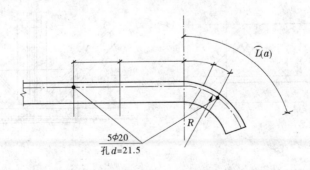

图 3-24　弯曲构件尺寸的标注方法

（3）切割的板材，应标注各线段的长度及位置，如图3-25所示。

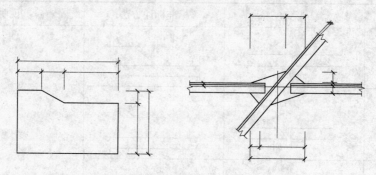

图3-25　切割板材尺寸的标注方法

（4）不等边角钢的构件，必须标注出角钢一肢的尺寸，如图3-26所示。

（5）节点尺寸，应注明节点板的尺寸和各杆件螺栓孔中心或中心距，以及杆件端部至几何中心线交点的距离，如图3-27所示。

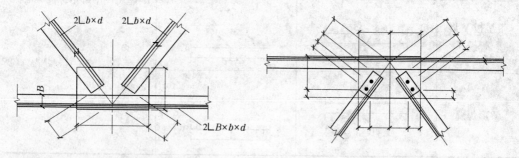

图3-26　节点尺寸及不等边角钢的标注方法　　　　**图3-27　节点尺寸的标注方法**

（6）双型钢组合截面的构件，应注明缀板的数量及尺寸，如图3-28所示。在引出横线上方标注缀板的数量及缀板的宽度、厚度，在引出横线下方标注缀板的长度尺寸。

（7）非焊接节点板，应注明节点板的尺寸和螺栓孔中心与几何中心线交点的距离，如图3-29所示。

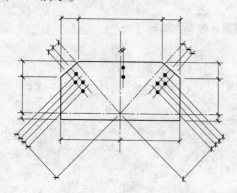

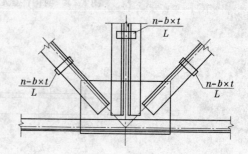

图3-28　缀板的标注方法　　　　　　　　**图3-29　非焊接节点板尺寸的标注方法**

3.4 钢结构节点设计详图的识读

钢结构的连接有焊缝连接、铆钉连接、普通螺栓连接和高强度螺栓连接,其连接部位统称为节点。连接设计是否合理,直接影响结构的使用安全、施工工艺和工程造价,因此钢结构节点设计十分重要。钢结构节点设计的原则是安全可靠、构造简单、施工方便和经济合理。

3.4.1 梁柱节点连接设计详图

梁柱连接按转动刚度不同分为刚性、半刚性和铰接三类。图 3-30 为梁柱连接的节点详图。在此连接详图中,梁柱连接采用螺栓和焊缝的混合连接,梁翼缘与柱翼缘为坡口对接焊缝,为保证焊透,施焊时梁翼缘下面需设小衬板,衬板反面与柱翼缘相接处宜用角焊缝补焊。梁腹板与柱翼缘用螺栓与剪切板相连接,剪切板与柱翼缘采用双面角焊缝,此连接为刚性连接。

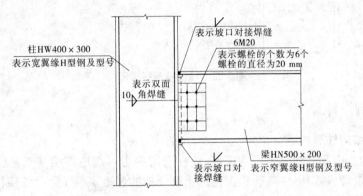

图 3-30　梁柱连接的节点详图

3.4.2 梁拼接设计详图

图 3-31 为梁拼接连接详图。从图中可以看出,两段梁拼接采用螺栓和焊缝混合连接,

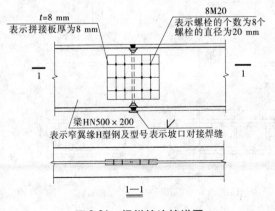

图 3-31　梁拼接连接详图

梁翼缘为坡口-对接焊缝连接,腹板采用两侧双盖板高强螺栓连接,此连接为刚性连接。

3.4.3 柱拼接设计详图

图 3-32 为柱拼接连接详图。在此详图中,可知此钢柱为等截面拼接,拼接板均采用双盖板连接,螺栓为高强度螺栓。作为柱构件,在节点处要求能够传递弯矩、剪力和轴力,柱连接必须为刚性连接。

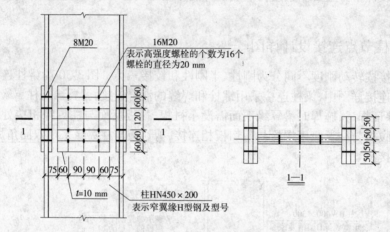

图 3-32 柱拼接连接详图

3.4.4 柱脚设计详图

3.4.4.1 钢结构柱脚构造

柱脚的构造应和基础有牢固的连接,使柱身的内力可靠地传给基础。柱脚根据其构造分为包脚式、埋入式和外露式,根据传递上部结构的弯矩要求又分为铰接柱脚和刚性柱脚。轴心受压柱的柱脚主要传递轴心压力,与基础连接一般采用铰接(见图 3-33)。图 3-33 是几种常见的平板式铰接柱脚。由于基础混凝土强度远比钢材低,所以必须增大柱底截面积,以增加其与基础顶部的接触面积。图 3-33(a)是一种最简单的柱脚构造形式,在柱下端仅焊一块底板,柱中压力由焊缝传至底板,再传给基础。这种柱脚只能用于小型柱,

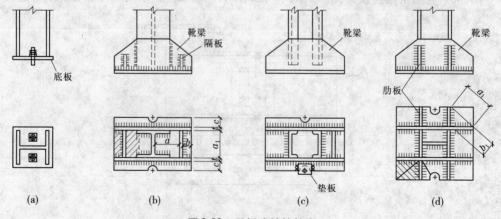

图 3-33 平板式铰接柱脚

如果用于大型柱,底板会太厚。

一般的铰接柱脚常采用图 3-33(b)、(c)、(d)的形式,在柱端部与底板之间增设一些中间传力部件,如靴梁、隔板和肋板等,这样可以将底板分隔成几个区格,使底板的弯矩减小,同时也增加柱与底板的连接焊缝长度。图 3-33(d)中,在靴梁外侧设置肋板,底板做成正方形或接近正方形。布置柱脚中的连接焊缝时,应考虑施焊的方便与可能。例如图 3-33(b)中隔板的内侧,图 3-33(c)、(d)中靴梁中央部分的内侧,都不宜布置焊缝。柱脚是利用预埋在基础中的锚栓来固定其位置的。在铰接柱脚连接中,两个基础预埋锚栓在同一轴线上。铰接柱脚不承受弯矩,只承受轴向压力和剪力。剪力通常由底板与基础表面的摩擦力传递。当此摩擦力不够时,应在柱脚底板下设置抗剪键,抗剪键可用方钢、短 T 字钢或 H 型钢做成。铰接柱脚通常仅按承受轴向压力计算,轴向压力 N 一部分由柱身传给靴梁、肋板等,再传给底板,最后传给基础;另一部分经柱身与底板间的连接焊缝传给底板,再传给基础。然而在实际工程中,柱端难以做到齐平,为了便于控制柱长的准确性,柱端可能比靴梁缩进一些。

3.4.4.2 外露式钢结构柱脚

图 3-34 所示柱脚均为钢结构设计图集标准外露式铰接柱脚,仅用于传递垂直荷载,

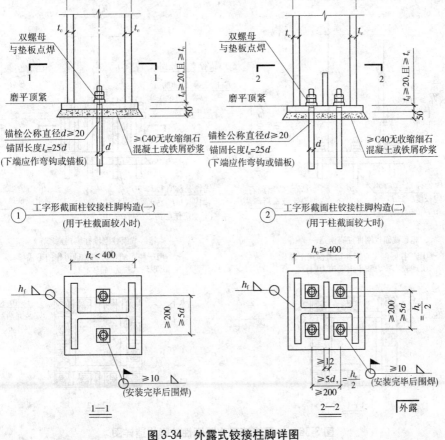

图 3-34 外露式铰接柱脚详图

柱底端宜磨平顶紧,其翼缘与底板间宜采用半熔透的坡口对接焊缝连接,柱腹板及加劲板与底板间宜采用双面角焊缝连接,基础顶面和柱脚底板之间须二次浇灌大于等于 C40 无收缩细石混凝土或铁屑砂浆,施工时应采用压力灌浆,铰接柱脚的锚栓仅作安装过程的固定之用,其直径应根据钢柱板件厚度和底板厚度相协调的原则确定,一般取 20 ~ 42 mm。

图 3-35 为某钢结构工程柱脚设计详图。在图 3-35 中,钢柱为 HW400 × 300,表示柱为热轧宽翼缘 H 型钢,截面高、宽分别为 400 mm、300 mm,底板长为 500 mm、宽为 400 mm 和厚为 26 mm,采用 2 根直径为 30 mm 的锚栓,其位置从平面图中可确定。安装螺母前加垫厚为 10 mm 的垫片,柱与底板用焊脚为 8 mm 的角焊缝四面围焊连接。此柱脚连接几乎不能传递弯矩,为铰接柱脚。

图 3-36、图 3-37 为外露式箱形截面刚性柱脚构造详图。当为抗震设防的结构时,柱

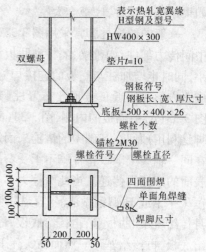

图 3-35　某钢结构工程柱脚设计详图

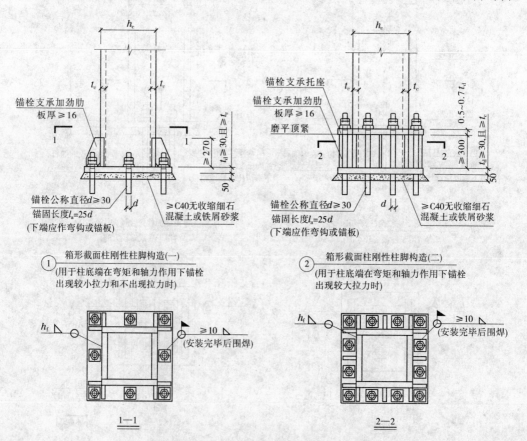

图 3-36　外露式箱形截面刚性柱脚构造详图

x

底与底板间宜采用完全熔透的坡口对接焊缝连接,加劲板与底板间采用双面角焊缝连接。当为非抗震设防的结构时,柱底宜磨平顶紧,并在柱底采用半熔透的坡口对接焊缝连接,加劲板采用双面角焊缝连接,基础顶面和柱脚底板之间须二次浇灌 C40 无收缩细石混凝土或铁屑砂浆,施工时应采用压力灌浆,刚性柱脚的锚栓在弯矩作用下承受拉力,同时也作为安装过程的固定之用,其锚栓直径一般多在 30 ~ 76 mm 范围内使用,锚柱脚底板和支承托座上的锚栓孔径一般宜取锚栓外径的 1.5 倍,锚栓螺母下的垫板孔径取锚栓直径加 2 mm,垫板的厚度一般为 0.4d、0.5d(d 为锚栓外径),但不宜小于 20 mm。

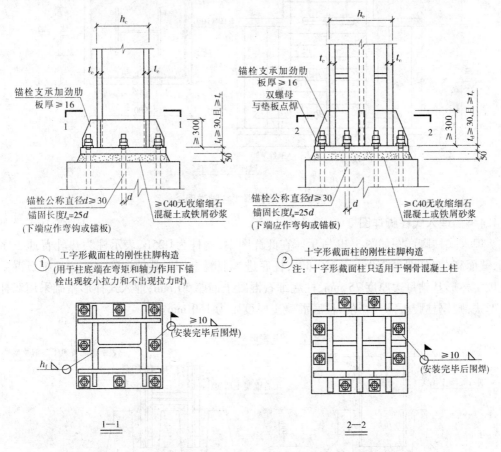

图 3-37 外露式工字形截面或十字形截面刚性柱脚构造详图

3.4.4.3 包脚式柱脚详图

包脚式柱脚详图如图 3-38 所示。在此详图中,钢柱为 HW452×417,表示柱为热轧宽翼缘 H 型钢,截面高、宽分别为 452 mm、417 mm;柱底进入深度为 1 000 mm,柱底板长为 500 mm、宽为 450 mm 和厚为 30 mm,锚栓埋入深为 1 000 mm 厚的基础内,混凝土柱台截面为 917 mm×900 mm,设置 4 根直径 25 mm 的纵向主筋(二级)和 4 根直径 14 mm 的纵向构造筋(二级),箍筋(一级)间距为 100 mm,直径为 8 mm,在柱台顶部加密区间距为 50 mm,混凝土基础箍筋(二级)间距为 100 mm,直径为 8 mm。

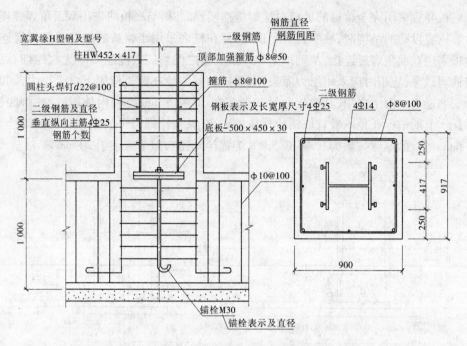

图 3-38 某包脚式柱脚详图

3.4.4.4 埋入式柱脚详图

埋入式柱脚详图如图 3-39 所示。在此详图中,钢柱为 I 25b,表示柱为热轧普通工字钢,截面高、宽分别为 250 mm、250 mm;柱底进入混凝土杯形基础深度 300 mm,细石混凝土填实杯形基础每边厚度 75 mm,柱底细石混凝土铺厚 50 mm;埋入式杯形基础采用双杯口形式,则钢柱腹板需要切削,柱底混凝土厚度则为 150 mm。

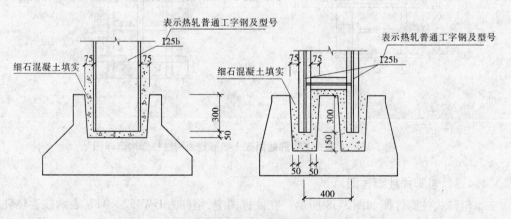

图 3-39 埋入式柱脚详图

3.4.5 支撑节点详图

支撑多采用型钢制作,支撑与构件、支撑与支撑的连接处称为支撑连接节点。图 3-40 为某槽钢支撑节点详图。在此详图中,支撑构件为双槽钢 2 [20a,截面高为 200 mm,槽钢连接于厚 12 mm 的节点板上,可知构件槽钢夹住节点板连接,贯通槽钢用双面角焊缝连接,焊脚为 6 mm,焊缝长度为满焊;分断槽钢用普通螺栓连接,每边螺栓有 6 个,直径为 14 mm,螺栓间距为 80 mm。某角钢支撑节点详图见图 3-41。

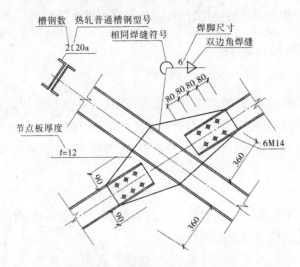

图 3-40　某槽钢支撑节点详图

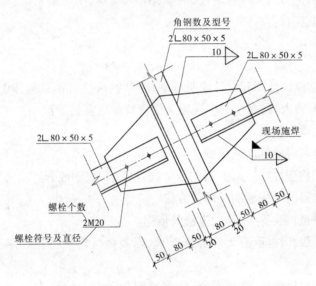

图 3-41　某角钢支撑节点详图

3.5　钢结构详图设计及图纸识读

　　钢结构设计明确划分为设计图和结构详图两个阶段。前者由设计单位编制完成,后者则以前者为依据,由钢结构加工单位或专业的钢结构设计公司深化编制完成,并直接作为加工与安装的依据。实践证明,两阶段出图的做法分工合理,有利于保证工程质量,而且方便施工。钢结构详图一般分为布置图、构件图和零件图。布置图必须满足现场安装需要,构件图和零件图必须满足加工需要,作为加工厂制作和现场安装的依据。钢结构详图的编制工作是一种比较琐碎而细致,而且费时费力的工作,是一个承上启下的环节,所以对于整个工程的建设工期及施工成本来说应予以考虑。进行详图设计时,一些设计中尚需补充进行的部分构造设计与连接计算,应该在详图设计阶段进一步实现。

3.5.1　钢结构详图设计内容

3.5.1.1　构造设计

构造设计包括螺栓的布置,节点连接板尺寸,焊接方法及焊接样式,原材料拼接方法及要求,构件运输单元的划分及设计,组合截面中的填板、缀板的大小及间距,过焊孔样式及大小,构造切槽,拼接耳板设计,变截面构造设计,考虑部件施焊时和拧紧螺栓时的最小空间等。

3.5.1.2　连接计算

连接计算包括一般连接节点的焊缝长度与螺栓数量计算,小型或次要构件的拼接设计及计算,起拱高度、高强度螺栓连接长度等。

钢结构详图的一般组成按图纸种类来分,包括总说明、布置图、构件图及零件图。详图图纸绘制一般按构件形式可分为钢柱、钢梁、桁架、支撑、吊车梁系统、维护系统(檩条、拉条)、钢平台、楼梯、爬梯等。

3.5.2　总说明

详图设计应根据原设计图和设计说明编制详图的总说明,钢结构详图总说明的对象是加工单位和现场安装人员,总说明中应当交代清楚的内容如下:

(1)明确详图的设计依据。

(2)明确构件验收时的标准或依据。

(3)明确钢材的物理性能(拉伸、弯曲及 Z 向性能)和化学成分。

(4)明确焊接材料的使用标准及焊接方法。

(5)明确焊接质量检验等级、检验方法及依据。

(6)明确螺栓等级和性能,有无摩擦面要求,需要做抗滑移试验时,应给出抗滑移系数要求。

(7)对构件的表面粗糙度、除锈等级,防腐涂料的种类及涂装方法,构件是否要求镀锌,涂装要求要予以明确要求。

除锈等级、方法及表面粗糙度要求要根据涂料的品种来确定,相同的除锈等级由于原材料的锈蚀等级不同也会影响涂装材料的耐久性,所以应尽量避免使用 D 级原材料(除锈等级可依据标准《涂装前钢材表面锈蚀等级和除锈等级》(GB 8923—88))。表面除锈直接关系涂装质量,应予以充分重视,并作为钢结构中的隐蔽工程,做好记录。

(8)在说明中应交代工程中的编号原则,这样有利于分类读图,也有利于安装及区分构件。

(9)对图纸中具有共性的事物可在总说明中以图例的形式交代清楚。

(10)在构件制造过程中的某些技术要求和注意事项。

在一般情况下,写出以上内容就可表达清楚必要的技术条件和施工要求,若工程中还有特殊要求则应增加说明条款。

3.5.3　布置图

布置图的表达是在保证与设计图相符的情况下供安装使用,也就是表达出构件的具体位置。平面图是确定建筑物中各构件在平面上坐标位置的图形。一般情况下平面图在布置图中占主导地位。平面图中构件的位置是通过轴网的列线和行线来控制的。由于建筑物是立体结构,建筑物的各构件是空间分布的,为了解这些构件在空间的确切位置,必须在平面图中标出一些剖面符号,并绘制出相应的剖面图,这些图形即为布置图的立面图。通过平面图和立面图的三维坐标可以描述出任何一个构件的空间位置。

一般情况下,布置图中应标注以下几项内容,以使图纸满足安装要求:

(1)轴线间距;

(2)柱或梁的工作线(中心线)与轴线的定位;

(3)构件编号分布;

(4)构件安装方向及定位方向;

(5)典型的节点(也可在相关构件图中予以表达)。

如图 3-42 所示,图中的"细部 A"是为让读者看清楚构件安装侧和定位的细部而加上的,实际图纸中并无此细部。从此平面图中可以看出各构件间的距离、构件安装方向和定位。对于梁连接方法(焊接或者螺栓连接)在构件图中已经注明,如梁 SB2C4 - 4 的构件图可参见图 3-43,两端采用上、下翼缘焊接,腹板栓接。

3.5.4　构件图

构件图是钢结构详图中重要的组成部分,构件图的主要目的一是要便于加工,二是要有一定的追溯性。其中,各零件截面、螺孔大小、距离、数量、各零件的位置关系、焊接方法及构件现场焊接形式等都应在构件图中反映出来。

3.5.4.1　钢梁表达

梁的一般表达形式见图 3-43。

在图 3-43 中矩形框线内的尺寸为检查尺寸,供审查图纸放样时使用。

此钢梁的另一种表达形式见图 3-44,比较图 3-43 和图 3-44 可知,主要区别在于图 3-44 多出一个视图来表达其所连接构件的定位点(见虚线内尺寸标注),将 E 轴往左移 2 400(509 + 1 891)可以推出与连接板相连接构件的工作点(中心线位置),这样可以使连接板位置具有可追溯性,保证了图纸的正确性。

在布置图中此连接板所连接的构件定位也是应该标注的,在此如果再列出无非是核实其正确性。如果是运用三维详图建模软件进行出图的话,建议此定位仅在相应的布置

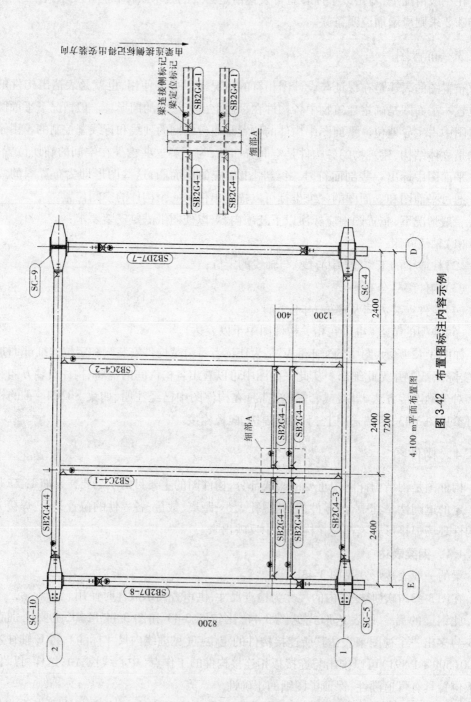

图 3-42 布置图标注内容示例

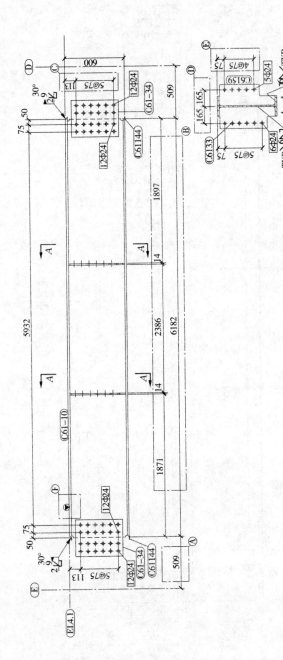

图 3-43 水平梁（直梁）表达形式（一）

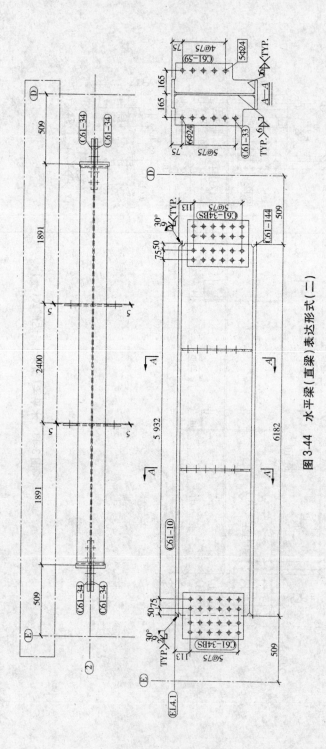

图 3-44 水平梁（直梁）表达形式（二）

图中反映,因为布置图中构件的定位正确说明模型正确,那么构件及连接板的位置也会是正确的;再者现在专业的三维详图建模软件对此种标注往往较难实现。

当梁翼缘或者腹板上孔较多时,可按照相同大小的孔用一组尺寸来表达,同时为避免尺寸太多带来的积累误差而采用绝对尺寸和相对尺寸(增量尺寸)两种标注。这里的积累误差产生的原因是:由于尺寸标注的精度是毫米,但如果孔距连续出现舍入的情况后,就有可能出现积累误差。绝对尺寸指构件的外形或孔的尺寸都相对于某点给出,如图 3-45 所示,梁翼缘上的孔以梁翼缘最左端为起始点,数值是相对到起点始的值,这样要标注大量而间距不一的孔距时能避免累积误差。

3.5.4.2 钢柱表达

对于简单的钢柱构件需要标明的地方主要是底板的标高、柱脚孔位置、柱长度、檩托的定位、底板、顶板与柱身焊缝要求等,如图 3-46 所示。对于复杂构件表达要求:图中清晰地表达出零件号,各牛腿长度、标高及柱的焊接要求,檩托位置、方向,支撑连接板定位,以及柱底、顶标高等。如果构件很复杂不容易理解其结构形式,最好以三维视图来辅助表达其构件结构样式,见图 3-47。

3.5.4.3 桁架

桁架的组成截面可以是角钢、圆管、矩形管、H 型钢等,图 3-48 是以 H 型钢(腹杆双槽钢组合截面)桁架为例,应表达清楚上、下弦杆间距,弦杆上连接板的定位尺寸,腹杆的定位尺寸,以及构件检查所用对角尺寸也应标注出来。

3.5.4.4 支撑

水平支撑、柱间支撑的标注样式见图 3-49 和图 3-50。

3.5.5 零件图

零件是构件的组成单元,一根构件由一个或多个零件组成。零件的图幅一般为 A4 大小,图纸布局与构件图相似。零件图可以是每个零件独立为一张图纸,为避免图纸空间的浪费也可以将一些零件共同放入同一张图纸中,组成多零件图。多零件图宜用 A3 图幅表达。零件图的标注较为简单,它不同于构件图(组装图)。零件图不需要表明各零件之间的相对关系及连接方法,零件图尺寸标注只要表明零件本身的尺寸即可,工厂车间根据零件材料表中的规格、材质、数量信息就可以满足生产要求。现在计算机三维建模软件可提供与数据切割系统(DSTV 或其他)相接口的数控文件,也称 NC 文件,零件直接由数控系统切割、打孔,加工生产逐步向无纸化发展,此时图纸仅用于加工后的校核。

图 3-51 是板件常见的几种零件形式。对于图中的第一个零件(零件号 C61 - 144),板件本身没有螺孔,也没有切割,根据材料表就可推出其外形。一般此类板件无须画出其零件详图。根据加工者看图的习惯不同,组成构件的零件要有主次零件的区分,主零件可以当作构件中的主体构件,次零件主要依附于主零件上。这也是决定那个零件为主零件的主要因素。通常主零件使用的编号与构件的编号相同,且主零件的外形尺寸、螺孔大小都会在构件图上表达清楚,不再另列出零件图。

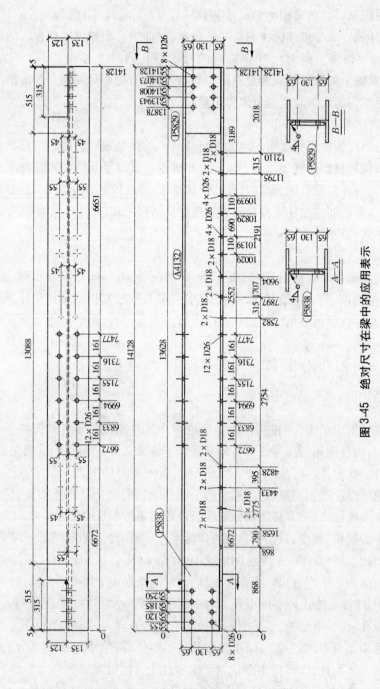

图 3-45　绝对尺寸在梁中的应用表示

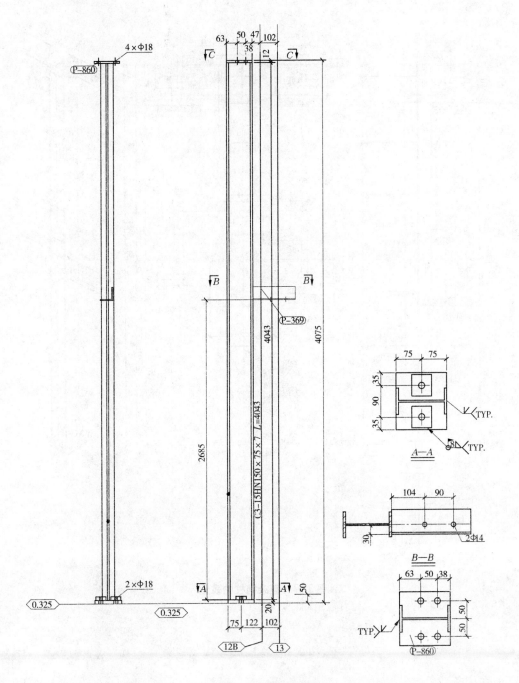

图 3-46 简单钢柱的表达

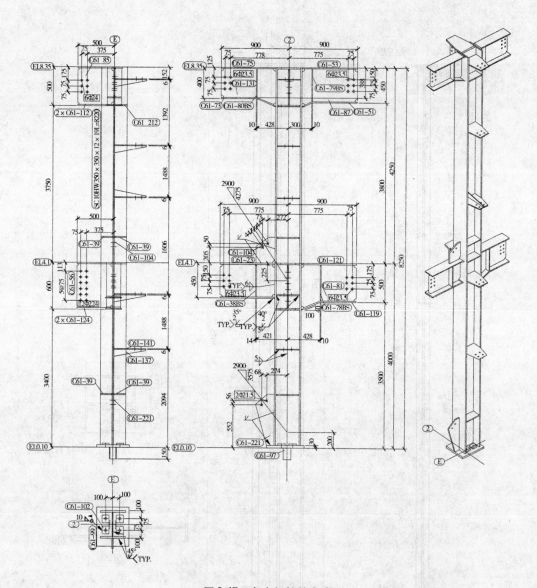

图 3-47　复杂钢柱的表达

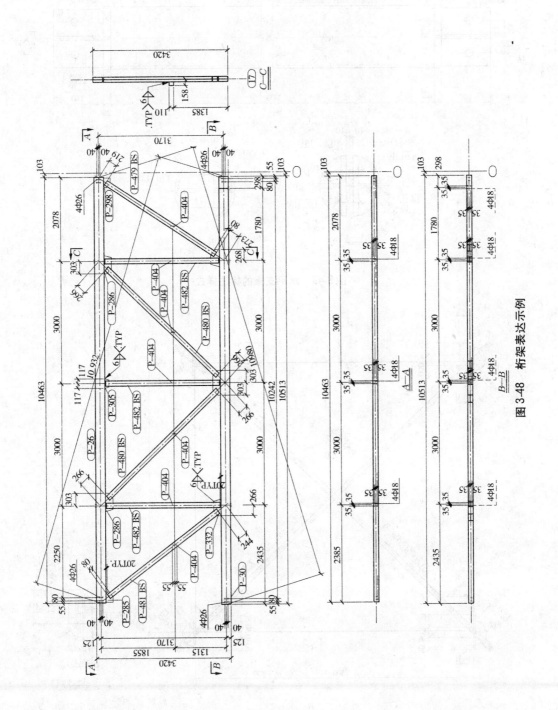

图 3-48 桁架表达示例

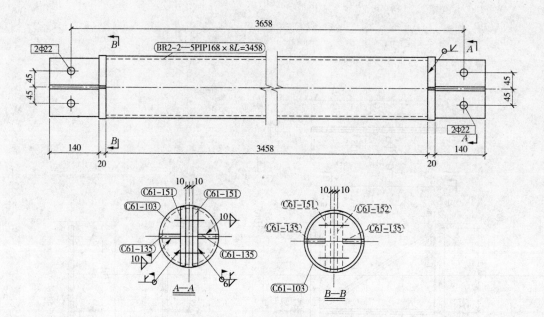

图 3-49 水平支撑的标注样式

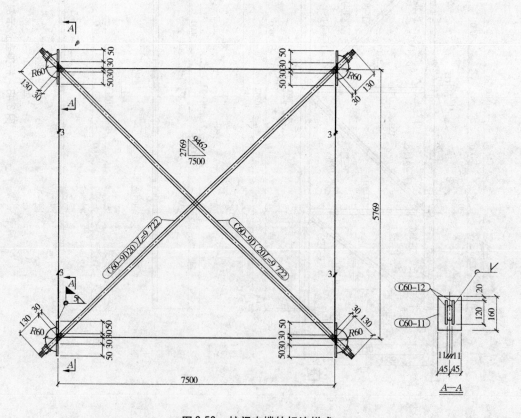

图 3-50 柱间支撑的标注样式

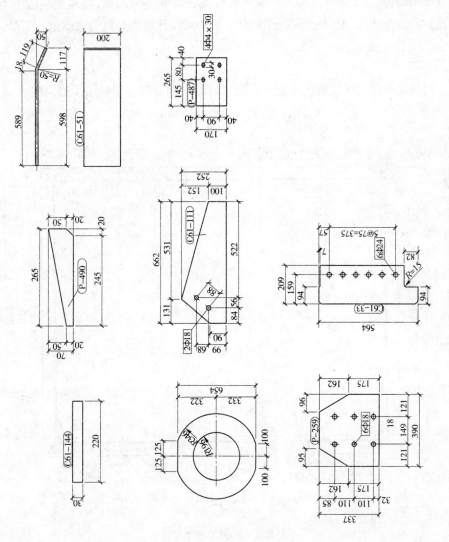

图 3-51　板件常见的几种零件形式及表达

3.6 钢结构工程施工图实例

3.6.1 工程概况

本工程为某集中供热锅炉房,结构形式为单层轻型门式刚架,门式刚架结构跨度为18 m,刚架最高柱顶标高 4.450 m。本工程抗震设防分类为乙类,场地类别为二类,建筑抗震设防烈度为 8 度,设计基本加速度值为 0.20g,设计地震分组为第二组。

3.6.2 建筑施工图

该供热锅炉房的建筑施工图的平面图、立面图、剖面图分别见图 3-52 ~ 图 3-56。

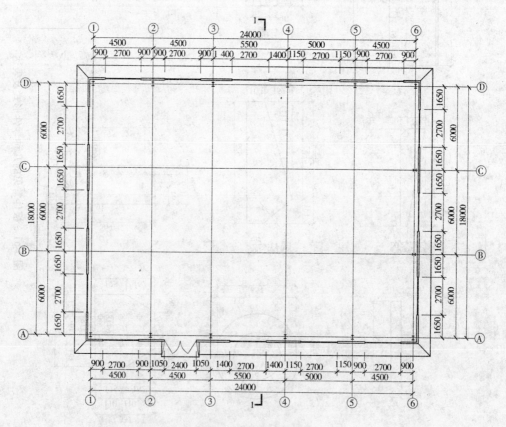

图 3-52 一层平面布置图

3.6.3 钢结构施工图

本节重点介绍该供热锅炉房钢结构工程结构施工图设计的一般规定和基本组成。

3.6.3.1 结构设计总说明

结构设计总说明是结构施工图的前言,一般包括结构设计概况、设计依据和遵循的规

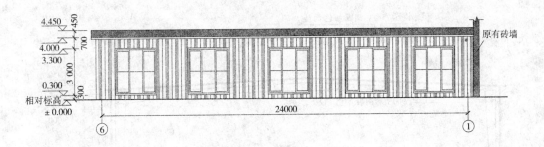

图 3-53　正立面图

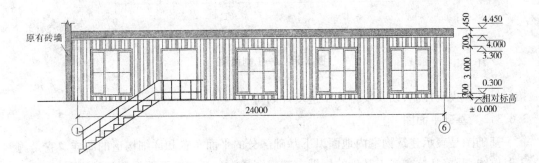

图 3-54　背立面图

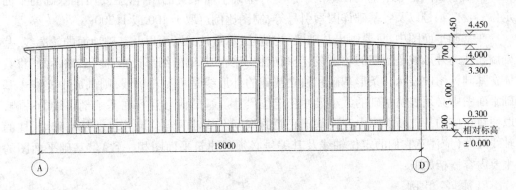

图 3-55　侧立面图

范,主要荷载取值(风、雪、恒、活荷载以及设防烈度等),材料(钢材、焊条、螺栓等)的牌号或级别,加工制作、运输、安装的方法、注意事项、操作和质量要求,防火与防腐,图例,以及其他不易用图形表达或为简化图面而改用文字说明的内容(如未注明的焊缝尺寸、螺栓规格、孔径等)。除总说明外,必要时在相关图纸上还需提供有关设计材质、焊接要求、制造和安装的方式、注意事项等文字内容。

　　结构设计总说明要简要、准确、明了,要用专业技术术语和规定的技术标准,避免漏说、含糊及措辞不当;否则,会影响钢构件的加工、制作与安装质量,影响编制预决算进行

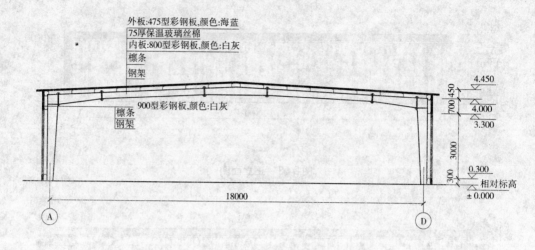

图 3-56　1—1 剖面图

招标投标和投资控制,以及安排施工进度计划。

3.6.3.2　基础平面图

基础图是表示建筑物室内地面以下基础部分的平面布置和详细构造的图样。它是施工时放线、开挖基坑和施工基础的依据。基础图通常包括基础平面图和基础详图。

1. 基础平面图

基础平面图是表示基础在基槽未回填时基础平面布置的图样,主要用于基础的平面定位、名称、编号以及各基础详图索引号等,制图比例可取 1:100 或 1:200。

在基础平面图中,只要画出基础墙、构造柱、承重柱的断面以及基础地面的轮廓线,基础墙和柱的外形线是剖切的轮廓线,应画成粗实线。基础的细部投影都可省略不画,将具体在基础详图中表示。条形基础和独立基础的外形线是可见轮廓线,则画成中实线。基础平面图中必须表明基础的大小尺寸和定位尺寸。基础代号注写在基础剖切线的一侧,以便在相应的基础断面图中查到基础底面的宽度。基础的定位尺寸也就是基础墙、柱的轴线尺寸(应注意它们的定位轴线及其编号必须与建筑平面图相一致)。基础平面图的主要内容概括如下:

(1)图名、比例;

(2)纵横定位轴线及其编号;

(3)基础的平面布置,即基础墙、构造柱、承重柱以及基础底面的形状、大小及其与轴线的关系;

(4)基础梁(圈梁)的位置和代号;

(5)断面图的剖切线及其编号(或注写基础代号);

(6)轴线尺寸、基础大小尺寸和定位尺寸;

(7)施工说明;

(8)当基础底面标高有变化时,应在基础平面图对应部位的附近画出一段基础垫层的垂直剖面图,来表示基底标高的变化,并标注相应的基底标高。

2. 基础详图

基础详图一般采用垂直断面图来表示,主要绘制各基础的立面图、剖(断)面图,内容包括基础组成、做法、标高、尺寸、配筋、预埋件、零部件(钢板、型钢、螺栓等)编号,比例可取 1:10～1:50。基础详图的主要内容概括如下:

(1)图名、比例;

(2)基础断面图中轴线及其编号(若为通用断面图,则轴线圆圈内不予编号);

(3)基础断面形状、大小、材料、配筋;

(4)基础梁和基础圈梁的截面尺寸及配筋;

(5)基础圈梁与构造柱的连接做法;

(6)基础断面的详细尺寸、锚栓的平面位置及其尺寸和室内外地面、基础垫层底面的标高;

(7)防潮层的位置和做法;

(8)施工说明等。

图 3-57 是门式刚架工程的基础预埋锚栓平面布置图,其中基础平面布置图中应反映锚栓布置情况。

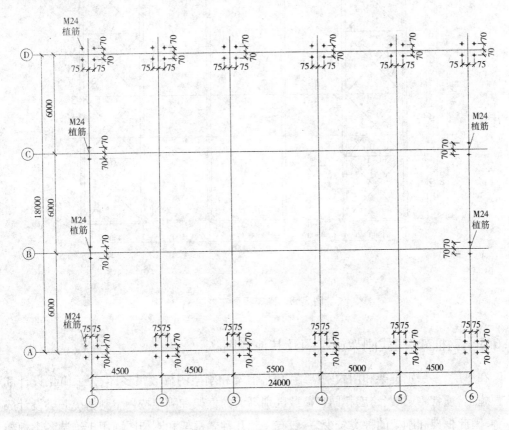

图 3-57 预埋锚栓平面布置图

3.6.4 结构平面图

表示房屋上部结构布置的图样,称为结构布置图。在结构布置图中,采用最多的是结构平面图的形式。它是表示建筑物室外地面以上各层平面承重构件布置的图样,是施工时布置或安放各层承重构件的依据。

从二层到屋面,各层均需绘制结构平面图。当有标准层时,相同的楼层可绘制一个标准层结构平面图,但需注明从哪一层至哪一层及相应标高。楼层结构平面图的内容包括梁柱的位置、名称、编号,连接节点的详图索引号,混凝土楼板的配筋图或预制楼板的排板图,也包括支撑的布置。结构平面图的制图比例一般取1:100。由图3-58可知,该工程门式刚架 GJ-1(见图3-59)有 5 榀、GJ-2(见图3-60)有 1 榀,抗风柱 2 根;另外,结构平面布置图也反映了柱间支撑和屋面支撑的布置、系杆的布置情况。屋面檩条布置图见图3-61。

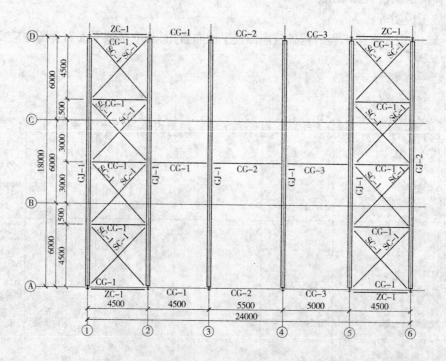

图 3-58　刚架平面布置图

3.6.5 钢框架、门式刚架施工图及其他详图

在单层、多层钢框架和门式刚架结构中,框架和刚架的榀数很多,但为了简化设计和方便施工,通常将层数、跨度相同且荷载区别不大的框架和刚架按最不利情况归类设计成一种,因此框架和刚架的种类较少,一般有一到几种。框架和刚架图即用于绘制各类框架和刚架的立面组成、标高、尺寸、梁柱编号名称,以及梁与柱、梁与梁、柱与柱的连接详图索引号等,如在框架和刚架平面内有垂直支撑,还需绘制支撑的位置、编号和节点详图索引

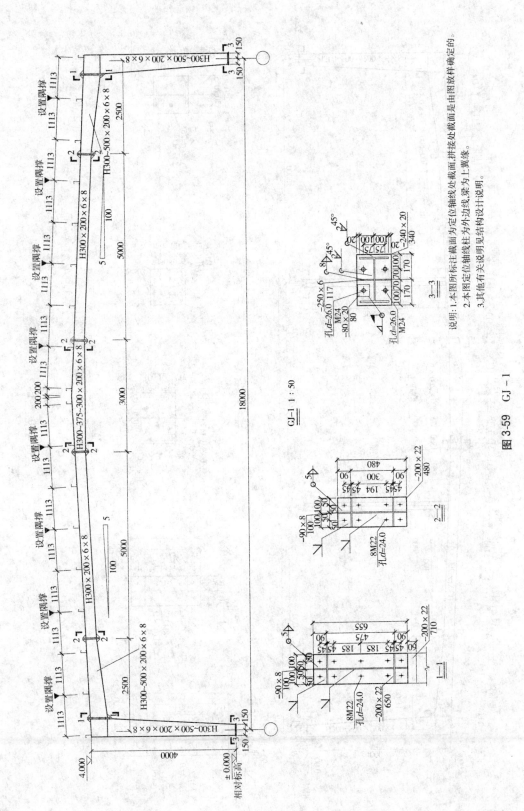

GJ-1 1:50

3—3

2—2

1—1

图 3-59 GJ-1

说明: 1. 本图所标注截面为定位轴线处截面,拼接处截面是由图放样确定的。
2. 本图定位轴线为外边线,梁为上翼缘。
3. 其他有关说明见结构设计说明。

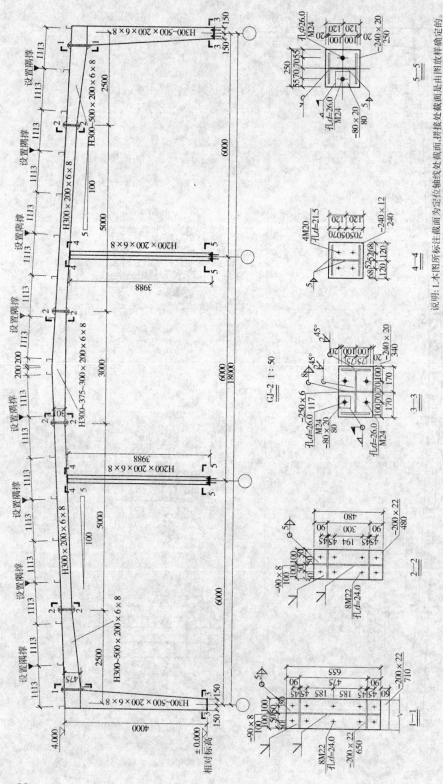

图 3-60 GJ-2

说明: 1.本图所标注极面为定位轴线处载面拼接处是由图放样确定的。
2.本图定位轴线柱为外边柱,边梁为上翼缘。
3.其他有关说明见结构设计说明。

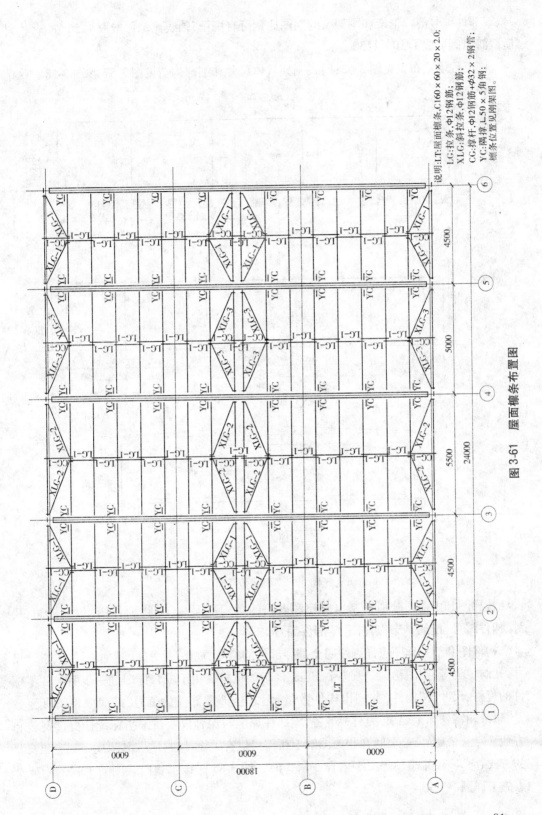

说明:LT:屋面檩条,C160×60×20×2.0;
LG:拉条,Φ12钢筋;
XLG:斜拉条,Φ12钢筋;
CG:撑杆,Φ12钢筋+Φ32×2钢管;
YC:隅撑,L50×5角钢;
檩条位置见刚架图。

图 3-61　屋面檩条布置图

号、零部件编号等。框架和刚架图的制图比例可有两个,轴线比例一般取 1:50 左右,构件横截面比例可取 1:10~1:30。

该工程墙梁布置见图 3-62;门式刚架具体尺寸和细部构造见图 3-57 和图 3-58。

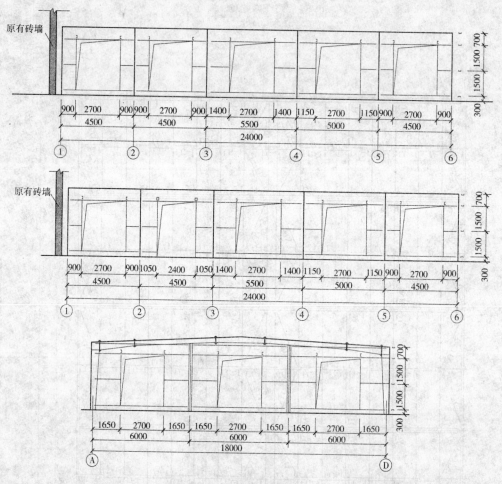

图 3-62　墙梁布置图

楼梯图和雨篷图分别绘制出楼梯和雨篷的结构平面、立(剖)面详图,包括标高、尺寸、构件编号(配筋)、节点详图、零部件编号等。

构件图和节点详图应详细注明全部零部件的编号、规格、尺寸,包括加工尺寸、拼装尺寸、孔洞位置等,制图比例一般为 1:10 或 1:20。材料表用于配合详图进一步明确各零部件的规格、尺寸,按构件(并列出构件数量)汇总全部零部件的编号、截面规格、长度、数量、质量和特殊加工要求,为材料准备、零部件加工与保管以及技术指标统计提供资料和方便。除总说明外,必要时在相关图纸上还需提供有关设计、材质、焊接要求、制造和安装的方式、涂装、注意事项等文字内容。图 3-63~图 3-65 是该工程门式刚架工程的刚架节点施工详图。

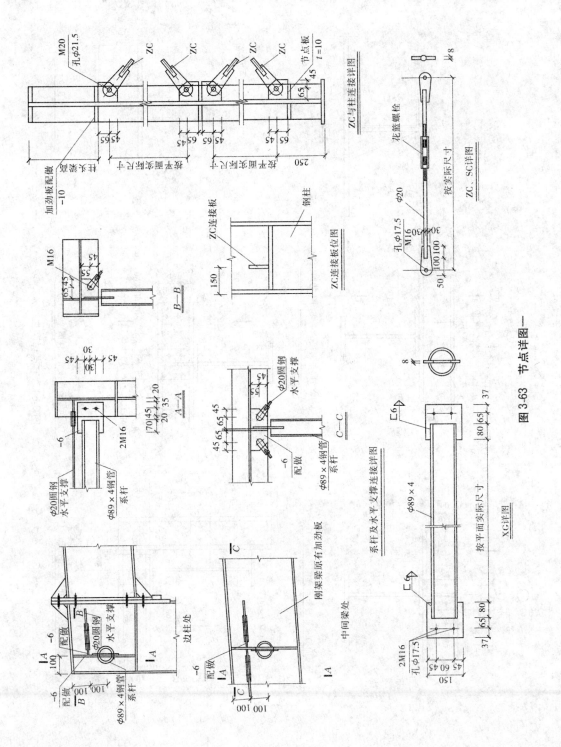

图 3-63　节点详图一

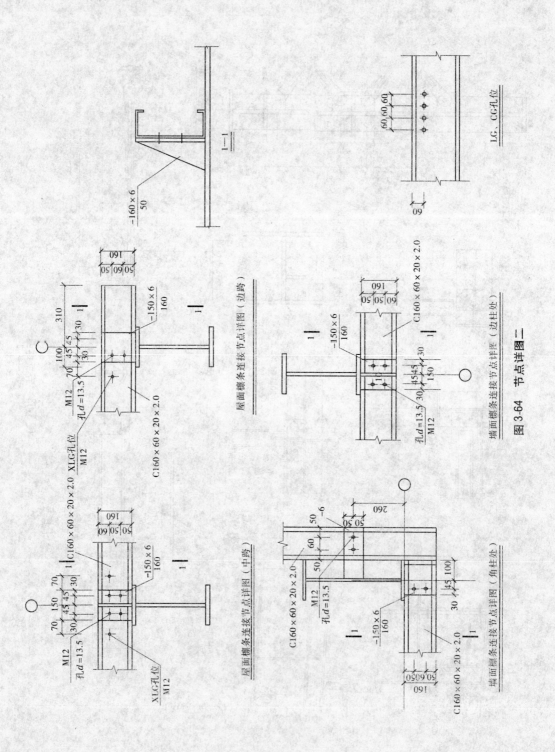

屋面檩条连接节点详图（边跨）

屋面檩条连接节点详图（中跨）

墙面檩条连接节点详图（边柱处）

端面檩条连接节点详图（角柱处）

LG、CG孔位

图3-64 节点详图二

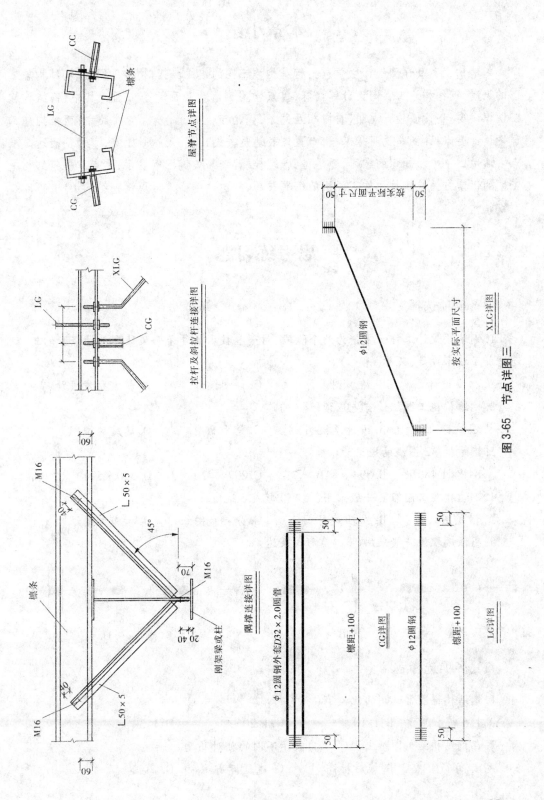

屋脊节点详图

CC

檩条

LG

CG

拉杆及斜拉杆连接详图

XLG

LG

CG

XLG详图

按实际平面尺寸

φ12圆钢

檩架断水面尺寸

50

50

图3-65 节点详图三

60

M16

L 50×5

45°

檩条

70

M16

刚架梁或柱

20 40

M16

L 50×5

隅撑连接详图

φ12圆钢外套D32×2.0圆管

60

CG详图

50

50

檩距+100

50

LG详图

50

φ12圆钢

檩距+100

50

本章小结

　　钢结构识图及详图设计主要包括钢结构施工图的组成、钢结构常见图例、钢结构施工图的识读、钢结构施工详图设计等内容,重点学习内容为后面两个方面。其中,钢结构施工图识读要点:读懂设计说明,看懂相互关系,搞清节点构造,分析构件尺寸;钢结构施工详图设计要点:详图总说明是基础,布置图表达是关键,构件表达是重点,零件图表达是难点。通过四个方面知识的学习,熟悉型钢、螺栓、焊缝等关键图例表示,重点掌握钢结构施工图的识读方法与钢结构施工详图的编制技巧,能够熟练高效地识读钢结构图纸,可以绘制钢结构施工详图。

思考练习题

一、单项选择题

　　1.钢结构设计工作一般分为两个阶段,对一些技术上复杂而又缺乏设计经验的工程,还增加了技术设计,又称(　　　)。

　　A.初步设计　　　　B.施工图设计　　　　C.详图设计　　　　D.扩大初步设计

　　2.钢结构施工图识读首先应读(　　　)。

　　A.图纸目录　　　　B.设计总说明　　　　C.总平面图　　　　D.建筑施工图

　　3.钢结构 A2 图纸的规格为(　　　)。

　　A.841×1 189　　　B.594×841　　　　C.297×420　　　　D.420×594

　　4.钢结构施工图布置一般采用(　　　)形式表达。

　　A.横式图纸　　　　B.立轴式图纸　　　　C.分栏式图纸　　　　D.横布式图纸

　　5.高强度螺栓一般采用(　　　)形式表达。

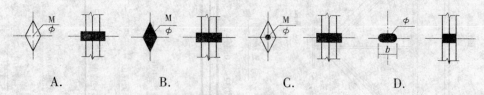

　　A.　　　　　　　　B.　　　　　　　　C.　　　　　　　　D.

二、多项选择题

　　1.钢结构详图常选用的比例有(　　　)。

　　A.1:5　　　　　　B.1:10　　　　　　C.1:20　　　　　　D.1:30

　　2.在钢结构施工图纸上用(　　　)表示不同的相对高度。

　　A.标高　　　　　　B.绝对标高　　　　　C.建筑标高　　　　D.高程

3.钢结构现场焊缝表示方法为(   )。

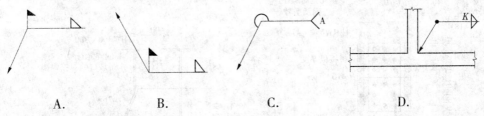

    A.   B.   C.   D.

4.钢结构详图设计包括(   )。

A.构造设计   B.连接计算   C.设计说明   D.节点详图

5.构件图是钢结构详图中重要的组成部分,其中(   )等都应在构件图中反映出来。

A.各零件截面   B.螺孔大小、距离、数量

C.各零件的位置关系   D.焊接方法及构件现场焊接形式

三、简答题

1.简述钢结构设计详图与施工图的主要区别。

2.钢结构施工图内容有哪些?施工图是如何编排顺序的?

3.简述钢结构焊缝符号的组成。

4.看施工图的步骤和方法是什么?

四、职业能力训练

图3-66为某钢结构工程部分节点详图,请以此为例说明钢结构施工图的读图顺序及看图步骤。

参考方案

钢结构施工图总的看图步骤如下:

(1)看简图,了解屋结构形式及尺寸,了解结构的跨度、高度、节点之间杆件的计算长度以及上弦杆的倾斜角度等内容。

(2)看各图形的相互关系,分析表达方案及内容。

(3)分析各杆件的组合形式。

(4)弄清节点。在识读节点施工详图时,先看图下方的连接详图名称,然后看节点立面图、平面图和侧面图。此三图表示出节点部位的轮廓,对一些构造相对简单的节点,根据简单明了的原则,可以只有立面图。特别要注意连接件(螺栓、铆钉和焊缝)和辅助件(拼接板、节点板、垫块等)的型号、尺寸和位置的标注,螺栓(或铆钉)在节点详图上要了解其个数、类型、大小和排列,焊接要了解其类型、尺寸和位置,拼接板要了解其尺寸和放置位置。

(5)分析尺寸。施工图中注明各零部件的型号和主要几何尺寸,包括加工尺寸(宜取5 mm的倍数)、定位尺寸、孔洞位置以及对工厂安装的要求。定位尺寸包括节点中心至各杆件端和节点板边缘(上、下、左、右)的距离、轴线至角钢肢背的距离等。螺栓孔位置

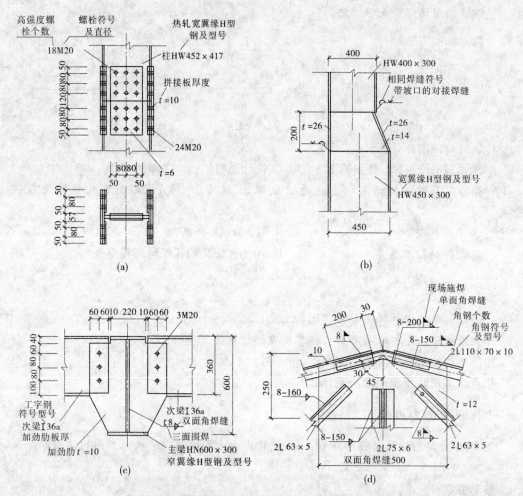

图 3-66 某钢结构工程部分节点详图

要符合螺栓排列的要求。工厂制造和工地安装要求包括零部件切角、切肢、削楞,孔洞直径和焊缝尺寸等。工地安装焊缝和螺栓应标注其符号,宜适应运输单元划分的需要。

图 3-66(a)为柱拼接连接详图。在此详图中,钢柱为等截面拼接,HW452×417 表示立柱构件为热轧宽翼缘 H 型钢,高为 452 mm,宽为 417 mm。截面特性可查型钢表 GB/T 11263—2010,采用螺栓连接,18M20 表示腹板上排列 18 个直径为 20 mm 的螺栓,24M20 表示每块翼板上排列 24 个直径为 20 mm 的螺栓,由螺栓的图例,可知为高强度螺栓,从立面图可知腹板上螺栓的排列,从立面图和平面图可知翼缘上螺栓的排列,栓距为 80 mm,边距为 50 mm;拼接板均采用双盖板连接,腹板上盖板长为 540 mm,宽为 260 mm,厚为 6 mm,翼缘止外盖板长为 540 mm,宽与柱翼宽相同,为 417 mm,厚为 10 mm,内盖板宽为 180 mm。作为钢柱构件,在节点连接处要能传递弯矩、扭矩、剪力和轴力,柱的连接必须为刚性连接。

图 3-66(b)为变截面柱偏心拼接连接详图。在此详图中,可知此柱上段为 HW400×300 热轧宽翼缘 H 型钢,截面高、宽分别为 400 mm 和 300 mm,下段为 HW450×300 热轧

· 88 ·

宽翼缘 H 型钢，截面高、宽分别为 450 mm 和 300 mm，截面特性可查型钢表 GB/T 11263—2010，柱的左翼缘对齐，右翼缘错开，过渡段长 200 mm，使腹板高度达 1:4 的斜度变化，过渡段翼缘宽度与上、下段相同，此构造可减轻截面突变造成的应力集中，过渡段翼缘厚为 26 mm，腹板厚为 14 mm；采用对接焊缝连接，从焊缝标注可知为带坡口的对接焊缝，焊缝标注无数字时，表示焊缝按构造要求开口。

图 3-66(c) 为主次梁侧向连接详图。在此详图中，主梁为 HN600 × 300，表示为热轧窄翼缘 H 型钢，截面高、宽分别为 600 mm 和 300 mm，截面特性可查型钢表 GB/T 11263—2010，次梁为 I36a 表示为热轧普通工字钢，截面特性可查型钢表 GB/T 11263—2010，截面类型为 a 类，截面高为 360 mm；次梁腹板与主梁设置的加劲肋采用螺栓连接，从螺栓图例可知为普通螺栓连接，每侧有 3 个，直径为 20 mm，栓距为 80 mm，边距为 60 mm，加劲肋宽于主梁的翼缘，对次梁而言，相当于设置隔撑；加劲肋与主梁翼、腹板采用焊缝连接，从焊缝标注可知焊缝为三面围焊的双面角焊缝，此连接不能传递弯矩，即为铰支连接。

图 3-66(d) 为三角形屋架屋脊节点详图。在此详图中，上弦杆的端西与轴线交点之间留有一定的空隙，目的是便于拼接角钢，在接头处与两上弦杆焊接。左右两根斜杆和竖杆都与节点板相连，需要注意的是竖杆的两根角钢为前后交错布置。上弦杆由两不等边角钢 2∟110 × 70 × 10 组成，左右两根斜杆分别由两等边角钢 2∟63 × 5 组成，竖杆采用两等边角钢 2∟75 × 6，所有杆件均用两条角焊缝与厚为 12 mm 的节点板连接，上弦杆肢背与节点板塞焊连接，肢尖与节点板用角焊缝连接，焊脚为 8 mm，焊缝长度为满焊，斜杆用两条角焊缝与节点板连接，焊脚为 8 mm，焊缝长度为 160 mm，竖杆用两条角焊缝与节点板连接，焊脚为 8 mm，焊缝长度为 159 mm，节点板为底宽 500 mm、高 250 mm 的五边形。

第 4 章　钢结构加工制作

【学习目标】

通过本章的学习,掌握钢结构加工制作的内容、程序和方法;掌握钢构件的预拼装施工及检查方法;熟悉钢结构加工制作的流程、特点;能进行钢零件及部件加工。

4.1　钢结构零部件的加工制作

4.1.1　钢结构零部件加工制作的特点

钢结构零部件加工制作的特点为:标准严,要求精度高,自动化程度高,加工质量易于保证,工作效率高。因此,钢结构的加工制作应尽可能在工厂进行。

4.1.2　钢结构零部件加工制作的工序

钢结构零部件加工制作的工序见图 4-1。

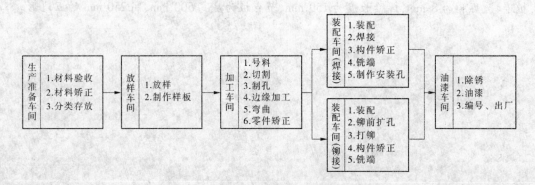

图 4-1　钢结构零部件加工制作的工序

4.1.3　钢结构加工前的生产准备

钢结构加工厂具有较为稳定的工作环境,有可以满足生产要求的工业厂房,有刚度大、平整度高的加工平台,有精度较高的工装夹具及各种高性能的设备。其作业条件远比现场优越,易于保证加工质量,提高工作效率。因此,钢结构的零件和部件应尽可能在工厂制作。

钢结构零部件的制作过程是钢结构产品质量形成的重要有机组成部分,为了确保钢结构工程的制作质量,操作与质量控制人员应严格遵守制作工艺和标准。

钢结构制作的准备工作包括技术准备、材料准备、加工机具准备。

4.1.3.1 技术准备

（1）图纸会审。进行图纸会审，与甲方、设计人员、监理充分沟通，了解设计意图。

（2）施工详图设计。根据设计文件进行详图设计，以便于加工制作和安装。

（3）审核施工图。根据工厂、工地现场的实际起重能力和运输条件，核对施工详图中钢结构的分段是否满足要求，工厂和工地的工艺条件是否能满足设计要求。

（4）加工方案设计及编制加工工艺。钢结构制作前，应根据设计文件、施工详图的要求以及制作单位的实际情况，编制制作加工工艺，用于指导和控制加工制作的全过程。制作加工工艺应包括：施工中依据的标准，制作单位的质量保证体系，成品的质量保证和为保证成品达到规定要求而制订的措施，生产场地的布置，采用的加工、焊接设备和工艺装备，焊工和检查人员的资质证明，各类检查项目表格和生产进度计划表等。制作加工工艺应作为技术文件，需经业主单位代表或监理工程师批准方可生效。

（5）组织必要的工艺试验，尤其对新工艺、新材料，要做好工艺试验，作为指导生产的依据。

（6）编制材料采购计划。

4.1.3.2 材料准备

钢结构零部件加工过程，必须严格按照国家规范及工程图纸的要求选择材料，严把材料质量关。工程使用的所有钢材、焊接材料、紧固件等在采购、运输、仓储、使用等诸环节必须满足有关标准及规定的要求。

（1）项目所需的主要材料和大宗材料应由企业物资部门或市场采购，按计划供应给项目经理部。

（2）当采购个别钢材的品种、规格、性能等不能完全满足设计要求而需要进行材料代用时，须经设计单位同意并签署代用文件。

（3）项目所采用的钢材、焊接材料、紧固件、涂装材料等应附有产品的质量合格证明文件、中文标志及检验报告，并应符合现行国家产品标准和设计要求。项目经理部的材料管理应满足下列要求：

①按计划保质、保量、及时供应材料。

②材料需要量计划应包括材料需要量总计划、年计划、季计划、月计划、日计划。

③材料仓库的选址应有利于材料的进出和存放，符合防火、防潮、防盗、防风、防变质的要求。

④进场的材料应进行数量验收和质量认证，做好相应的验收记录和标志。若为不合格的材料，应更换、退货，严禁使用不合格的材料。

⑤进入现场的材料应有生产厂家的材质证明（包括厂名、品种、出厂日期、出厂编号、试验数据）和出厂合格证。要求复检的材料，要在甲方、监理的见证下，进行现场见证取样、送检、检验和验收，做好记录，并向甲方和监理提供检验报告。新材料未经试验鉴定，不得用于工程中。现场配制的材料应经试配，使用前应经认证。

⑥材料储存应满足下列要求：入库的材料应按型号、品种分区堆放，并分别编号、做标

志;易燃易爆的材料应专门存放、专人负责保管,并有严格的防火、防爆措施;有防湿、防潮要求的材料,应采取防湿、防潮措施,并做好标志;有保质期的库存材料应定期检查,防止过期,并做好标志。

⑦在加工过程中,若发现原材料有缺陷,必须经检查人员、主管技术人员研究处理。

⑧严禁使用药皮脱落或焊芯生锈的焊条、受潮结块或已熔烧过的焊剂以及生锈的焊丝。严格使用过期、变质、结块失效的涂料。

⑨建立材料使用台账,记录使用和节超情况。建立周转材料保管、使用制度。

4.1.3.3 加工机具准备

项目所需机械设备可从企业自有机械设备调配,或租赁,或购买。机械设备操作人员应持证上岗,实行岗位责任制,严格按照操作规范作业。钢结构零部件加工工艺所使用的主要加工机具有:

(1)运输设备。包括桥式起重机、门式起重机、汽车起重机、叉车、运输汽车。

(2)加工设备。包括型钢带锯机、数控切割机、多头直条切割机、型钢切割机、半自动切割机、仿形切割机、圆孔切割机、数控三维钻床、摇臂外床、磁轮切割机、车床、钻铣床、坐标镗床、相贯线切割机、刨床、立式压力机、剪板机、卷板机、翼缘矫正机、端面铣床、滚剪倒角机、磁力电钻。

(3)焊接设备。包括直流焊机、交流焊机、CO_2焊机、埋弧焊机、焊接滚轮架、焊条烘干箱、焊剂烘干箱。

(4)涂装设备。包括电动空压机、柴油发电机、喷砂机、喷漆机。

(5)检测设备。包括超声波探伤仪、数字温度仪、漆膜测厚仪、数字钳形电流表、温湿度仪、焊缝检验尺、磁粉探伤仪、游标卡尺、钢卷尺等。

4.2　钢零件和钢部件加工的作业条件及工艺流程

4.2.1　作业条件

当所有准备工作就绪,具备以下作业条件后,方可进行零部件的加工制作:

(1)施工详图已经会审,并经设计人员、甲方、监理等签字认可。

(2)主要原材料及成品已经进场,并经验收合格。

(3)施工组织设计、施工方案、作业指导书等各种技术准备工作就绪。

(4)各施工工艺评定试验及工艺性能试验已完成,加工工艺经审核批准。

(5)加工机械设备已安装到位,并验收合格。

(6)各工程生产人员都进行了岗前培训,取得了相应的上岗资格证,并进行了施工技术交底。

4.2.2　钢结构零部件加工制作的工艺流程

钢结构零部件加工制作的工艺流程见图4-2。

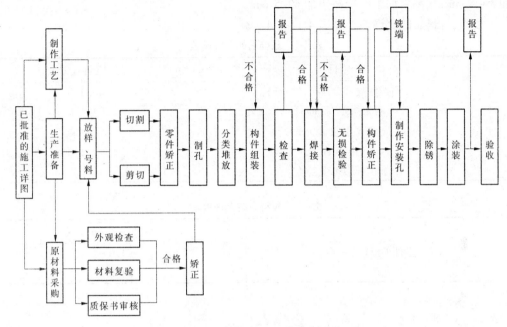

图 4-2　钢结构零部件加工制作的工艺流程

4.3　钢结构零部件的加工制作工艺

4.3.1　放样、号料

放样、号料这道工序,目前大部分厂家已被数控切割和数控钻孔所取代,只有中小型厂家仍保留此道工序。

放样是根据施工详图用1:1的比例在样板台上画出实样,求出实长,根据实长制作成样板或样杆,以作为下料、弯制、刨铣和制孔等加工制作的标记。样板所用材料要求轻质、价廉,且不易产生变形,最常用的有铁皮、纸板和油毡,有时也用薄木板或胶合板。样板及样杆上应用油漆写明加工号、构件编号、规格、数量以及螺栓孔位置、直径和各种工作线、弯曲线等加工符号。

号料就是以样板为依据,在原材料上画出实样,并打上各种加工记号。号料前应核对钢材规格,并清除表面脏物,进行矫正,表面质量符合规定要求。号料后应在零件上画出切、铣、刨、弯、钻等加工位置,打冲孔并注明生产号、零件号、数量、加工方法等。

放样、号料所用工具为钢尺、划针、划规、粉线、石笔等。所用钢尺必须经计量部门检验合格后方可使用。

放样、号料时需要考虑预留制作和安装时的焊接收缩余量及切割、刨边、铣平等各项加工余量。如焊接收缩余量:对接焊缝沿焊缝长度方向每米留 0.7 mm,对接焊缝垂直于焊缝方向每个对口留 1 mm,角焊缝每米留 0.5 mm;切割余量:自动气割割缝宽度为 3 mm,手工气割割缝宽度为 4 mm(与钢板厚度有关);铣端余量:剪切后加工的一般每边加 3 ~ 4 mm,气割后加工的则每边加 4 ~ 5 mm。

放样、号料后的允许偏差见表 4-1、表 4-2。

表 4-1   放样后的允许偏差

项目	允许偏差
平行线距离和分段尺寸(mm)	±1.0
对角线差 L_1(mm)	±1.0
宽度 B、长度 L(mm)	±1.0
孔距 A(mm)	±1.0
加工样板角度 C(°)	±0.2

表 4-2   号料后的允许偏差

项目	允许偏差(mm)
零件外形尺寸	±1.0
孔距	±1.0

4.3.2   切割(下料)

经过号料(画线)以后的钢材,必须按其形状和尺寸进行切割(下料),常用的切割方法有剪切、锯切、气割和等离子切割四种方法。在钢结构制造厂,一般情况下,钢板在 12 ~ 16 mm 以下的直线性切割常用剪切。气割多数是用于带曲线的零件或厚板的切割。各类型钢以及钢管等的下料通常采用锯切,但是一些中小型的角钢和圆钢等常常也采用剪切或气割。等离子切割主要用于熔点较高的不锈钢材料以及有色金属,如铜、铝等材料的切割。

4.3.2.1   剪切

剪切是通过两剪刀刀刃的相对运动,切断材料的加工方法。用剪切机(剪板机或型钢剪切机)切割钢材是最简单和最方便的方法。厚度小于等于 12 mm 的钢材可用压力剪切机切割,厚钢板(14 ~ 22 mm)则须在强大的龙门剪切机上用特殊的刀刃切割。在剪切过程中一部分钢材是被剪切断的,另一部分钢材是被撕裂的,剪切后在剪切边缘 2 ~ 3 mm 范围之内将发生严重的冷作硬化现象,使这部分钢材脆性增大。因此,对于厚度较大且直接承受动荷载的重要结构,剪切后应将冷作硬化区的钢材刨去。图 4-3、图 4-4 为龙门剪板机。

4.3.2.2   锯切

对于工字钢、H 型钢、槽钢、钢管和大号角钢等型钢,主要采用带齿圆盘锯和带锯等机械锯锯切(见图 4-5)。带齿圆盘锯采用高压空气冷却,锯切质量好,速度快,效率高,且锯切后的金属表面不发热,钢材不变质,是一种较先进的切割机械;而无齿圆盘摩擦锯,虽然切割质量好且效率高,但噪声太大,因此现在很少使用。

4.3.2.3   气割

气割是利用气体火焰的热能将钢件切割处预热到一定的温度,然后以高速切割氧流,使钢燃烧并放出热量实现切割。常用手工气割设备是氧 – 乙炔或氧 – 丙烷作为气体火焰

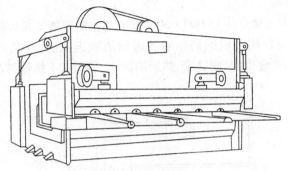

图4-3　龙门剪板机

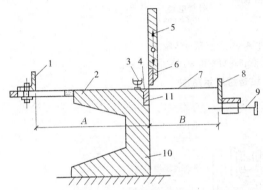

1—前挡板;2—床面;3—压料装置;4—棚板;
5—刀架托板;6—上剪片;7—板材;8—后挡板;
9—螺杆;10—床身;11—下剪片

图4-4　龙门剪板机剪切示意图

1—切割动力头;2—中心调整机构;
3—底座;4—可转夹钳

图4-5　砂轮锯

切割(见图4-6)。它既能切成直线,也能切成曲线,还可以直接切出 V 形、X 形的焊缝坡口,特别适用于厚板(≥25 mm)的切割。由于其设备简单、生产效率高、较经济等特点,是一种经常采用的切割方法。气割可分为手工切割、自动和半自动切割两种。手工切割质量较差,只适用于小零件,对外边缘应预留 2~3 mm 的加工余量,进行修磨平整。自动和半自动切割多采用数控,自动化程度高,质量较好,一般能满足制造精度要求。

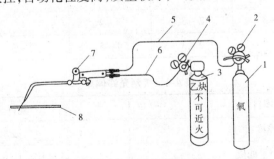

1—氧气瓶;2—氧气减压器;3—乙炔瓶;4—乙炔减压器;
5—氧气橡胶管;6—乙炔橡胶管;7—焊炬;8—工件

图4-6　气焊(或气割)设备

4.3.2.4　等离子切割

等离子切割是利用能产生 15 000 ~ 30 000 ℃高温的等离子弧为热源,使工件熔化,同时由电弧周围的气流作用形成的高压射流将熔渣吹走,成为狭长的孔隙,设备组成见图4-7、图4-8。其切割速度快,割缝窄,热影响面小,适用于不锈钢等难熔金属的切割。

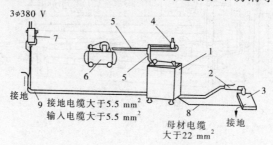

1—电源;2—割嘴;3—工件;4—空气稳压过滤器;5—空气管;
6—空气压缩机;7—接电盒;8—母材电缆;9—电源接地线

图 4-7　设备组成示意图

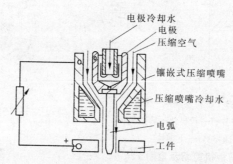

图 4-8　割嘴

切割余量见表4-3,允许偏差见表4-4、表4-5。

表 4-3　切割余量

（单位:mm）

加工方法	锯切	剪切	手工切割	半自动切割	精密切割
切割边		1	4 ~ 5	3 ~ 4	2 ~ 3
刨边	2 ~ 3	2 ~ 3	3 ~ 4	1	1
铣平	3 ~ 4	2 ~ 3	4 ~ 5	2 ~ 3	2 ~ 3

表 4-4　气割允许偏差

（单位:mm）

项 目	允许偏差
零件宽度、长度	±3.0
切割平面度	$0.05t$,且不大于2.0
割纹深度	3.0
局部缺口深度	1.0

注:t 为切割面厚度。

表 4-5　机械剪切的允许偏差　　　　　　（单位:mm）

项目	允许偏差
零件宽度、长度	±3.0
边缘缺棱	1.0
型钢端部垂直度	2.0

4.3.3　成型

成型,是将材料加工成一定角度或一定形状的工艺方法。按成型时是否加热,可分为热加工和冷加工两类。①冷加工是在常温下进行的。其原理是施加外力超出材料的屈服强度而使材料产生要求的永久变形,或施加外力超出材料的极限强度而使材料的某些部分按要求与材料脱离。冷加工有使材料变硬变脆的趋势,因而可通过热处理使钢材恢复正常状态或刨削掉硬化较严重的边缘部分。当环境温度低于 – 16 ℃(碳素结构钢)或低于 – 12 ℃(低合金高强度结构钢)时,不得进行冷加工。②热加工是指将钢材加热到一定温度后再进行加工,适于在常温下不能成型的工件。热加工终止温度不得低于 700 ℃。加热温度在 200 ~ 300 ℃时钢材产生蓝脆,严禁锤打和弯曲。含碳量超出低碳钢范围的钢材一般不能进行热加工。

根据构件的形状和厚度,成型可采用弯曲、卷板(滚圆)、折边、模压等加工方法。①弯曲加工,是根据设计要求,利用加工设备和一定的工装模具把板材或型钢压弯(见图 4-9)、滚弯或拉弯制成一定形状的工艺方法。冷弯适合于薄板、小型钢;热弯适合于较厚的板及较复杂的构件、型钢,热弯温度在 950 ~ 1 100 ℃。②卷板加工,是在外力作用下使平钢板的外层纤维伸长,内层纤维缩短而产生弯曲变形的方法。卷板由卷板机完成(见图 4-10、图 4-11)。根据材料温

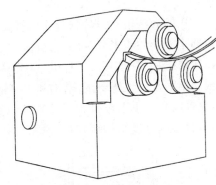

图 4-9　型材弯曲机

度的不同,又分为冷卷和热卷。卷板主要用于焊接圆管柱、管道、各种容器等。③折边,是把钢结构构件的边缘压弯成一定角度或一定形状的工艺过程。折边一般用于薄板构件。折边常用折边机,配合适当的模具进行。④模压,是在压力设备上利用模具使钢材成型的

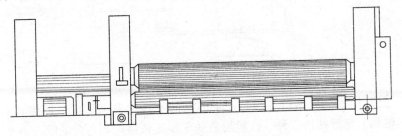

图 4-10　上辊数控万能式卷板机

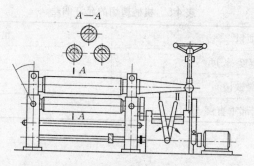

图 4-11 机械调节的对称三辊卷板机

一种方法。具体做法有落料成型、冲切成型、压弯、卷圆、拉伸、压延等。

4.3.4 矫正

在钢结构制作过程中,因运输、装卸、堆放不当等产生原材料变形,或在加工过程中产生气割变形、剪切变形、焊接变形等,为保证钢结构制作及安装质量,必须对不符合技术标准的材料、构件进行及时矫正。

钢结构矫正的形式主要有三种:矫直、矫平和矫形。矫直,是指消除材料或构件的弯曲;矫平,是指消除材料或构件的翘曲或凹凸不平;矫形,是指对构件的一定几何形状进行整形。

矫正的方法很多,根据矫正时钢材的温度分为冷矫正和热矫正两种,根据矫正时作用外力的来源和性质来分,可分为机械矫正、手工矫正、火焰矫正等。

冷矫正是利用辊床、矫直机、翼缘矫平机(见图 4-12)或千斤顶配合专用胎具进行的。钢板和角钢常用辊床矫正,槽钢和工字钢一般用翼缘矫平机矫正。对小型工件的轻微变形,也可用大锤手工敲打矫正。当环境温度 $T < -16$ ℃(对碳素结构钢)或 $T < -12$ ℃(对低合金高强度结构钢)时,冷矫正不应进行,以免产生冷脆断裂。

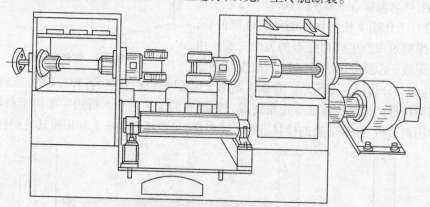

图 4-12 H 型钢翼缘矫正机

热矫正是利用钢材加热后冷却时产生的反向收缩变形来完成。加热方式有点状加热、线状加热和三角形加热三种。点状加热适于矫正板料局部弯曲或凹凸不平;线状加热多用于较厚板(10 mm 以上)的角变形和局部圆弧、弯曲变形的矫正;三角形加热面积大,收缩量也大,适于型钢、钢板及构件(如屋架、吊车梁等成品)的矫正。热矫正一般使用氧–乙炔或氧–丙烷火焰加热,温度不应超过 900 ℃($T = 800 \sim 900$ ℃是热塑性变形的理想温度,$T > 900$ ℃时材质会降低,$T < 600$ ℃时矫正效果不好)。低合金高强度结构钢在加热矫正后应自然缓慢冷却,以防止脆化。

钢材矫正后的允许偏差见表4-6。

表4-6　钢材矫正后的允许偏差　　　　　　　　　　　　　　(单位:mm)

项目		允许偏差	图例
钢材局部平面度	$t \leqslant 14$	1.5	
	$t > 14$	1.0	
型钢弯曲矢高		$l/1\,000$,且不大于 5.0	
角钢肢的垂直度		$b/100$,双肢栓接角钢的角度不得大于 90°	
槽钢翼缘对腹板的垂直度		$b/80$	
工字钢、H 型钢翼缘对腹板的垂直度		$b/100$,且不大于 2.0	

4.3.5　边缘加工

边缘加工方法有铲边、刨边、铣边和碳弧刨边四种方法。①铲边,是通过对铲头的锤击作用而铲除金属的边缘多余部分。铲边有手工和风动之分,风动用风铲。铲线尺寸与施工图纸尺寸要求不得相差 1 mm,铲边后的棱角垂直误差不得超过弦长的 1/3 000,且不得大于 2 mm。②刨边,是工件被压紧,刨刀沿所加工边缘作往复运动刨削,可刨直边或斜边,刨边加工余量随钢材的厚度、钢板的切割方法而不同,一般刨边加工余量为 2 ~ 4 mm。③铣边,与刨边类似,只是刨边机走刀箱的刀架和刨刀用盘形铣刀代替,即铣刀在沿边缘作直线运动的同时还作旋转运动,加工工效较高。④碳弧刨边,是用碳棒与电焊机直流反接,在引弧后使金属熔化,同时用压缩空气吹走,然后用砂轮磨光。

在钢结构制作过程中,边缘加工一般用于以下三种用途:

(1)削除硬化或有缺陷边缘。当钢板用剪板机剪断时,边缘材料产生硬化;当用手工气割时,边缘不平直且有缺陷。它们都对动力荷载作用下的构件疲劳不利。因此,对重级工作制吊车梁的受拉翼缘板(或吊车桁架的受拉弦杆)若采用剪切或手工气割加工,应用刨边机或铣边机沿全长刨(铣)边,以消除不利影响,且刨削量不小于 2 mm。

(2)加工焊缝坡口。为了保证对接焊缝或对接与角接组合焊缝的质量,需在焊件边缘按接头形状和焊件厚度加工成不同类型的坡口。V 形等斜面坡口或 X 形等斜面坡口,一般可用数控气割机一次完成,也可用刨边机加工。J 形坡口或 U 形坡口,可采用碳弧气刨加工。

(3)板边刨平取直。对精度要求较高的构件,为了保证零件装配尺寸的准确,或为了保证刨平顶紧传递压力的板件端部平整,均须对其边缘用刨边机或铣边机刨(铣)平取直。

4.3.6　制孔

孔加工在钢结构制造中占有一定比例,尤其是高强度螺栓的广泛采用,不仅使制孔的数量有所增加,而且对加工精度提出了更高的要求。钢结构常用的制孔方法有冲孔和钻孔两种。

4.3.6.1　制孔的方法

(1)冲孔。用冲床加工,仅适用于较薄钢板或型钢,且孔径不宜小于钢板厚度。冲孔速度快,效率高,但孔壁不规整,且产生冷作硬化,故仅用于次要连接。

(2)钻孔。用钻床加工,适用于任何规格的钢板、型钢的孔加工。钻孔的原理是切削,故孔壁损伤小,孔壁精度高,是目前普遍采用的成孔方法。

4.3.6.2　制孔的允许偏差

制孔的允许偏差见表4-7、表4-8。

表 4-7　A、B 级螺栓孔径的允许偏差　　　　　(单位:mm)

序号	螺栓公称直径、螺栓孔直径	螺栓公称直径允许偏差	螺栓孔直径允许偏差	检查数量	检验方法
1	10 ~ 18	0.00 −0.18	+0.18 0.00	按钢构件数量检查 10%,且不少于 3 件	用游标卡尺或孔径量规检查
2	18 ~ 30	0.00 −0.21	+0.21 0.00		
3	30 ~ 50	0.00 −0.25	+0.25 0.00		

表 4-8　C 级螺栓孔径的允许偏差　　　　　(单位:mm)

项目	允许偏差	检查数量	检验方法
直径	+1.0	按钢构件数量抽查 10%,且不少于 3 件	用游标卡尺或孔径量规检查
圆度	2.0		
垂直度	0.03t,且不大于 2.0		

4.3.7 构件组装

钢结构构件的组装,是指遵照施工图的要求把已经加工完成的各零件或半成品等钢构件采用装配的手段组合成为独立的成品。根据钢构件的特性以及组装程度,可分为部件组装、组装、预总装。部件组装是装配最小单元的组合,它一般是由三个或两个以上的零件按照施工图的要求装配成为半成品的结构部件。组装也称拼装、装配、组立,是把零件或半成品按照施工图的要求装配成为独立的成品构件。预总装是指根据施工总图的要求把相关的两个以上成品构件,在工厂制作场地上,按其各构件的空间位置总装起来。

钢构件的组装方法较多,但较常采用的有地样组装法和胎模组装法。选择构件组装方法时,必须根据构件的结构特性和技术要求、结构制造厂的加工能力及设备等情况,综合考虑。

(1)地样组装法,也叫画线组装法,是钢构件组装中最简便的装配方法。它是根据图纸画出各组装零件具体装配定位的基准线,然后进行各零件相互之间的装配。这种组装方法只适用于少批量零部件的组装。

(2)胎模组装法,是用胎模把各零部件固定在其装配的位置上,然后焊接定位,使其一次性成型,是目前制作大批量构件组装中普遍采用的组装方法之一,装配质量高、工效快。如焊接工字形截面(H形)构件等的组装。

(3)仿形复制装配法,是先用地样法组装成单面(片)的结构,并点焊定位,然后翻身作为复制胎模,在其上装配另一单面的结构,往返2次组装。该法多用于双角钢等横断面互为对称的桁架结构。具体操作是,用比例1:1在装配平台上放出构件实样,并按位置放上节点板和填板,然后在其上放置弦杆和腹杆的一个角钢,用点焊定位后翻身,即可作为临时胎模。以后其他屋架均可先在其上组装半片屋架,然后翻身组装另外半片成为整个屋架。

(4)立装,是根据构件的特点及其零件的稳定位置,选择自上而下或自下而上地装配。该法用于放置平稳、高度不大的结构或大直径圆筒。

(5)卧装,是将构件平卧进行装配,用于断面不大,但长度较大的细长构件。

4.3.8 构件焊接

钢结构制作的焊接多数采用埋弧自动焊,部分焊缝采用气体保护焊或电渣焊,只有短焊缝或不规则焊缝采用手工焊。

埋弧自动焊适用于较长的接料焊缝或组装焊缝,它不仅效率高,而且焊接质量好,尤其是将自动焊与组装合起来的组焊机,生产效率更高。

气体保护焊机多为半自动,焊缝质量好,速度快,焊后无熔渣,故效率较高。但其弧光较强,且须防风操作。在制造厂一般将其用于中长焊缝。

电渣焊是利用电流通过熔渣所产生的电阻热熔化金属进行焊接。它适用于厚度较大钢板的对接焊缝且不用开坡口。其焊缝匀质性好,气孔、夹渣较少。所以,一般多将其用于厚壁截面,如箱形柱内位于梁上、下翼缘处的横隔板焊缝等。

焊接完的构件若检验变形超过规定,如焊接 H 型钢翼缘一般在焊后会产生向内弯曲,应予矫正。

4.3.9 构件铣端和钻安装孔

对受力较大的柱或支座底板,宜进行端部铣平,使所传的力由承压面直接传递给底板,以减小连接焊缝的焊脚尺寸,其工序应在矫正合格后进行。铣端应根据构件的形式采取必要的措施,保证铣平端面与轴线垂直。

钻安装孔一般是在构件焊好以后进行,以保证有较高的精度。

4.3.10 除锈和涂漆

钢构件组装完成经施工质量验收合格后,应对钢材表面进行除锈,并涂装防腐涂料。

4.4 钢结构预拼接

构件在预拼装时,不仅要防止构件在拼装过程中产生的应力变形,而且也要考虑构件在运输过程中可能受到的损害,必要时应采取一定的防范措施,尽量把损害降到最低。

4.4.1 预拼装要求

(1)构件预拼装比例应符合施工合同和设计要求,一般按实际平面情况预装 10% ~ 20%。

(2)拼装构件一般应设拼装工作台,如在现场拼装,则应放在较坚硬的场地上用水平仪抄平。拼装时构件全长应拼通线,并在构件有代表性的点上用水平尺找平,符合设计尺寸后点焊牢固。刚性较差的构件,翻身前要进行加固,构件翻身后也应进行找平,否则构件焊接后无法矫正。

(3)构件在制作、拼装、吊装中所用的钢尺应统一,且必须经计量检验,并相互核对,测量时间在早晨日出前、下午日落后最佳。

(4)单构件支承点,柱、梁、支撑均应不少于 2 个支承点。同时,各支承点的水平度应符合下列规定:①当拼装面积≤300 ~ 1 000 m² 时,允许偏差≤2 mm;②当拼装面积在 1 000 ~ 5 000 m² 时,允许偏差 <3 mm。

(5)钢构件预拼装地面应坚实,胎架强度、刚度必须经设计计算而定,各支承点的水平精度可用已计量检验的各种仪器逐点测定调整。

(6)在胎架上预拼装过程中,不得对构件动用火焰、锤击等,各杆件的重心线应交会于节点中心,并应完全处于自由状态。

(7)预拼装钢构件控制基准线与胎架基线必须保持一致。

(8)高强度螺栓连接预拼装时,使用冲钉直径必须与孔径一致,每个节点要多于 3 只,临时普通螺栓数量一般为螺栓孔的 1/3。对孔径检测,试孔器必须垂直自由穿落。

(9)所有需要进行预拼装的构件制作完毕后,必须经专检员验收,并应符合质量标准的要求。相同的单构件可以互换,不会影响整体几何尺寸。

(10)大型框架露天预拼装的检测时间,建议在日出前、日落后定时进行,所用卷尺精度应与安装单位相一致。

4.4.2 预拼装方法

4.4.2.1 平装法

平装法适用于拼装跨度较小、构件相对刚度较大的钢结构,如长 18 m 以内的钢柱、跨度 6 m 以内的天窗架及跨度 21 m 以内的钢屋架的拼装。

平装法操作方便,不需要稳定加固措施,也不需要搭设脚手架。焊缝大多数为平焊缝,焊接操作简易,焊缝质量易于保证,校正及起拱方便、准确。

4.4.2.2 立拼拼装法

立拼拼装法可适用于跨度较大、侧向刚度较差的钢结构,如长 18 m 以上的钢柱、跨度 9~12 m 的天窗架及跨度 24 m 以上的钢屋架的拼装。

立拼拼装法可一次拼装多榀,块体占地面积小,不用铺设或搭设专用操作平台或枕木墩,节省材料和工时,省去翻身工序,质量易于保证,不用增设专供块体翻身、倒运、就位、堆放的起重设备,缩短工期。但需搭设一定数量的稳定支架,块体校正、起拱较难,钢构件的连接节点及预制构件的连接件的焊接立缝较多,增加焊接操作的难度。

4.4.2.3 利用模具拼装法

模具是指符合工件几何形状或轮廓的模型(内模或外模)。用模具来拼装组焊钢结构,具有产品质量好、生产效率高等许多优点。对成批的板材结构、型钢结构,应当考虑采用模具拼装。

桁架结构的装配模,往往是以两点连直线的方法制成的,其结构简单,使用效果好。图 4-13 为桁架装配模示意图。

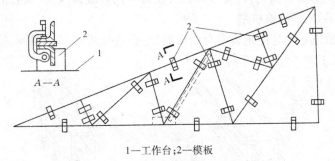

1—工作台;2—模板

图 4-13 桁架装配模示意图

4.4.3 预拼装施工

4.4.3.1 修孔

在施工过程中,修孔现象时有发生,如错孔在 3.0 mm 以内,一般都用铣刀铣孔或铰刀铰孔,其孔径扩大不超过原孔径的 1.2 倍。如错孔超过 3.0 mm,一般都用焊条补焊堵孔,并修磨平整,不得凹陷。

考虑到目前各制作单位大多采用模板钻机,如果发现错孔,则一组孔全错,各制作单位可根据节点的重要程度来确定采取焊补孔或更换零部件。特别注意,不得在孔内填塞钢块,否则会酿成严重后果。

4.4.3.2　T形梁拼装

T形梁结构多是用厚度相同的钢板,以设计图纸标的尺寸而制成的。根据工程实际需要,T形梁的结构有的相互垂直,也有倾斜一定角度的,如图4-14所示。T形梁的立板通常称为腹板,与平台面接触的底板称为翼板或面板,上面的称为上翼板,下面的称为下翼板。

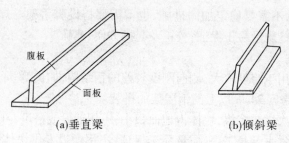

(a)垂直梁　　　　　　　　　(b)倾斜梁

图4-14　T形梁

(1)在拼装时,先定出翼板中心线,再按腹板厚度画线定位,该位置就是腹板和翼板结构接触的连接点(基准线)。

(2)如是垂直的T形梁,可用直角尺找正,并在腹板两侧按200～300 mm距离交错点焊;如果属于倾斜一定角度的T形梁,就用同样角度样板进行定位,按设计规定进行点焊。

(3)T形梁两侧经点焊完成后,为了防止焊接变形,可在腹板两侧临时用增强板将腹板和翼板点焊固定,以增加刚性,减小变形。

(4)在焊接时,采用对称分段退步焊接方法焊接角焊缝,可以有效防止焊接变形。

4.4.3.3　工字钢梁、槽钢梁拼装

工字钢梁、槽钢梁均是由钢板组合而成的,组合连接形式基本相同,仅型钢的种类和组合成型的形状不同,如图4-15所示。

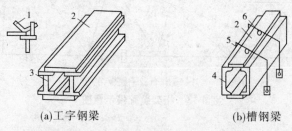

(a)工字钢梁　　　　　　　　　(b)槽钢梁

1—撬杠;2—面板;3—工字钢;4—槽钢;5—龙门架;6—压紧工具

图4-15　工字钢梁、槽钢梁组合拼装

(1)在拼装组合时,首先按图纸标注的尺寸、位置在面板和型钢连接位置处进行画线定位。

(2)在组合时,如果面板宽度较窄,为使面板与型钢垂直和稳固,防止型钢向两侧倾斜,可用与面板同厚度的垫板临时垫在底面板(下翼板)两侧来增加面板与型钢的接触面。

（3）用直角尺或水平尺检验侧面与平面垂直，几何尺寸正确后，方可按一定距离进行点焊。

（4）拼装上面板以下底面板为基准。为保证上下面板与型钢严密结合，如果接触面间隙大，可用撬杠或卡具压严靠紧，然后进行点焊和焊接。

4.4.3.4　箱形梁拼装

箱形梁的结构有钢板组成的，也有型钢与钢板混合组成的，但多数箱形梁的结构是采用钢板结构成型的。箱形梁是由上下面板、中间隔板及左右侧板组成，如图4-16所示。

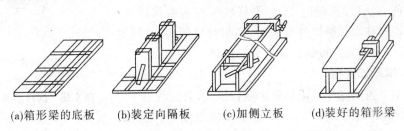

(a)箱形梁的底板　　(b)装定向隔板　　(c)加侧立板　　(d)装好的箱形梁

图 4-16　箱形梁拼装

箱形梁的拼装过程是先在底面板画线定位，按位置拼装中间定向隔板。为防止移动和倾斜，应将两端和中间隔板与面板用型钢条临时点固。然后以各隔板的上平面和两侧面为基准，同时拼装箱形梁左右立板。两侧立板的长度，要以底面板的长度为准靠齐并点焊。当两侧板与隔板侧面接触间隙过大时，可用活动型卡具夹紧，再进行点焊，最后拼装梁的上面板，当上面板与隔板上平面接触间隙大、误差大时，可用手砂轮将隔板上端找平，并用卡具压紧进行点焊和焊接。

4.4.3.5　钢柱拼装

（1）平装。在柱的适当位置用枕木搭设3~4个支点，如图4-17(a)所示。各支承点高度应拉通线，使柱轴线中心线成一水平线，先吊下节柱找平，再吊上节柱，使两端头对准，然后找中心线，并把安装螺栓或夹具上紧，最后进行接头焊接，采取对称施焊，焊完一面再翻身焊另一面。

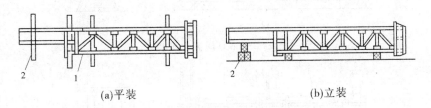

(a)平装　　　　　　　　　　　　　(b)立装

1—拼接点；2—枕木

图 4-17　钢柱的拼装

（2）立装。在下节柱适当位置设2~3个支点，上节柱设1~2个支点，如图4-17(b)所示。各支点用水平仪测平垫平。拼装时先吊下节，使牛腿向下，并找平中心，再吊上节，使两节的接头端对准，然后找正中心线，并将安装螺栓拧紧，最后进行接头焊接。

（3）柱底板与柱身组合拼装。①将柱身按设计尺寸先进行拼装焊接，使柱向达到横平竖直，符合设计和验收标准的要求。②将事先准备好的柱底板按设计规定尺寸，分清内外方向画结构线并焊挡铁定位,以防在拼装时移位。③柱底板与柱身拼装之前,必须将柱身与底板接触的端面用刨床或砂轮加工平,同时将柱身分几点垫平,如图4-18所示。柱身垂直柱底板,使安装后受力均衡,避免产生偏心压力。④拼装时,将柱底板的角钢头或平面型钢按位置点固,作为定位倒吊持在柱身平面,并用直角尺检查垂直度及间隙大小,待合格后进行四周全面点固。为防止焊接变形,应采用对角或对称方法进行焊接。⑤如果柱底板左右有梯形板,可先将底板与柱端接触焊缝焊完后,再组对梯形板,并同时焊接,这样可避免梯形板妨碍底板缝的焊接。

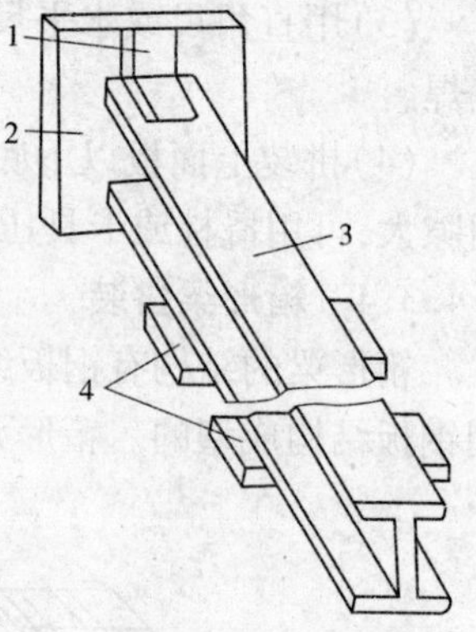

1—定位角钢;2—柱底板;
3—柱身;4—水平垫基

图4-18 钢柱拼装示意图

4.4.3.6 钢屋架拼装

钢屋架多数用底样采用仿效法进行拼装,其过程如下:

(1)按设计尺寸,以1:1 000预留焊接收缩量,在拼装平台上放出拼装底样,如图4-19、图4-20所示。因为屋架在设计图纸的上下弦处不标注起拱量,所以才放底样,按跨度比例画出起拱。

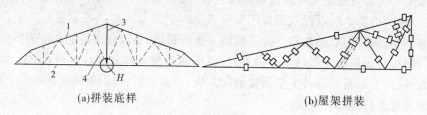

(a)拼装底样　　　　　　　　(b)屋架拼装

1—上弦;2—下弦;3—竖腹杆;4—斜腹杆

图4-19 屋架拼装示意图

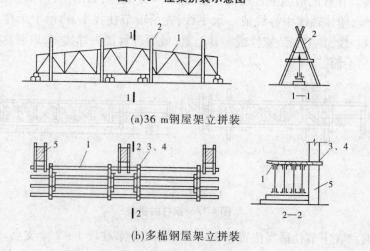

(a)36 m钢屋架立拼装

(b)多榀钢屋架立拼装

1—36 m钢屋架块体;2—木人字架;
3—8号钢丝固定上弦;4—木方;5—柱

图4-20 屋架的立拼装

(2)在底样上按图画好角钢面宽度、立面厚度,作为拼装时的依据。如果在拼装时,角钢的位置和方向能记牢,其立面的厚度可省略不画,只画出角钢面的宽度即可。

(3)放好底样后,将底样各位置上的连接板用电焊点牢,并用挡铁定位,作为第一次单片屋架拼装基准的底模,如图4-21所示,接着就可将大小连接板按位置放在底模上。

(4)将屋架的上下弦及所有的腹杆、限位板放到连接板上面,进行找正对齐,用卡具夹紧点焊。待全部点焊牢固,可用起重机作180°翻个,这样就可用该扇单片屋架为基准仿效组合拼装。

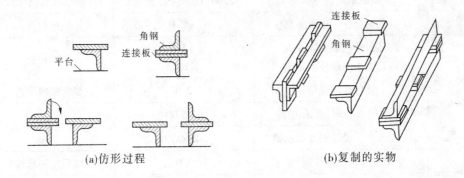

(a)仿形过程   (b)复制的实物

图4-21 屋架仿效拼装示意图

(5)拼装时,应给下一步运输和安装工序创造有利条件。除按设计规定的技术说明外,还应结合屋架的跨度,做整体或按节点分段进行拼装。

(6)屋架拼装一定要注意平台的水平度,如果平台不平,可在拼装前用仪器或拉粉线调整垫平,否则拼装成的屋架,在上下弦及中间位置会产生侧身弯曲。

(7)对特殊动力厂房屋架,为适应使用功能的要求,一般不采用焊接而用铆接。

4.4.3 预拼装检查

钢构件预拼装完成后,应对其进行必要的检查。钢构件预拼装的允许偏差应符合表4-9的规定。

预拼装检查合格后,对上下定位中心线、标高基准线、交线中心点等应标注清楚、准确。对管结构、工地焊接连接处,除应有上述标记外,还应焊接一定数量的卡具、角钢或钢板定位器等,以便按预拼装结果进行安装。

4.4.4 预拼装变形预防与矫正

4.4.4.1 变形预防

1.拼装变形预防

拼装时应选择合理的装配顺序,一般的原则是先将整体构件适当地分成几个部件,分别进行小单元部件的拼装,然后将这些拼装和焊完的部件予以矫正,再拼成大单元整体。这样某些不对称或收缩大的构件焊缝能自由收缩和进行矫正,而不影响整体结构的变形。

拼装时,应注意以下事项:

(1)拼装前,应按设计图的规定尺寸,认真检查拼装零件的尺寸是否正确。

表 4-9　钢构件预拼装的允许偏差

构件类型	项目		允许偏差(mm)	检验方法
多节柱	预拼装单元总长		±5.0	钢尺检查
	预拼装单元弯曲矢高		$l/1\,500$,且不应大于10.0	拉线和钢尺检查
	接口错边		2.0	焊缝量规检查
	预拼装单元柱身扭曲		$h/200$,且不应大于5.0	拉线、吊线和钢尺检查
	顶紧面至任一牛腿距离		±2.0	钢尺检查
梁、桁架	跨度最外两端安装孔或两端支承面最外侧距离		+5.0 -10.0	钢尺检查
	接口截面错位		2.0	焊缝量规检查
	拱度	设计要求起拱	$\pm l/5\,000$	拉线和钢尺检查
		设计未要求起拱	$l/2\,000,0$	
	节点处杆件轴线错位		4.0	画线后用钢尺检查
管构件	预拼装单元总长		±5.0	钢尺检查
	预拼装单元弯曲矢高		$l/1\,500$,且不应大于10.0	拉线和钢尺检查
	接口错边		$t/10$,且不应大于3.0	焊缝量规检查
	坡口间隙		+2.0,-1.0	
构件平面总体预拼装	各楼层柱距		±4.0	钢尺检查
	相邻楼层梁与梁之间距离		±3.0	
	各层间框架两对角线之差		$H/2\,000$,且应不大于5.0	
	任意两对角线之差		$\sum H/2\,000$,且应不大于8.0	

（2）拼装底样的尺寸一定要符合拼装半成品构件的尺寸要求,构件焊接点的收缩量应接近焊后实际变化尺寸要求。

（3）拼装时,为防止构件在拼装过程中产生过大的应力变形,应使零件的规格或形状均符合规定的尺寸和样板要求。同时,在拼装时不宜采用较大的外力强制组对,以防构件焊时产生过大的约束应力而发生变形。

（4）构件组装时,为使焊接接头均匀受热以消除应力和减小变形,应做到对接间隙、坡口角度、搭接长度和 T 形贴角连接的尺寸正确,其形状、尺寸应按设计及确保质量的经验做法进行。

（5）坡口加工的形式、角度、尺寸应按设计施工图要求进行。

2.焊接变形预防

构件焊接时,其焊接变形的预防措施如下:

（1）焊条的材质、性能应与母材相符,均应符合设计要求。

（2）拼装支承的平面应保证其水平度,并应符合支承的强度要求,不使自重下坠,造成拼装构件焊接处的弯曲变形。

（3）在焊接过程中应采用正确的焊接方法，防止在焊缝及热影响区产生过大的受热面积，使焊后造成较大的焊接应力，导致构件变形。

4.4.4.2 变形矫正

当钢构件发生的弯曲或扭曲变形超过设计规定范围时，必须进行矫正。常用的矫正方法有机械矫正法、火焰矫正法和混合矫正法等。

矫正顺序：当零件组成的构件变形较为复杂，并具有一定的结构刚度时，可按下列顺序进行矫正，即先矫正总体变形，后矫正局部变形；先矫正主要变形，后矫正次要变形；先矫正下部变形，后矫正上部变形；先矫正主体构件，再矫正副件。

1. 机械矫正法

机械矫正法主要采用顶弯机、压力机矫正弯曲构件，也可利用固定的反力架、液压式或螺旋式千斤顶等小型机械工具顶压矫正构件的变形。矫正时，将构件变形部位放在两支撑的空间处，对准凸出处加压，即可调直变形的构件。

2. 火焰矫正法

条形钢结构变形主要采用火焰矫正法。它的特点是时间短，收缩量大，其水平收缩方向是沿着弯曲的一面按水平对应收缩后产生新的变形来矫正已发生的变形，如图 4-22所示。

（1）采用加热三角形法矫正弯曲的构件时，应根据其变形方向来确定加热三角形的位置：①上下弯曲，加热三角形在立面，如图 4-22（a）所示；②左右弯曲，加热三角形在平面，如图 4-22（b）所示；③加热三角形的顶点位置应在弯曲构件的凹面一侧，三角形的底边应在弯曲的凸面一侧，如图 4-22（c）所示。

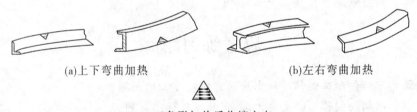

(a)上下弯曲加热   (b)左右弯曲加热

(c)三角形加热后收缩方向

图 4-22 型钢火焰矫正加热方向

（2）加热三角形的数量多少应按构件变形的程度来确定。构件变形的弯矩大，则加热三角形的数量要多，间距要近。一般对长度 5 m 以上、截面为 100 ~ 300 mm^2 的型钢构件用火焰（三角形）矫正时，加热三角形的相邻中心距为 500 ~ 800 mm，每个三角形的底边宽视变形程度而确定，一般应在 80 ~ 150 mm 范围内。

（3）加热三角形的高度和底边宽度一般是型钢高度的 1/5 ~ 2/3，加热温度为 700 ~ 800 ℃，严禁以超过 900 ℃ 的正火温度矫正。矫正的构件材料如是低合金高强度结构钢，矫正后必须缓慢冷却，必要时可用绝热材料加以覆盖保护，以免增加硬化组织发生脆裂等缺陷。

3. 混合矫正法

钢结构混合矫正法是综合利用机械设备和火焰矫正构件的变形。

（1）当变形构件符合下列情况之一时，应采用混合矫正法：①构件变形的程度较严重，且兼有死弯；②变形构件截面尺寸较大，矫正设备能力不足；③构件变形形状复杂；④构件变形具有两个及以上的不同方向；⑤用单一矫正方法不能矫正变形构件。

（2）箱形梁构件扭曲矫正。矫正箱形梁扭曲时，应将其底面固定在平台上，因其刚性较大，需在梁中间位置的两个侧面及上平面，同时进行火焰加热，加热宽度为 30 ~ 40 mm，并用牵拉工具逆着扭曲方向的对角方向施加外力 P，在加热与牵引综合作用下，将扭曲矫正。

箱形梁的扭曲被矫正后，可能会产生上拱或侧弯的新变形。对上拱变形，可在上拱处由最高点向两端用加热三角形法矫正。对侧弯变形，除用加热三角形法单一矫正外，还可边加热边用千斤顶进行矫正。

本章小结

（1）钢结构零部件加工制作前要做好相关的工艺准备工作，加工环境和条件要满足要求。

（2）钢结构零部件加工的施工准备工作包括技术、材料、作业条件等方面的准备工作，加工工艺流程包括放样和号料、切割、弯曲成型和矫正、边缘加工、制孔、组装等程序。

（3）每个加工工序所使用的机械设备、加工的特点、控制要点、检查标准都要明确。

（4）了解钢构件的预拼装方法，掌握常用构件的预拼装施工；掌握预拼装的检查；掌握拼装变形的预防及矫正措施。

思考练习题

1. 钢结构零部件加工制作过程中应注意哪些方面的问题？
2. 归纳钢结构切割作业的主要方法、优缺点及适用范围。
3. 钢结构加工中，边缘处理的主要工艺有哪些？各有何特点？
4. 总结常见钢构件的预拼装施工工艺。
5. 总结钢构件变形矫正方法，以及各自的适用范围。

第5章 钢结构连接

【学习目标】

　　熟悉普通螺栓和高强度螺栓的施工工艺要求,焊接接头形式和焊接缺陷;了解钢结构材料的基本焊接特点,焊接方法的工艺过程,能进行钢结构连接质量的验收。

　　钢结构是用钢材(钢板、型钢等)通过连接先组合成能共同工作的构件(如梁、柱、桁架等),然后用连接手段将各种构件组成整体结构。因此,连接也是钢结构的重要组成部分,占有重要地位。

　　钢结构所用的连接方法有焊缝连接(见图5-1(a))、铆钉连接(见图5-1(b))和螺栓连接(见图5-1(c))三种。

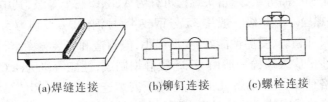

(a)焊缝连接　　　　(b)铆钉连接　　　　(c)螺栓连接

图5-1　钢结构的连接方法

　　焊缝连接是现代钢结构最主要的连接方法。它的优点较多,如不削弱构件截面,节省钢材;焊件间可直接焊接,构造简单,加工简便,连接的密封性好,刚度大;易于采用自动化生产。但是,焊缝连接也有一定的缺点,如焊接结构中不可避免地产生残余应力和残余变形,对结构的工作产生不利的影响;在焊缝的热影响区内钢材的力学性能发生变化,材质变脆;焊接结构对裂纹很敏感,一旦局部发生裂纹,便有可能迅速扩展到整个截面,尤其是低温下更易发生脆裂。

　　铆钉连接操作方法是先在构件上开孔,然后用加热的铆钉进行铆合,有时也可用常温的铆钉进行铆合,但需要较大的铆合力。铆钉连接传力可靠,韧性和塑性较好,质量易于检查;但是,铆钉连接由于费工费料,现在很少采用。对经常受动荷载作用、荷载较大和跨度较大的结构,有时仍然采用铆接结构。

　　螺栓连接可分为普通螺栓连接和高强度螺栓连接两种。螺栓连接具有易于安装、施工进度和质量容易保证、方便拆装维护的优点。其缺点是因开孔对构件截面有一定削弱,有时在构造上还须增设辅助连接板(或角钢),故用料增加,构造较繁;螺栓连接需制孔,拼装和安装时需对孔,工作量增加,且对制造的精度要求较高,但是螺栓连接的紧固工具和工艺均较简便,易于实施,故螺栓连接仍是钢结构连接的一种重要方法。

5.1 普通螺栓连接

钢结构普通螺栓连接是将螺栓、螺母、垫圈机械地和连接件连接在一起形成的一种连接形式。从连接工作机制看,荷载是通过螺栓杆受剪、连接板孔壁承压来传递的,接头受力后会产生较大的滑移变形,因此一般受力较大或承受动力荷载的结构,应采用精制螺栓,以减少接头变形量。由于精制螺栓加工费用较高、施工难度大,工程上极少采用,已逐渐被高强度螺栓所取代。

5.1.1 普通螺栓连接材料

钢结构普通螺栓连接是由螺栓、螺母和垫圈三部分组成的。

5.1.1.1 普通螺栓

普通螺栓的形式为六角头螺栓、双头螺栓和地脚螺栓等。

1. 六角头螺栓

按照制造质量和产品等级,六角头螺栓可分为 A、B、C 三个等级,其中 A、B 级为精制螺栓,C 级为粗制螺栓。A、B 级一般用 35 号钢或 45 号钢做成,级别为 5.6 级或 8.8 级。A、B 级螺栓加工尺寸精确,受剪性能好,变形很小,但制造和安装复杂,价格昂贵,目前在钢结构中应用较少。C 级螺栓一般由 Q235 镇静钢制成,性能等级为 4.6 级和 4.8 级,C 级螺栓的常用规格有 M5 ~ M64 等几十种,常用于安装连接及可拆卸的结构中,有时也可以用于不重要的连接或安装时的临时固定等。在钢结构螺栓连接中,除特别注明外,一般均为 C 级粗制螺栓。

建筑钢结构中使用的普通螺栓,一般为六角头螺栓,螺栓的标记通常为 $Md \times L$,其中 d 为螺栓规格(即直径),L 为螺栓的公称长度。

普通螺栓的通用规格为 M8、M10、M12、M16、M20、M24、M30、M36、M42、M48、M56 和 M64 等。

2. 双头螺栓

双头螺栓一般称为螺栓,多用于连接厚板和不便使用六角头螺栓连接的地方,如混凝土屋架、屋面梁悬挂单轨梁吊挂件等。

3. 地脚螺栓

地脚螺栓分为一般地脚螺栓、直角地脚螺栓、锤头螺栓、锚固地脚螺栓等四种。

(1)一般地脚螺栓和直角地脚螺栓是在浇筑混凝土基础时预埋在基础之中用以固定钢柱的。

(2)锤头螺栓是基础螺栓的一种特殊形式,是在混凝土基础浇筑时将特制模箱(锚固板)预埋在基础内用以固定钢柱的。

(3)锚固地脚螺栓是用于钢构件与混凝土构件之间的连接件,如钢柱柱脚与混凝土基础之间的连接、钢梁与混凝土墙体的连接等。锚固地脚螺栓可分为化学试剂型和机械型两类,化学试剂型是指锚固地脚螺栓通过化学试剂(如结构胶等)与其所植入的构件材料黏结传力,而机械型则不需要。锚固地脚螺栓是一种非标准件,直径和长度随工程情况而定,化学试剂型锚固地脚螺栓的锚固长度一般不小于 15 倍螺栓直径,机械型锚固地脚螺栓的锚固长度一般不小于 25 倍螺栓直径,下部弯折或焊接方钢板以增大抗拔力。锚固地脚螺栓一般由圆钢制作而成,材料多为 Q235 钢和 Q345 钢,有时也采用优质碳素钢。

钢结构中常用普通螺栓的性能等级、化学成分及力学性能可参见表 5-1。

表 5-1　普通螺栓的性能等级、化学成分及力学性能

性能等级		3.6	4.6	4.8	5.6	5.8	6.8
材料		低碳钢	低碳钢或中碳钢				
化学成分	C	≤0.20	≤0.55				
	P	≤0.05	≤0.05				
	S	≤0.06	≤0.06				
抗拉强度(MPa)	公称	300	400	400	500	500	600
	最小	330	400	420	500	520	600
维氏硬度 (kg/mm²)	最小	95	115	121	148	154	178
	最大	206	206	206	206	206	227

5.1.1.2　螺母

建筑钢结构中选用的螺母应与螺栓性能等级相匹配。螺母性能等级分为 4、5、6、8、9、10、12 等,其中 8 级(含 8 级)以上螺母与高强度螺栓匹配,8 级以下螺母与普通螺栓匹配,表 5-2 为螺母与螺栓性能等级相匹配的参照表。

表 5-2　螺母与螺栓性能等级相匹配的参照表

螺母性能等级	相匹配的螺栓性能等级		螺母性能等级	相匹配的螺栓性能等级	
	性能等级	直径范围(mm)		性能等级	直径范围(mm)
4	3.6、4.6、4.8	>16	9	8.8	16<直径≤39
5	3.6、4.6、4.8	≤16		9.8	≤16
	5.6、5.8	所有的直径	10	10.9	所有的直径
6	6.8	所有的直径	12	12.9	≤39
8	8.8	所有的直径			

螺母的机械性能主要是螺母的保证应力和硬度,其值应符合 GB/T 3098.2 的规定。

5.1.1.3　垫圈

常用钢结构螺栓连接的垫圈,按其形状及使用功能可分为以下几类:

(1)圆平垫圈。一般放置于紧固螺栓头及螺母的支承面下,用以增加螺栓头及螺母的支承面,防止被连接件表面损伤。

(2)方形垫圈。一般置于地脚螺栓头及螺母的支承面下,用以增加支承面及遮盖较大螺栓孔眼。

(3)斜垫圈。主要用于工字钢、槽钢翼缘倾斜面的垫平,使螺母支承面垂直于螺杆,

避免紧固时造成螺母支承面和被连接的倾斜面局部接触,以确保连接安全。

(4)弹簧垫圈。为防止螺栓拧紧后在动载作用产生振动和松动,依靠垫圈的弹性功能及斜口摩擦面来防止螺栓松动,一般用于有动荷载(振动)或经常拆卸的结构连接处。

5.1.2 普通螺栓的选用

5.1.2.1 螺栓的破坏形式

受剪螺栓连接在达到极限承载力时可能出现以下五种破坏形式:

(1)栓杆剪断(见图5-2(a)):当螺栓直径较小而钢板相对较厚时可能发生。

(2)孔壁挤压破坏(见图5-2(b)):当螺栓直径较大而钢板相对较薄时可能发生。

(3)钢板拉断(见图5-2(c)):当钢板因螺孔削弱过多时可能发生。

(4)端部钢板剪断(见图5-2(d)):当顺受力方向的端距过小时可能发生。

(5)栓杆受弯破坏(见图5-2(e)):当螺栓过长时可能发生。

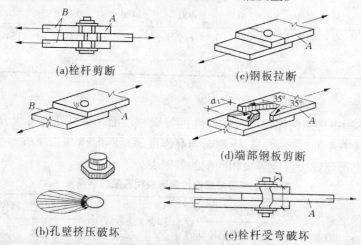

(a)栓杆剪断　　(c)钢板拉断

(d)端部钢板剪断

(b)孔壁挤压破坏　　(e)栓杆受弯破坏

图5-2　螺栓的破坏形式

5.1.2.2 螺栓直径的确定

参照《钢结构设计规范》(GB 50017—2003),根据螺栓的破坏形式按等强原则通过计算确定螺栓直径。同一工程,螺栓直径规格应尽可能少,以便于施工和管理。一般情况下,螺栓直径应与被连接件的厚度相匹配,表5-3为不同连接厚度推荐螺栓直径。

表5-3　不同连接厚度推荐螺栓直径　　(单位:mm)

连接件厚度	4 ~ 6	5 ~ 8	7 ~ 11	10 ~ 14	13 ~ 20
推荐螺栓直径	12	16	20	24	27

5.1.2.3 螺栓长度的确定

连接螺栓的长度应根据连接螺栓的直径和厚度确定。螺栓长度是指螺栓头内侧到尾部的距离,一般为5 mm进制,可按下式计算:

$$L = \delta + m + nh + C \tag{5-1}$$

式中　δ——被连接件的总厚度,mm;

m——螺母厚度,mm,一般取$0.8D$;

n——垫圈个数;

h——垫圈厚度,mm;

C——螺纹外露部分长度(以$2\sim3$丝扣为宜,≤5 mm),mm。

5.1.2.4 螺栓的排列和间距

螺栓的排列应遵循简单紧凑、整齐划一和便于安装紧固的原则,通常采用并列和错列两种形式,见图5-3。根据《钢结构设计规范》(GB 50017—2003)的规定,螺栓的最大、最小容许距离见表5-4。

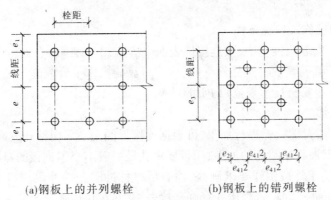

(a)钢板上的并列螺栓   (b)钢板上的错列螺栓

图5-3 钢板上螺栓的排列

表5-4 螺栓的最大、最小容许距离

名称	位置和方向			最大容许距离 (取两者的较小值)	最小容许距离
中心距离	任意方向	外排		$8d_0$ 或 $12t$	$3d_0$
		中间排	构件受压力	$12d_0$ 或 $18t$	
			构件受拉力	$16d_0$ 或 $24t$	
中心至构件 边缘距离	顺内力方向			$4d_0$ 或 $8t$	$2d_0$
	垂直内力 方向	切割边			$1.5d_0$
		轧制边	高强度螺栓		
			其他螺栓或铆钉		$1.2d_0$

注:1. d_0 为螺栓或铆钉的孔径,t 为外层较薄板件的厚度。

2. 钢板边缘与刚性构件(如角钢、槽钢等)相连的螺栓或铆钉的最大间距,可按中间排的数值采用。

3. 螺栓孔不得采用气割扩张。对于精制螺栓(A、B级螺栓),螺栓孔必须钻孔成型,同时必须是 I 类孔,应具有 H12 的精度,孔壁表面粗糙度 R_a 不应大于 12.5 μm。

螺栓排列时应满足下列要求:

(1)受力要求。螺栓任意方向的中距以及边距和端距均不应过小,以免受力时加剧孔壁周围的应力集中和防止钢板过度削弱而承载力过低,造成沿孔与孔或孔与边间拉断或剪断。当构件承受压力作用时,顺压力方向的中距不应过大,否则螺栓间钢板可能失稳形成鼓曲。

(2)构造要求。螺栓的中距不应过大,否则钢板不能紧密贴合。外排螺栓的中距、边距和端距更不应过大,以防止潮气侵入缝隙而发生锈蚀。

(3)施工要求。螺栓间应有足够距离以便于转动螺栓扳手,拧紧螺母。

螺栓的布置应使各螺栓受力合理,同时要求各螺栓尽可能远离形心和中性轴,以便充分和均衡地利用各个螺栓的承载能力。

5.1.3 普通螺栓连接施工

5.1.3.1 普通螺栓施工作业条件

(1)构件已经安装调校完毕,被连接件表面应清洁、干燥,不得有油(泥)污。

(2)高空进行普通紧固件连接施工时,应有可靠的操作平台或施工吊篮,需严格遵守《建筑施工高处作业安全技术规范》(JGJ 80—91)。

5.1.3.2 螺栓孔加工

螺栓连接前,需对螺栓孔进行加工,可根据连接板的大小采用钻孔或冲孔加工。冲孔一般只用于较薄钢板和非圆孔的加工,而且要求孔径一般不小于钢板的厚度。

(1)钻孔前,将工件按图样要求画线,检查后打样冲眼。样冲眼应打大些,使钻头不易偏离中心。在工件孔的位置画出孔径圆和检查圆,并在孔径圆上及其中心冲出小坑。

(2)当螺栓孔要求较高,叠板层数较多,同类孔距也较多时,可采用钻模钻孔或预钻小孔,再在组装时扩孔的方法。预钻小孔直径的大小取决于叠板的层数,当叠板层数少于5层时,预钻小孔的直径一般小于 3 mm;当叠板层数大于5层时,预钻小孔的直径应小于6 mm。

(3)当使用精制螺栓(A、B级)时,其螺栓孔的加工应谨慎钻削,尺寸精度不低于IT13～IT11级,表面粗糙度 R_a 不大于 12.5 μm;或按基准孔(H12)加工,重要场合宜经铰削成孔,以保证配合要求。

普通螺栓(C级)的配合孔,可应用钻削成型。但其内孔表面粗糙度 R_a 值不应大于25 μm,其允许偏差应符合相关规定。

5.1.3.3 普通螺栓的装配

普通螺栓的装配应满足下列各项要求:

(1)螺栓头和螺母下面应放置平垫圈,以增大承压面积。

(2)每个螺栓一端不得垫两个及两个以上的垫圈,并不得采用大螺母代替垫圈。螺栓拧紧后,外露丝扣不应少于2扣。螺母下的垫圈一般不应多于1个。

(3)对于有防松动要求的螺栓、锚固螺栓应采用防松装置的螺母(即双螺母)或弹簧垫圈,或用人工方法采取防松措施(如将螺栓外露丝扣打毛)。

(4)对于承受动荷载或重要部位的螺栓连接,应按设计要求放置弹簧垫圈,弹簧垫圈必须设置在螺母一侧。

(5)对于型钢(工字钢、槽钢)应尽量使用斜垫圈,使螺母和螺栓头部的支承面垂直于螺杆。

(6)双头螺栓的轴心线必须与工件垂直,通常用角尺进行检验。

(7)装配双头螺栓时,首先将螺纹和螺孔的接触面清理干净,然后用手轻轻地把螺母拧到螺纹的终止处,如果遇到拧不进的情况,不能用扳手强行拧紧,以免损坏螺纹。

(8)螺母与螺钉装配时,螺母或螺钉和接触的表面之间应保持清洁,螺孔内的脏物要清干净。螺母或螺钉与零件贴合的表面要光洁、平整,贴合处的表面应当经过加工,否则容易使连接件松动或使螺钉弯曲。

5.1.3.4　螺栓紧固

为了使螺栓受力均匀,应尽量减少连接件变形对紧固轴力的影响,保证节点连接螺栓的质量。螺栓紧固必须从中心开始,对称施拧。

拧紧成组的螺母时,必须按照一定的顺序进行,并做到分次序逐步拧紧(一般分3次拧紧),否则会使零件或螺杆产生松紧不一致,甚至变形。在拧紧长方形布置的成组螺母时,必须从中间开始,逐渐向两边对称地扩展。在拧紧方形或圆形布置的成组螺母时,必须对称地进行。

对30号钢正火制作的各种直径的螺栓旋拧时,所承受的轴向允许荷载见表5-5。

表5-5　各种直径螺栓的轴向允许荷载

螺栓公称直径(mm)		12	16	20	24	30	36
轴向允许轴力	无预先锁紧(N)	17 200	3 300	5 200	7 500	11 900	17 500
	螺栓在荷载下锁紧(N)	1 320	2 500	4 000	5 800	9 200	13 500
扳手最大允许扭矩	kg/cm²	320	800	1 600	2 800	5 500	9 700
	N/cm²	3 138	7 845	15 690	27 459	53 937	95 125

注:对于Q235及45号钢应将表中允许值分别乘以修正系数0.75~1.1。

5.1.3.5　紧固质量检验

对永久螺栓拧紧的质量检验常采用锤敲或力矩扳手检验,要求螺栓不颤头和偏移,拧紧的真实性用塞尺检查,对接表面高度差(不平度)不应超过0.5 mm。

对接配件在平面上的差值超过0.5~3 mm时,应对较高的配件高出部分做成1:10的斜坡,斜坡不得用火焰切割。当高度超过3 mm时,必须设置和该结构相同钢号的钢板做垫板,并用与连接配件相同的加工方法对垫板的两侧进行加工。

5.1.3.6　防松措施

一般螺纹连接均具有自锁性,在受静载和工作温度变化不大时,不会自行松脱。但在冲击、振动或变荷载作用下,以及在工作温度变化较大时,这种连接有可能松动,以致影响工作,甚至发生事故。为了保证连接安全可靠,对螺纹连接必须采取有效的防松措施。

常用的防松措施有增大摩擦力、机械防松和不可拆三大类。

(1)增大摩擦力。是使拧紧的螺纹之间不因外载荷变化而失去压力,因而始终有摩擦阻力防止连接松脱。增大摩擦力的防松措施有安装弹簧垫圈和使用双螺母等。

(2)机械防松。是利用各种止动零件,阻止螺纹零件的相对转动来实现的。机械防松较为可靠,故应用较多。常用的机械防松措施有开口销与槽形螺母、止退垫圈与圆螺母、止动垫圈与螺母、串联钢丝等。

(3)不可拆。利用点焊、点铆等方法把螺母固定在螺栓或被连接件上,或者把螺钉固定在被连接件上,以达到防松的目的。

5.2 高强度螺栓连接

高强度螺栓是用优质碳素钢或低合金钢材料制成的一种特殊螺栓,它具有安装简便、迅速、能装能拆和承压高、受力性能好、安全可靠等优点。在高层建筑钢结构中已成为主要的连接件。

5.2.1 高强度螺栓的分类

高强度螺栓采用经过热处理的高强度钢材做成,施工时需要对螺栓杆施加较大的预拉力。高强度螺栓从性能等级上可分为8.8级和10.9级(记作8.8S、10.9S)。根据其受力特征可分为摩擦型高强度螺栓与承压型高强度螺栓两类。

摩擦型高强度螺栓,是靠连接板叠间的摩擦阻力传递剪力。它具有连接紧密,受力良好,耐疲劳的优点,适宜承受动力荷载,但连接面需要作摩擦面处理,如喷砂、喷砂后涂无机富锌漆等。承压型高强度螺栓,是当剪力大于摩擦阻力后,以栓杆被剪断或连接板被挤坏作为承载力极限状态,其计算方法基本上同普通螺栓,它的承载力极限值大于摩擦型高强度螺栓。

根据螺栓构造及施工方法不同,可分为大六角头高强度螺栓、扭剪型高强度螺栓两类,见图5-4。

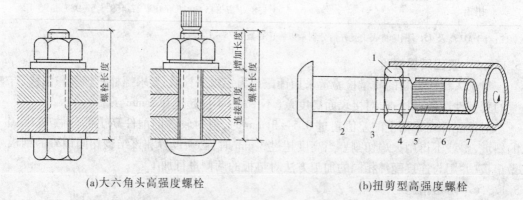

(a)大六角头高强度螺栓　　　　　　　　(b)扭剪型高强度螺栓

1—螺母;2—螺杆;3—螺纹;4—槽口;5—螺杆尾部梅花头;6—电动扳手筒;7—大套筒

图5-4 高强度螺栓构造

(1)大六角头高强度螺栓。头部尺寸比普通六角头螺栓要大,可适应施加预拉力的工具及操作要求,同时也增大与连接板间的承压或摩擦面积。大六角头高强度螺栓施加预拉力的工具有电动扳手、风动扳手及人工特制扳手。

(2)扭剪型高强度螺栓。扭剪型高强度螺栓的尾部连着一个梅花头,梅花头与螺栓尾部之间有一沟槽。当用特制扳手拧螺母时,以梅花头作为反拧支点,终拧时梅花头沿沟槽被拧断,并以拧断为标准表示已达到规定的预拉力值。

5.2.2 高强度螺栓的性能

高强度螺栓和与之配套的螺母及垫圈合称为连接副,须经热处理(淬火和回火)后方可使用。大六角头高强度螺栓连接副包括一个螺栓、一个螺母和两个垫圈。扭剪型高强度螺栓连接副包括一个螺栓、一个螺母和一个垫圈。其连接副的推荐材料分别见表5-6和表5-7。

表5-6   大六角头高强度螺栓连接副的推荐材料

类别	性能等级	推荐材料	标准编号	适用规格
螺栓	10.9S	20MnTiB	GB/T 3077	≤M24
		ML20MnTiB	GB/T 6478	
		35VB		≤M30
	8.8S	45、35 号钢	GB/T 699	≤M20
		20MnTiB、40Cr	GB/T 3077	≤M24
		ML20MnTiB	GB/T 6478	
		35CrMo	GB/T 3077	≤M30
		35VB		
螺母垫圈	10H	45、35 号钢	GB/T 699	
	8H	ML35	GB/T 6478	
	HRC35~45	45、35 号钢	GB/T 699	

表5-7   扭剪型高强度螺栓连接副的推荐材料

类别	性能等级	推荐材料	标准编号
螺栓	10.9S	20MnTiD	GB/T 3077
螺母	10H	45、35 号钢	GB/T 699
		15MnVB	GB/T 3077
垫圈	HRC35~45	45、35 号钢	GB/T 699

高强度螺栓的材料要求如下:

(1)高强度螺栓的规格共有 M12、M16、M18、M20、M22、M24、M27、M30 等几种。螺栓、螺母、垫圈均应附有质量证明书,并应符合设计要求和国家标准的规定。高强度螺栓(大六角头高强度螺栓、扭剪型高强度螺栓等)、半圆头铆钉等孔的直径应比螺栓杆和钉杆公称直径大 1.0~3.0 mm。螺栓孔应具有 H14(H15)的精度。

(2)高强度螺栓按性能等级可分为 8.8、10.9、12.9 级等。8.8 级仅用于大六角头高强度螺栓,10.9 级用于扭剪型高强度螺栓和大六角头高强度螺栓。制造厂应对原材料(按加工高强度螺栓的同样工艺进行热处理)进行抽样试验,其力学性能应符合表5-8 的规定。当高强度螺栓的性能等级为 8.8 级时,热处理后硬度为 HRC21~29;性能等级为

10.9 级时,热处理后硬度为 HRC32 ~ 36。高强度螺栓不允许存在任何淬火裂纹,其表面要进行发黑处理。

表 5-8　高强度螺栓的力学性能

性能等级	螺栓类型	抗拉强度 (MPa)	屈服强度 (MPa),≥	伸长率 δ_5 (%),≥	收缩率曲 ψ (%),≥	冲击韧性 a_k (J/cm),≥
10.9S	大六角头高强度螺栓 扭剪型高强度螺栓	1 040 ~ 1 240	940	10	42	59
8.8S	大六角头高强度螺栓	830 ~ 1 030	660	12	45	78

(3)高强度螺栓抗拉极限承载力应符合表 5-9 的规定,其偏差应符合表 5-10 的规定。

表 5-9　高强度螺栓抗拉极限承载力

公称直径 d (mm)	公称应力截面积 A (mm²)	抗拉极限承载力(kN)	
		10.9S	8.8S
12	84	84 ~ 95	68 ~ 83
14	115	115 ~ 129	93 ~ 113
16	157	157 ~ 176	127 ~ 154
18	192	192 ~ 216	156 ~ 189
20	245	245 ~ 275	198 ~ 241
22	303	303 ~ 341	245 ~ 298
24	353	353 ~ 397	286 ~ 347
27	459	459 ~ 516	372 ~ 452
30	561	561 ~ 631	454 ~ 552
33	694	694 ~ 780	562 ~ 663
36	817	817 ~ 918	662 ~ 804
39	976	976 ~ 1 097	791 ~ 960
42	1 121	1 121 ~ 1 260	908 ~ 1 103
45	1 306	1 306 ~ 1 468	1 058 ~ 1 285
48	1 473	1 473 ~ 1 656	1 193 ~ 1 450
52	1 758	1 758 ~ 1 976	1 424 ~ 1 730
56	2 030	2 030 ~ 2 282	1 644 ~ 1 998
60	2 362	2 362 ~ 2 655	1 913 ~ 2 324

表 5-10 高强度螺栓极限偏差 （单位:mm）

公称直径	12	16	20	(22)	24	(27)	30
允许偏差	±0.43			±0.52		±0.84	

（4）采用高强度螺栓连接副,应分别符合《钢结构用大六角头高强度螺栓》（GB/T 1228—2006）、《钢结构用高强度大六角螺母》（GB/T 1229—2006）、《钢结构用高强度垫圈》（GB/T 1230—2006）、《钢结构用大六角头高强度螺栓、大六角螺母、垫圈技术条件》（GB/T 1231—2006）或《钢结构用扭剪型高强度螺栓连接副》（GB/T 3632—2008）的规定。

（5）高强度螺栓连接副必须经过以下试验,符合规范要求后方可出厂:材料、炉号、制作批号、化学成分与机械性能证明或试验数据,螺栓的楔负荷试验,螺母的保证荷载试验,螺母及垫圈的硬度试验,连接副的扭矩系数试验（注明试验温度）,大六角头连接副的扭矩系数平均值和标准偏差,扭剪型连接副的紧固轴力平均值和标准偏差。

（6）高强度螺栓的储运应符合以下要求:①存放应防潮、防雨、防粉尘,并按类型和规格分类存放。使用时应轻拿轻放,防止撞击、损坏包装和损伤螺纹。发放和回收应做记录,使用剩余的紧固件应当天回收保管。②长期保管超过 6 个月或保管不善而造成螺栓生锈及沾染脏物等可能改变螺栓的扭矩系数或性能的高强度螺栓,应视情况进行清洗、除锈和润滑等处理,并对螺栓进行扭矩系数或预拉力检验,合格后方可使用。③高强度螺栓连接摩擦面应平整、干燥,表面不得有氧化皮、毛刺、焊疤、油漆和油污等。

5.2.3 施工准备

高强度螺栓的施工机具有电动扭矩扳手及控制仪、手动扭矩扳手、扭矩测量扳手、手工扳手、钢丝刷、冲子、锤子等。

5.2.3.1 手动扭矩扳手

各种高强度螺栓在施工中以手动紧固时,都要使用有示明扭矩值的扳手施拧,以达到高强度螺栓连接副规定的扭矩和剪力值。一般常用的手动扭矩扳手有指针式、音响式和扭剪型三种（见图 5-5）。

1. 指针式手动扭矩扳手

指针式手动扭矩扳手在头部设一个指示盘配合套筒头紧固六角螺栓,当给扭矩扳手预加扭矩施拧时,指示盘即示出扭矩值。

2. 音响式手动扭矩扳手

音响式手动扭矩扳手是一种附加齿轮机构预调式的手动扭矩扳手,配合套筒可紧固各种直径的螺栓。音响式手动扭矩扳手在手柄的根部带有力矩调整的主、副两个刻度,施拧前,可按需要调整预定的扭矩值。当施拧到预调的扭矩值时,便有明显的音响和手上的触感。这种扳手操作简单、效率高,适用于大规模的组装作业和检测螺栓紧固的扭矩值。

3. 扭剪型手动扳手

扭剪型手动扳手是一种紧固扭剪型高强度螺栓使用的手动力矩扳手。配合扳手紧固螺栓的套筒,设有内套筒弹簧、内套筒和外套筒。这种扳手靠螺栓尾部的卡头得到紧固反力,使紧固的螺栓不会同时转动。内套筒可根据所紧固的扭剪型高强度螺栓直径而更换相适应的规格。紧固完毕后,扭剪型高强度螺栓卡头在颈部被剪断,所施加的扭矩可以视为合格。

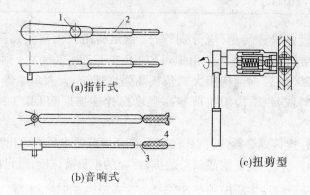

(a)指针式

(b)音响式

(c)扭剪型

1—千分表;2—扳手;3—主刻度;4—副刻度

图 5-5　手动扭矩扳手

5.2.3.2　电动扳手

电动扳手有 NR – 9000A、NR – 12 和双重绝缘定扭矩、定转角电动扳手等。它是拆卸和安装大六角头高强度螺栓机械化工具,可以自动控制扭矩和转角,适用于钢结构桥梁、厂房建设、化工、发电设备安装大六角头高强度螺栓施工的初拧、终拧和扭剪型高强度螺栓的初拧,以及对螺栓紧固件的扭矩或轴力有严格要求的场合。

5.2.4　高强度螺栓孔加工

高强度螺栓孔应采用钻孔,如用冲孔工艺会使孔边产生微裂纹,降低钢结构疲劳强度,还会使钢板表面局部不平整,所以必须采用钻孔工艺。因高强度螺栓连接是靠板面摩擦传力的,为使板层密贴,有良好的面接触,所以孔边应无飞边、毛刺。

5.2.4.1　一般规定

(1)画线后的零件在剪切或钻孔加工前后,均应认真检查,以防止在画线、剪切、钻孔过程中,零件的边缘和孔心、孔距尺寸产生偏差;零件钻孔时,为防止产生偏差,可采用以下方法进行钻孔:

①相同对称零件钻孔时,除已选用较精确的钻孔设备进行钻孔外,还应用统一的钻孔模具来钻孔,以达到其互换性。

②对每组相连的板束钻孔时,可将板束按连接的方式、位置,用电焊临时点焊,一起进行钻孔;拼装连接时可按钻孔的编号进行,以防止每组构件孔的系列尺寸产生偏差。

(2)零部件小单元拼装焊接时,为防止孔位移产生偏差,可将拼装件在底样上按实际位置进行拼装;为防止焊接变形使孔位移产生偏差,应在底样上按孔位选用画线或挡铁、插销等方法限位固定。

(3)为防止零件孔位偏差,对钻孔前的零件变形应认真矫正;钻孔及焊接后的变形在矫正时均应避开孔位及其边缘。

5.2.4.2 孔径的选配

高强度螺栓制孔时,其孔径的大小可参照表5-11进行。

表5-11 高强度螺栓孔径选配 (单位:mm)

螺栓公称直径	12	16	20	22	24	27	30
螺栓孔直径	13.5	17.5	22	24	26	30	33

5.2.4.3 螺栓孔距

零件的孔距要求应按设计执行。高强度螺栓的孔距值见表5-4,安装时,还应注意孔距间的允许偏差,也可参照表5-12所列数值来控制。

表5-12 螺栓孔距间的允许偏差 (单位:mm)

螺栓孔距范围	≤500	501～1 200	1 201～3 000	>3 000
同一组内任意两孔间距离	±1.0	±1.5	—	—
相邻两组的端孔间距离	±1.5	±2.0	2.5	±3.0

注:1. 在节点中连接板与一根杆件相连的所有螺栓孔为一组;

2. 对接接头在拼接板一侧的螺栓孔为一组;

3. 在两相邻节点或接头间的螺栓孔为一组,但不包括上述两项所规定的螺栓孔;

4. 受弯构件翼缘上的连接螺栓孔,每米长度范围内的螺栓孔为一组。

5.2.4.4 螺栓孔位移处理

高强度螺栓孔位移时,应先用不同规格的孔量规分次进行检查:第一次用比孔公称直径小1.0 mm的量规检查,应通过每组孔数85%;第二次用比螺栓公称直径大0.2～0.3 mm的量规检查,应全部通过。对两次不能通过的孔应经主管设计同意后,方可采用扩孔或补焊后重新钻孔来处理。扩孔或补焊后再钻孔应符合扩孔后的孔径不得大于原设计孔径的2.0 mm,补孔时应用与原孔母材相同的焊条(禁止用钢块等填塞焊)补焊,每组孔中补焊重新钻孔的数量不得超过20%,处理后均应作出记录。

5.2.5 高强度螺栓的确定

5.2.5.1 螺栓长度计算

扭剪型高强度螺栓的长度为螺栓头根部至螺栓刃口头处的长度,如图5-4所示。

(1)高强度螺栓长度应按下式计算:

$$l = l' + \Delta l \tag{5-2}$$

式中　l'——连接板层总厚度;

Δl——附加长度,可按下式计算:

$$\Delta l = m + nS + 3P \tag{5-3}$$

式中　m——高强度螺母公称厚度;

n——垫圈个数,扭剪型高强度螺栓为1,大六角头高强度螺栓为2;

S——高强度垫圈公称厚度；

P——螺纹螺距。

当高强度螺栓公称直径确定后，Δl 可由表5-13查得。

表5-13　高强度螺栓附加长度　　　　　　　　　　　　（单位：mm）

螺栓直径	12	16	20	22	24	27	30
大六角头高强度螺栓	25	30	35	40	45	50	55
扭剪型高强度螺栓		25	30	35	40		

（2）选用螺栓长度的简单方法：螺栓的长度应为紧固连接板厚度加上一个螺母和一个垫圈的厚度，并且紧固后要露出3个螺距的余长，一般按连接板厚加表5-13中附加长度，并取5 mm 的整倍数。

5.2.5.2　螺栓的排列

螺栓的排列应遵循简单紧凑、整齐划一和便于安装紧固的原则，通常采用并列和错列两种形式，与普通螺栓相同，如图5-3所示。

5.2.5.3　螺栓的容许距离

螺栓的容许距离是指高强度螺栓在钢板（或型钢）上排列时可以选取的距离。不论采用哪种排列，螺栓的中距（螺栓中心间距）、端距（顺内力方向螺栓中心至构件边缘距离）和边距（垂直内力方向螺栓中心至构件边缘距离）应满足表5-4的要求。通常，在排列螺栓时，宜按最小容许距离取用，且应取5 mm 的倍数，并按等距离布置，以缩小连接的尺寸。最大容许距离一般只在起联系作用的构造连接中采用。

型钢（角钢、工字钢、槽钢）上螺栓的排列（见图5-6），除应满足表5-4规定的最大容许距离、最小容许距离外，还应符合各自的要求，见表5-14～表5-16，以使螺栓大小和位置适当，便于拧固。

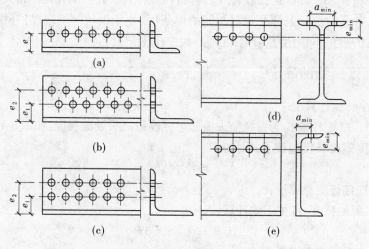

图5-6　型钢上螺栓的排列

表 5-14　角钢上螺栓最小容许距离　　　　　（单位:mm）

肢宽		40	45	50	56	63	70	75	80	90	100	110	125	140	160	180	200
单行	e	25	25	30	30	35	40	40	45	50	55	60	70				
单行	d_0	12	13	14	15.5	17.5	20	21.5	21.5	23.5	23.5	26	26				
双行错列	e_1												55	60	70	70	80
双行错列	e_2												90	100	120	140	160
双行错列	d_0												23.5	23.5	26	26	26
双行并行	e_1														60	70	80
双行并行	e_2														130	140	160
双行并行	d_0														23.5	23.5	26

表 5-15　工字钢和槽钢腹板上的螺栓容许距离

工字钢型号	12	14	16	18	20	22	25	28	32	36	40	45	50	56	63
线距 e_{min}（mm）	40	45	45	45	50	50	55	60	60	65	70	75	75	75	75
槽钢型号	12	14	16	18	20	22	25	28	32	36	40				
线距 e_{min}（mm）	40	45	50	50	55	55	60	65	70	75					

表 5-16　工字钢和槽钢翼缘上的螺栓容许距离

工字钢型号	12	14	16	18	20	22	25	28	32	36	40	45	50	56	63
线距 e_{min}（mm）	40	40	50	55	60	65	65	75	75	80	80	85	90	95	95
槽钢型号	12	14	16	18	20	22	25	28	32	36	40				
线距 e_{min}（mm）	30	35	35	40	40	45	45	45	50	56	60				

5.2.6　高强度螺栓连接施工

5.2.6.1　高强度螺栓连接操作工艺流程

作业准备—接头组装—安装临时螺栓—安装高强度螺栓—高强度螺栓紧固—检查验收。

5.2.6.2　施工作业条件

（1）钢结构的安装必须根据施工图进行,并应符合《钢结构工程施工质量验收规范》（GB 50205—2001）的规定。

（2）施工前,应按设计文件和施工图的要求编制工艺规程及安装施工组织设计（或施工方案）,并认真贯彻执行。在设计图、施工图中均应注明所用高强度螺栓连接副的性能等级、规格、连接形式、预拉力、摩擦面抗滑移等级以及连接后的防锈要求。

（3）根据工程特点设计施工操作吊篮,并按施工组织设计的要求加工制作或采购。安装和质量检查的钢尺,均应具有相同的精度,并应定期送计量部门检定。

（4）高强度螺栓连接副施拧前必须对选材、螺栓实物最小载荷、预拉力、扭矩系数等项目进行检验。检验结果符合国家标准后方可使用。高强度螺栓连接副的制作单位必须按批配套供货，并有相应的成品质量保证书。

（5）高强度螺栓连接副储运应轻装、轻卸，防止损伤螺纹；存放、保管必须按规定进行，防止生锈和沾染污物。所选用材质必须经过检验，符合有关标准。制作厂必须有质量保证书，严格制作工艺流程，用超探或磁粉探伤检查连接副有无裂纹现象，合格后方可出厂。

（6）施拧前进行严格检查，严禁使用螺纹损伤的连接副，对生锈和沾染污物要进行除锈和去除污物。

（7）根据设计有关规定及工程重要性，运到现场的连接副必要时要逐个或批量按比例进行磁粉和着色探伤检查，凡裂纹超过允许规定的，严禁使用。

（8）螺栓螺纹外露长度应为 2~3 个螺距，其中允许有 10% 的螺栓螺纹外露 1 个螺距或 4 个螺距。

（9）大六角头高强度螺栓，在施工前应按出厂批复验高强度螺栓连接副的扭矩系数，每批复检 8 套，8 套扭矩系数的平均值应在 0.110~0.150 范围之内，其标准偏差小于或等于 0.010。

（10）扭剪型高强度螺栓，在施工前应按出厂批复验高强度螺栓连接副的紧固轴力，每批复检 8 套，8 套紧固预拉力的平均值和标准偏差应符合规定。变异系数应符合表 5-17 的规定，变异系数可用下式计算：

$$变异系数 = 标准偏差 / 紧固轴力的平均值 \times 100\% \tag{5-4}$$

表 5-17　扭剪型高强度螺栓的紧固轴力

螺栓直径 d(mm)		16	20	24
每批紧固轴力的平均值 （kN）	公称	109	170	245
	最大	120	186	270
	最小	99	154	222
紧固轴力变异系数		≤10%		

（11）复检不符合规定者，由制作厂家、设计、监理单位协商解决，或作为废品处理。为防止假冒伪劣产品，无正式质量保证书的高强度螺栓连接副，严禁使用。

5.2.6.3　施工作业

高强度螺栓的施工作业要点见表 5-18。

5.2.6.4　螺栓紧固

1. 螺栓紧固方法

高强度螺栓的预拉力通过紧固螺母建立。为保证其数值准确，施工时应严格控制螺母的紧固程度，不得漏拧、欠拧或超拧。一般采用的紧固方法有下列几种。

（1）扭矩法。是根据施加在螺母上的紧固扭矩与导入螺栓中的预拉力之间有一定关系的原理，以控制扭矩来控制预拉力的方法。

表 5-18　高强度螺栓施工作业要点

步骤	大六角头高强度螺栓连接	扭剪型高强度螺栓连接
作业准备	①备好扳手、临时螺栓、过冲、钢丝刷等工具，主要在班前应指定专人负责对施工扭矩校正，扭矩校正后才准使用 ②大六角头高强度螺栓长度选择，考虑到钢构件加工时采用钢材一般均为正公差，材料代用多是以大代小、以厚代薄，所以连接总厚度增加 3~4 mm 的现象很多，因此应选择好高强度螺栓长度，一般以紧固后长出 2~3 扣为宜，然后根据要求配套备用	①摩擦面处理：摩擦面采用喷砂、砂轮打磨等方法进行处理，摩擦系数（一般要求 Q235 钢为 0.45 以上，16Mn 钢为 0.55 以上）应符合设计要求。摩擦面不允许有残留氧化铁皮，处理后的摩擦面可生成赤锈面后安装螺栓（一般露天存 10 d 左右），用喷砂处理的摩擦面不必生锈即可安装螺栓。采用砂轮打磨时，打磨范围不小于螺栓直径的 4 倍，打磨方向与受力方向垂直，打磨后的摩擦面应无明显不平。防止摩擦面被油或油漆等污染，如污染应彻底清理干净 ②检查螺栓孔的孔径尺寸，孔边有毛刺必须清除掉 ③同一批号、规格的螺栓、螺母、垫圈，应配套装箱待用 ④电动扳手及手动扳手应经过标定
接头组装	①对摩擦面进行清理，对板不平直的，应在平直达到要求以后才能组装。摩擦面不能有油漆、污泥，孔的周围不应有毛刺，应对待装摩擦面用钢丝刷清理，其刷子方向应与摩擦受力方向垂直 ②遇到安装孔有问题时，不得用氧-乙炔扩孔，应用扩孔钻床扩孔，扩孔后应重新清理孔周围毛刺 ③高强度螺栓连接面板间应紧密贴实，对因板厚公差、制造偏差或安装偏差等产生的接触面间隙，应按以下规定处理	①连接处的钢板或型钢应平整，板边、孔边无毛刺；接头处有翘曲、变形必须进行校正，并防止损伤摩擦面，保证摩擦面紧贴 ②装配前检查摩擦面，试件的摩擦系数是否达到设计要求，浮锈用钢丝刷除掉，油污、油漆清除干净 ③板叠接触面间应平整，当接触有间隙时，应按以下规定处理
	当 $t < 1.0$ mm 时不予处理；当 $t = 1.0~3.0$ mm 时，将厚板一侧磨成 1:10 的缓坡，使间隙小于 1.0 mm；当 $t > 3.0$ mm 时加垫板，垫板厚度不小于 3 mm，最多不超过 3 层，垫板材质和摩擦面处理方法应与构件相同	

步骤	大六角头高强度螺栓连接	扭剪型高强度螺栓连接
安装临时螺栓	①钢构件组装时应先安装临时螺栓,临时安装螺栓不能用高强度螺栓代替,临时安装螺栓的数量一般应占连接板组孔群中的1/3,不能少于2个 ②少量孔位不正,位移量又较小时,可以用冲钉打入定位,然后上安装螺栓 ③板上孔位不正,位移较大时应用绞刀扩孔。个别孔位位移较大时,应补焊后重新打孔。不得用冲子边校正孔位边穿入高强度螺栓。安装螺栓达到30%时,可以将安装螺栓拧紧定位	连接处采用临时螺栓固定,其螺栓个数为接头螺栓总数的1/3以上,并且每个接头不少于2个,冲钉穿入数量不宜多于临时螺栓的30%。组装时先用冲钉对准孔位,在适当位置插入临时螺栓,用扳手拧紧。不准用高强度螺栓兼作临时螺栓,以防螺纹损伤
安装高强度螺栓	①高强度螺栓应自由穿入孔内,严禁用锤子将高强度螺栓强行打入孔内。高强度螺栓的穿入方向应该一致,局部受结构阻碍时可以除外 ②不得在下雨天安装高强度螺栓 ③高强度螺栓垫圈位置应该一致,安装时应注意垫圈正、反面方向(大六角头高强度螺栓的垫圈应安装在螺栓头一侧和螺母一侧,垫圈孔有倒角一侧应和螺栓头接触,不得装反) ④高强度螺栓在检孔内不得受剪,应及时拧紧	①安装时高强度螺栓应自由穿入孔内,不得强行敲打。扭剪型高强度螺栓的垫圈安装在螺母一侧,垫圈孔有倒角的一侧应和螺母接触,不得装反 ②螺栓不能自由穿入时,不得用气割扩孔,要用绞刀绞孔,修孔时需使板层紧贴,以防铁屑进入板缝,绞孔后要用砂轮机清除孔边毛刺,并清除铁屑 ③螺栓穿入方向宜一致,穿入高强度螺栓用扳手紧固后,再卸下临时螺栓,以高强度螺栓替换。不得在雨天安装高强度螺栓,且摩擦面应处于干燥状态

①紧固扭矩和预拉力的关系可由下式表示:

$$M_K = KdP \tag{5-5}$$

式中　M_K——施加于螺母的紧固扭矩,N·m;

　　　K——扭矩系数;

　　　d——螺栓公称直径,mm;

　　　P——预拉力,kN。

②高强度螺栓紧固后,螺栓在高应力下工作,由于蠕变原因,随时间的变化,预拉力会产生一定的损失,预拉力损失在最初一天内发展较快,其后则进行缓慢。为补偿这种损失,保证其预拉力在正常使用阶段不低于设计值,在计算施工扭矩时,将螺栓设计预拉力提高10%,并以此计算施工扭矩值。

③采用扭矩法拧紧螺栓时,应对螺栓进行初拧和复拧。初拧扭矩和复拧扭矩均等于

施工扭矩的50%左右。在初拧和复拧过程中,施工顺序一般是从中间向两边或四周对称进行。

④当螺栓在工地上拧紧时,扭矩只准施加在螺母上,因为螺栓连接副的扭矩系数是制造厂在拧紧螺母时测定的。

⑤为了减少先拧与后拧的高强度螺栓预拉力的区别,一般要先用普通扳手对其初拧(不小于终拧扭矩值的50%),使板叠靠拢,然后用一种可显示扭矩值的定扭矩扳手终拧。终拧扭矩值根据预先测定的扭矩和预拉力(增加5%~10%以补偿紧固后的松弛影响)之间的关系确定,施拧时偏差不得大于±10%。此法在我国应用广泛。

(2)转角法。高强度螺栓转角法施工分为初拧和终拧两步进行。此法是用控制螺母的转角来获得规定的预拉力,因不需专用扳手,故简单有效。初拧的目的是为消除板缝影响,给终拧创造一个大体一致的基础,初拧扭矩一般以终拧扭矩的50%为宜,原则是以板缝密贴为准。转角是从初拧作出的标记线开始,再用长扳手(或电动、风动扳手)终拧1/3~2/3圈(120°~240°)。终拧角度与板叠厚度和螺栓直径等有关,可预先测定。图5-7为转角法施工示意图。

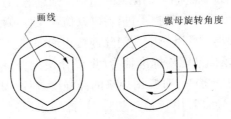

图5-7 转角法施工示意图

2.螺栓紧固

1)大六角头高强度螺栓紧固

(1)大六角头高强度螺栓全部安装就位后,可以开始紧固。紧固方法一般分两步进行,即初拧和终拧。应将全部高强度螺栓进行初拧,初拧扭矩应为标准的60%~80%,具体还要根据钢板厚度、螺栓间距等情况适当掌握。当钢板厚度较大,螺栓布置间距较大时,初拧轴力应大一些为好。

初拧紧固顺序,一般应从接头刚度大的地方向不受拘束的自由端顺序进行;或者从栓群中心向四周扩散方向进行。这是因为连接钢板翘曲不牢时,如从两端向中间紧固,有可能使拼接板中间鼓起而不能密贴,从而失去了部分摩擦传力作用。

(2)大六角头高强度螺栓施工所用的扭矩扳手,使用前必须校正,其扭矩误差不得大于±5%,合格后方准使用。校正用的扭矩扳手,其扭矩误差不得大于±3%。

(3)大六角头高强度螺栓的施工扭矩可由下式计算确定:

$$T_c = KP_c d \tag{5-6}$$

式中　T_c——施工扭矩,N·m;

　　　K——高强度螺栓连接副的扭矩系数平均值,应为0.110~0.150;

　　　P_c——高强度螺栓施工预拉力,kN,见表5-19;

　　　d——高强度螺栓杆直径,mm。

表 5-19　大六角头高强度螺栓施工预拉力　　　　　　　(单位:kN)

螺栓的性能等级	螺栓公称直径						
	M12	M16	M20	M22	M24	M27	M30
8.8S	45	75	120	150	170	225	275
10.9S	60	110	170	210	250	320	390

(4)凡是结构原因,使个别大六角头高强度螺栓穿入方向不能一致,当拧紧螺栓时,只准在螺母上施加扭矩,不准在螺杆上施加扭矩,防止扭矩系数发生变化。

(5)大六角头高强度螺栓的拧紧应分为初拧、终拧。对于大型节点应分为初拧、复拧、终拧。初拧扭矩为施工扭矩的50%左右,复拧扭矩等于初拧扭矩。

初拧或复拧后的高强度螺栓应用颜色在螺母上涂上标记,然后按(3)规定的施工扭矩值进行终拧,终拧后的高强度螺栓应用另一种颜色在螺母上涂上标记。

2)扭剪型高强度螺栓紧固

扭剪型高强度螺栓连接副紧固施工比大六角头高强度螺栓连接副紧固施工要简便得多,在正常的情况下采用专用的电动扳手进行终拧,梅花头拧掉标志着螺栓终拧的结束。

为了减少接头中螺栓群间相互影响及消除连接板面间的缝隙,紧固也要分为初拧和终拧两个步骤进行,初拧紧固到螺栓标准轴力(即设计预拉力)的60%～80%,初拧的扭矩值不得小于终拧扭矩值的30%,对常用规格的高强度螺栓(M20、M22、M24)初拧扭矩可以控制在400～600 N·m,若用转角法初拧,初拧转角控制在45°～75°,一般以60°为宜。

图5-8为扭剪型高强度螺栓紧固过程。先将扳手内套筒套入梅花头上,再轻压扳手,然后将外套筒套在螺母上;按下扳手开关,旋转外套筒,使螺母拧紧、切口拧断;关闭扳手开关,将外套筒从螺母上卸下,将内套筒中的梅花头顶出。

扭剪型高强度螺栓终拧时,应采用专用的电动扳手,在作业有困难的地方,也可采用手动扳手进行,终拧时扭剪型高强度螺栓应将梅花头拧掉。用电动扳手紧固时,螺栓尾部卡头拧断后即终拧完毕,外露螺纹不得少于2个螺距。

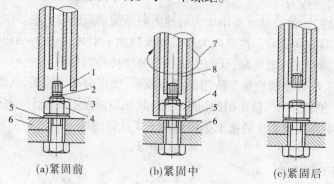

(a)紧固前　　　　(b)紧固中　　　　(c)紧固后

1—梅花头;2—断裂切口;3—螺栓;4—螺母;5—垫圈;
6—被紧固的构件;7—扳手外套筒;8—扳手内套筒

图5-8　扭剪型高强度螺栓紧固过程

对于超大型的接头还要进行复拧,初拧扭矩值为 $0.13 \times P_c \times d$ 的50%左右,可参照表5-20选用。

表5-20　初拧扭矩值

螺栓直径 $d(\text{mm})$	16	20	22	24
初拧扭矩($\text{N} \cdot \text{m}$)	115	220	300	390

5.2.6.5　螺栓防松

（1）垫放弹簧垫圈的可在螺母下面垫一开口弹簧垫圈,螺母紧固后在上下轴向产生弹性压力,可起到防松作用。为防止开口垫圈损伤构件表面,可在开口垫圈下面垫一平垫圈。

（2）在紧固后的螺母上面,增加一个较薄的副螺母,使两螺母之间产生轴向压力,同时也能增加螺栓、螺母凸凹螺纹的咬合自锁长度,达到相互制约而不使螺母松动。使用副螺母防松的螺栓,在安装前应计算螺栓的准确长度,待防松副螺母紧固后,应使螺栓伸出副螺母抓的长度不少于2个螺距。

（3）对永久性螺栓可将螺母紧固后,用电焊在螺母与螺栓的相邻位置,对称点焊3~4处或将螺母与构件相点焊。

5.2.7　高强度螺栓施工质量检验

5.2.7.1　高强度螺栓质量检验

高强度螺栓质量检验标准见表5-21。

5.2.7.2　螺栓扭矩检验

高强度螺栓连接副扭矩检验含初拧、复拧、终拧扭矩的现场无损检验。检验所用的扭矩扳手的扭矩精度误差应不大于3%。

高强度螺栓连接副扭矩检验分扭矩法检验和转角法检验两种,原则上检验法与施工法应相同。扭矩检验应在施拧后1~48 h内完成。

（1）扭矩法检验。在螺尾端头和螺母相对位置画线,将螺母退回60°左右,用扭矩扳手测定拧回至原来位置时的扭矩值。该扭矩值与施工扭矩值的偏差在10%以内为合格。如发现不符合要求的,应重新抽样10%检查,如仍是不合格的,是欠拧、漏拧的,应该重新补拧,是超拧的应予更换螺栓。

（2）转角法检验。转角法检验应符合以下要求:

①检查初拧后在螺母与相对位置所画的终拧起始线和终止线所夹的角度是否达到规定值。

②在螺尾端头和螺母相对位置画线,然后全部拧松螺母,再按规定的初拧扭矩和终拧角度重新拧紧螺栓,观察与原画线是否重合。终拧转角偏差在10°以内为合格。

（3）扭剪型高强度螺栓施工扭矩检验。观察尾部梅花头拧掉情况,被拧掉者视同其终拧扭矩达到合格质量标准;未被拧掉者应按上述扭矩法或转角法检验。

5.2.7.3　质量检验和质量记录

高强度螺栓连接质量检验和质量记录见表5-22中的内容。

表 5-21　高强度螺栓质量检验标准

项目	大六角头高强度螺栓	扭剪型高强度螺栓
主控项目	①大六角头高强度螺栓连接副的规格和技术条件,应符合设计要求和现行国家标准《钢结构用大六角头高强度螺栓、大六角螺母、垫圈技术条件》(GB/T 1231—2006)的规定 检验方法:逐批检查质量证明书和出厂检验报告 ②高强度螺栓连接面的抗滑移系数,必须符合设计要求 检验方法:检查构件加工单位的抗滑移系数试验报告,检查施工现场抗滑移系数的复验报告。施工现场的试件应与钢构件摩擦面同时生产,同环境条件下保存,以保证试验数据的可靠。摩擦系数试件一般做三组,取其平均值 ③大六角头高强度螺栓连接副应进行扭矩系数复验,其结果应符合现行国家标准《钢结构用大六角头高强度螺栓、大六角螺母、垫圈技术条件》(GB/T 1231—2006)的规定 检验方法:检查扭矩系数复验报告,复验用螺栓应在施工现场待安装的螺栓批中随机抽取,每批应抽取 8 套连接副进行复验。其结果应符合以下要求:每组 8 套连接副扭矩系数的平均值为 0.110～0.150,标准偏差小于或等于 0.010 ④大六角头高强度螺栓连接摩擦面的表面应平整,不得有飞边、毛刺、焊接飞溅物、焊疤、氧化铁皮、污垢和不需要有的涂料等 检验方法:观察检查 ⑤紧固大六角头高强度螺栓所采用的扭矩扳手应定期标定,螺栓初拧符合《钢结构工程施工质量验收规范》(GB 50205—2001)的规定后,方可进行终拧 检验方法:检查扭矩扳手标定记录和螺栓施工记录 ⑥大六角头高强度螺栓应自由穿入螺栓孔,不得强行敲打 检验方法:观察检查	①高强度螺栓的型式、规格和技术条件必须符合设计要求及有关《钢结构用扭剪型高强度螺栓连接副》(GB/T 3632—2008)的规定。检查质量证明书及出厂检验报告。复验螺栓预拉力符合规定后方准使用 ②连接面的摩擦系数(抗滑移系数)必须符合设计要求。表面严禁有氧化铁皮、毛刺、飞溅物、焊疤、涂料和污垢等,检查摩擦系数试件试验报告及现场试件复验报告 ③初拧扭矩扳手应定期标定。高强度螺栓初拧、终拧必须符合施工规范及设计要求,检查标定记录及施工记录
一般项目	①外观质量:合格螺栓穿入方向基本一致,外露长度不应少于 2 扣 优良:螺栓穿入方向一致,外露长度不应少于 2 扣,露长均匀 检查数量:按节点数抽查 5%,但不少于 10 个节点 检验方法:观察检查 ②扭矩法施工的大六角头高强度螺栓终拧质量 合格:螺栓的终拧扭矩经检查初拧或更换螺栓后,符合现行标准《钢结构工程施工质量验收规范》(GB 50205—2001)的规定 优良:螺栓的终拧扭矩经检查一次即符合国家现行标准《钢结构工程施工质量验收规范》(GB 50205—2001)的规定 检查数量:按节点数抽查 10%,抽查不应少于 10 个节点;每个被抽查节点按螺栓数抽查 10%,但不应少于 2 个 当发现终拧扭矩不符合上述现行国家标准时,应扩大抽查该节点螺栓数的 20%。当仍有不合格时,应将该节点内螺栓全数检查	①外观检查:螺栓穿入方向应一致,丝扣外露长度不少于 2 扣 ②扭剪型高强度螺栓尾部卡头终拧后应全部拧掉 ③摩擦面间隙符合施工规范的要求

表 5-22　高强度螺栓连接质量检验和质量记录

内容	大六角头高强度螺栓连接	扭剪型高强度螺栓连接
螺栓连接质量检验	①用 0.3 kg 小锤敲击法,对高强度螺栓进行普查,防止漏拧 ②进行扭矩检查,随机抽查每个节点螺栓数的 10%,但不少于 1 个连接副 ③扭矩检查应在终拧 1 h 以后进行,并且应在 24 h 以内检查完毕 ④用塞尺检查连接板之间间隙,当间隙超过 1 mm 时,必须要重新处理 ⑤检查大六角头高强度螺栓穿入方向是否一致,检查垫圈方向是否正确	①扭剪型高强度螺栓应全部拧掉尾部梅花头为终拧结束,不准遗漏。但个别部位的螺栓无法使用专用扳手,则按相同直径的大六角头高强度螺栓检验方法进行 ②扭剪型高强度螺栓施拧必须进行初(复)拧和终拧才行,初(复)拧后应做好标志。此标志是为了检查螺母转角量及有无共同转角量或螺栓空转的现象产生之用,应引起重视 ③不能用专用扳手操作时,扭剪型高强度螺栓应按大六角头高强度螺栓用扭矩法施工。终拧结束后,检查漏拧、欠拧宜用 0.3 ~ 0.5 kg 重的小锤逐个敲检,如发现有欠拧、漏拧应补拧;超拧应更换。检查时应将螺母回退 30° ~ 50°,再拧至原位,测定终拧扭矩值,其偏差不得大于 ±10%,已终拧合格的做出标记
质量记录	①大六角头高强度螺栓的出厂合格证 ②大六角头高强度螺栓的复验证明 ③高强度螺栓的初拧、终拧扭矩值 ④施工用扭矩扳手的检查记录 ⑤施工质量检查验收记录	①高强度螺栓、螺母、垫圈组成的连接副的出厂质量证明、出厂检验报告 ②高强度螺栓预拉力复验报告 ③摩擦面抗滑移系数(摩擦系数)试验及复验报告 ④扭矩扳手标定记录 ⑤设计变更、洽商记录。施工检查记录

5.2.7.4　高强度螺栓成品保护和应注意的质量问题

高强度螺栓成品保护和施工过程应注意的质量问题见表 5-23 的要求。

表 5-23　高强度螺栓成品保护和应注意的质量问题

内容	大六角头高强度螺栓	扭剪型高强度螺栓
成品保护	①已经终拧的大六角头高强度螺栓应做好标记 ②已经终拧的节点和摩擦面应保持清洁整齐,防止油、尘土污染 ③已经终拧的节点应避免过大的局部撞击和氧 - 乙炔烘烤	①结构防腐区段(如酸洗车间)应在连接板缝、螺头、螺母、垫圈周边涂抹防腐腻子(如过氯乙烯腻子)封闭,面层防腐处理与该区钢结构相同 ②结构防锈区段应在连接板缝、螺头、螺母、垫圈周边涂快干红丹漆封闭,面层防锈处理与该区钢结构相同

内容	大六角头高强度螺栓	扭剪型高强度螺栓
应注意的质量问题	①高强度螺栓的安装施工应避免在雨雪天气进行,以免影响施工质量 ②大六角头高强度螺栓连接副应该当天使用当天从库房中领出,最好用多少领多少,当天未用完的高强度螺栓不能堆放在露天处,应该如数退回库房,以备第二天继续使用 ③高强度螺栓在安装过程中如需要扩孔时,一定要注意防止金属碎屑夹在摩擦面之间,一定要清理干净后才能安装	①装配面不符合要求:表面有浮锈、油污,螺栓孔有毛刺、焊瘤等,均应清理干净 ②连接板拼装不严:连接板变形,间隙大,应校正处理后再使用 ③螺栓丝扣损伤:螺栓应自由穿入螺孔,不准许强行打入 ④扭矩不准:应定期标定扳手的扭矩值,其偏差不大于5%,严格按紧固顺序操作

5.3 铆钉连接

将两个以上的零构件(一般是金属板或型钢)通过铆钉连接为一个整体的连接方法称为铆接。铆钉连接传力可靠,塑性、韧性均较好,质量容易检查。但铆钉连接要制孔打铆,费工费料,技术要求高,劳动强度大,劳动条件差,随着科学技术的发展和焊接工艺的不断提高,铆接在钢结构制品中逐步地被焊缝连接和高强度螺栓连接所代替,但目前在部分钢结构中仍被采用。

5.3.1 常用铆钉的种类

5.3.1.1 铆接的基本形式

铆接的基本形式有搭接、对接和角接三种。

(1)搭接是将板件边缘对搭在一起,用铆钉加以固定连接的结构形式,如图5-9所示。

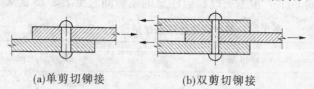

(a)单剪切铆接　　(b)双剪切铆接

图 5-9　搭接形式

(2)对接是将两条要连接的板条置于同一平面,利用盖板把板件铆接在一起。这种连接可分为单盖板式和双盖板式两种对接形式,如图5-10所示。

(3)角接是两块板件互相垂直或按一定角度,在角接外利用搭接件——角钢用铆钉固定连接的结构形式,角接时,板件上的角钢接头有一侧或两侧两种形式,如图5-11所示。

5.3.1.2 铆接的方法

铆接可分为紧固铆接、紧密铆接和固密铆接三种方法。

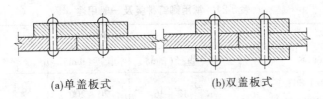

(a)单盖板式　　　　　　(b)双盖板式

图 5-10　对接形式

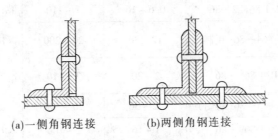

(a)一侧角钢连接　　　　(b)两侧角钢连接

图 5-11　角接形式

（1）紧固铆接也叫坚固铆接。这种铆接要求一定的强度来承受相应的载荷,但对接缝处的密封性要求较差,如房架、桥梁、起重机车辆等均属于这种铆接。

（2）紧密铆接的金属结构不能承受较大的压力,只能承受较小而均匀的载荷,但对其叠合的接缝处却要求具有高度密封性,以防泄漏,如水箱、气罐、油罐等容器均属这一类。

（3）固密铆接也叫强密铆接。这种铆接要求具有足够的强度来承受一定的载荷,其接缝处必须严密,即在一定的压力作用下,液体或气体均不得渗漏,如锅炉、压缩空气罐等高压容器的铆接。为了保证高压容器铆接缝的严密性,在铆接后,对于板件边缘连接缝和铆头周边与板件的连接缝要进行敛缝和敛钉。

5.3.1.3　常用铆钉的种类

金属零件铆接装配就是用铆钉连接金属零件的过程。铆钉是铆接结构的紧固件,常用的铆钉由铆钉头和圆柱形铆钉杆两部分组成。常用的有半圆头、平锥头、沉头、半沉头、平头、扁平头和扁圆头等。此外,还有半空心铆钉、空心铆钉等。常用铆钉种类及一般用途见表 5-24。

5.3.2　铆接参数的确定

铆钉是铆接结构的紧固件,其材料应有良好的塑性,通常采用专用钢材 ML2 和 ML3 普通碳素钢制造。用冷镦方法制成的铆钉必须经过退火处理。根据使用的要求,对铆钉要进行可锻性试验、剪切强度试验,以保证形成的铆钉头有足够的抗剪力。

5.3.2.1　铆钉直径的确定

铆接时,铆钉直径的大小和铆钉中心距离,都是依据结构件受力情况和需要的强度确定的。一般情况下,铆钉直径的确定应以板件厚度为准,而板件厚度的确定,应满足下列条件:

（1）板件搭接铆焊时,如厚度接近,可按较厚钢板的厚度计算。

（2）厚度相差较大的板件铆接,可以较薄板件的厚度为准。

（3）板料与型材铆接时,以两者的平均厚度确定。

表 5-24　常用铆钉种类及一般用途

名称	国家标准	铆钉杆尺寸		一般用途
		直径(mm)	长度(mm)	
半圆头铆钉	GB/T 863.1—86(粗制) GB/T 867—86	12 ~ 36	20 ~ 200	用于承受较大横向载荷的铆缝,如金属结构中的桥梁、桁架等,应用最广
小半圆头铆钉	GB/T 863.2—86	0.6 ~ 16	1 ~ 110	
平锥头铆钉	GB/T 864—86(粗制)	12 ~ 36	20 ~ 200	由于铆钉头大,能耐腐蚀,常常用于船壳、锅炉水箱等腐蚀强烈的场合
	GB/T 868—86	2 ~ 20	3 ~ 110	
沉头铆钉	GB/T 865—86(粗制)	12 ~ 36	20 ~ 200	用于平滑表面,且承载不大的场合
	GB/T 869—86	1 ~ 16	2 ~ 100	
半沉头铆钉	GB/T 866—86(粗制)	12 ~ 36	20 ~ 200	用于平滑表面,且承载不大的场合
	GB/T 870—86	1 ~ 16	2 ~ 100	
扁平头铆钉	GB/T 872—86	1.2 ~ 10	1.5 ~ 50	用于金属薄板或皮革、帆布、木材、塑料等的铆接

板料的总厚度(指被铆接件的总厚度),不应超过铆钉直径的 5 倍。铆钉直径与板料厚度的关系见表 5-25。

表 5-25　铆钉直径与板料厚度的关系　　　(单位:mm)

板料厚度	5 ~ 6	7 ~ 9	9.5 ~ 12.5	13 ~ 18	19 ~ 24	25 以上
铆钉直径	10 ~ 12	14 ~ 18	20 ~ 22	24 ~ 27	27 ~ 30	20 ~ 36

5.3.2.2　铆钉长度及孔径的确定

铆钉质量的好坏,与选定铆钉长度有很大关系。若铆钉杆过长,铆钉镦头就过大,铆钉杆容易弯曲;若铆钉杆过短,则形成铆钉头的量不足,铆钉头成型不完整,易出现缺陷,降低铆接的强度和紧密性。

铆钉杆长度应根据被铆接件总厚度、铆钉孔直径与铆钉工艺过程等因素来确定。常用的几种长度选择计算公式如下:

半圆头铆钉　　　　　　　　$l = 1.5d + 1.1t$

半沉头铆钉　　　　　　　　$l = 1.1d + 1.1t$

沉头铆钉　　　　　　　　　$l = 0.8d + 1.1t$

式中　l——铆钉杆长度,mm;

　　　d——铆钉直径,mm;

　　　t——被连接件总厚度,mm。

铆钉杆长度计算确定后,再通过试验,至合适时为止。一般情况下,铆钉直径与钉孔直径之间的关系见表 5-26。

· 136 ·

表5-26　铆钉直径与钉孔直径之间的关系　　　　　　　　　　（单位:mm）

铆钉直径 d		2	2.5	3	3.5	4	5	6	8	10
钉孔直径 d_0	精装配	2.1	2.6	3.1	3.6	4.1	5.2	6.2	8.2	10.3
	精装配	2.2	2.7	3.4	3.9	4.5	5.5	6.5	8.5	11
铆钉直径 d		12	14	16	18	22	24	27	30	
钉孔直径 d_0	精装配	12.4	14.5	16.5						
	精装配	13	15	17	19	23.5	25.5	28.5	32	

5.3.2.3　铆钉排列位置的确定

铆钉在构件连接处的排列形式是以连接件的强度为基础的,其排列形式有单排、双排和多排等三种。每个板件上铆钉排列的位置,在双排或多排铆钉连接时,又可分为平行式排列和交错式排列两种。其排列参数应符合下列规定:

(1)钉距。是指在一排铆钉中,相邻两个铆钉中心的距离。铆钉单行或双行排列时,其钉距 $S \geqslant 3d$(d 为铆钉杆直径)。铆钉交错式排列时,其对角距离 $c \geqslant 3.5d$,如图5-12所示。为了使板件相互连接严密,应使相邻两个铆钉孔中心的最大距离 $S \leqslant 8d$ 或 $S \leqslant 12t$(t 为板件单件厚度)。

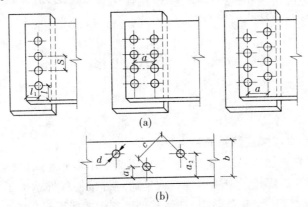

(a)

(b)

图5-12　铆钉排列的尺寸关系

(2)排距。是指相邻两排铆钉孔中心的距离,用 a 表示,一般 $a \geqslant 3d$。

(3)边距。是指外排铆钉中心至工件边缘的距离 $l_1 \geqslant 1.5d$,如图5-12(a)所示。

为使板边在铆接后不翘起来(两块板接触紧密),应使由铆钉中心到板边的最大距离 l 和 l_1 小于或等于 $4d$, l 和 l_1 小于或等于 $8t$。

各种型钢铆接时,若型钢面宽度 b 小于100 mm,可用一排铆钉,如图5-12(b)所示,图中应使 $a_1 \geqslant 1.5d+t$, $a_2 = b - 1.5d$。

5.3.3　铆接施工

5.3.3.1　铆接施工

钢结构有冷铆和热铆两种施工方法。

（1）冷铆施工。是铆钉在常温状态下进行的铆接。在冷铆时，铆钉要有良好的塑性，因此钢铆钉在冷铆前，首先要进行清除硬化、提高塑性的退火处理。手工冷铆时，首先将铆钉穿入被铆件的孔中，然后用顶把顶住铆钉头，压紧被铆件接头处，用手锤锤击伸出钉孔部分的铆钉杆端头，使其形成钉头，最后将窝头绕铆钉轴线倾斜转动，直至得到理想的铆钉头。在镦粗钉杆形成钉头时，锤击次数不宜过多，否则材质将出现冷作硬化现象，致使钉头产生裂纹。用手工冷铆时，铆钉直径通常小于 8 mm。用铆钉枪冷铆时，铆钉直径一般不超过 13 mm。用铆接机冷铆时，铆钉最大直径不能超过 25 mm。

（2）热铆施工。将铆钉加热后的铆接称为热铆，铆接时需要的外力与冷铆相比要小得多。铆钉加热后，铆钉材质的硬度降低，塑性提高，铆钉头成型容易。一般在铆钉材质塑性较差或直径较大、铆接力不足的情况下，通常采用热铆。

热铆施工的基本操作工艺过程是：修整钉孔—铆钉加热—接钉与穿钉—顶钉—铆接。

5.3.3.2　铆接质量检验

铆钉质量检验采用外观检验和敲打两种方法，外观检验主要检验外观疵病，敲打法检验是用 0.3 kg 的小锤敲打铆钉的头部，用以检验铆钉的铆合情况。

（1）铆钉头不得有丝毫跳动，铆钉的钉杆应填满钉孔，钉杆和钉孔的平均直径误差不得超过 0.4 mm，其同一截面的直径误差不得超过 0.6 mm。

（2）对于有缺陷或铆成的铆钉和外形的偏差超过规定的，应予以更换，不得采用捻塞、焊补或加热再铆等方法进行修整。

5.4　焊缝连接

5.4.1　概述

5.4.1.1　焊接的定义和焊接结构的特点

焊接是通过加热或加压，或两者并用，并且用或不用填充金属，使焊件间达到原子间结合的一种加工方法。焊接最本质的特点就是通过焊接使焊件达到了原子结合，从而将原来分开的物体构成了一个整体，这是任何其他连接形式所不具备的。

焊缝连接是现代钢结构最主要的连接方法。钢结构主要采用电弧焊，较少采用电渣焊和电阻焊等。焊缝连接的优点是对钢材从任何方位、角度和形状相交都能方便适用，一般不需要附加连接板、连接角钢等零件，也不需要在钢材上开孔，不使截面受削弱，因而构造简单，节省钢材，制造方便，并易于采用自动化操作，生产效率高。此外，焊缝连接的刚度较大，密封性较好。焊缝连接的缺点是焊缝附近钢材因焊接的高温作用而形成热影响区，其金属组织和机械性能发生变化，某些部位材质变脆；焊接过程中钢材受到不均匀的高温和冷却，使结构产生焊接残余应力和残余变形，影响结构的承载力、刚度和使用性能。焊缝连接的刚度大和材料连续是优点，但也使局部裂纹一经发生便容易扩展到整体。因此，与高强度螺栓和铆钉连接相比，焊缝连接的塑性和韧性较差，脆性较大，疲劳强度较低。此外，焊缝可能出现气孔、夹渣等缺陷，也是影响焊缝连接质量的不利因素。现场焊接的拼装定位和操作较麻烦，因而构件间的安装连接常尽量采用高强度螺栓连接，或设安装螺栓定位后再焊接。

5.4.1.2　焊接结构生产工艺过程

　　焊接结构种类繁多,其制造、用途和要求有所不同,但所有的结构都有着大致相近的生产工艺过程。图 5-13 是焊接结构生产的主要工艺过程。

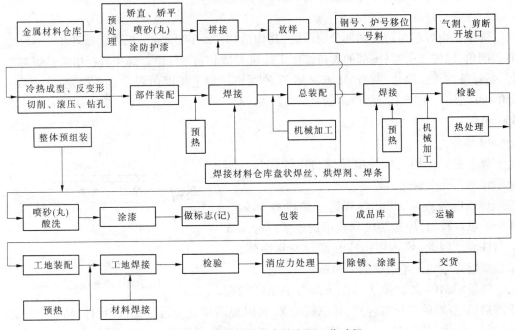

图 5-13　焊接结构生产的主要工艺过程

　　(1)生产准备。包括审查与熟悉施工图纸,了解技术要求,进行工艺分析,制定生产工艺流程、工艺文件、质量保证文件,进行工艺评定及工艺方法的确认,原材料及辅助材料的订购,焊接工艺装备的准备等。

　　(2)金属材料的预处理。包括材料的验收、分类、储存、矫正、除锈、表面保护处理、预落料等工序,以便为焊接结构生产提供合格的原材料。

　　(3)备料及成型加工。包括画线、放样、号料、下料、边缘加工、冷热成型加工、端面加工及制孔等工序,以便为装配与焊接提供合格的元件。

　　(4)装配和焊接。包括焊缝边缘清理、装配、焊接等工序。装配是将制造好的各个元件,采用适当的工艺方法,按安装施工图的要求组合在一起。焊接是指将组合好的构件,用选定的焊接方法和正确的焊接工艺进行焊接加工,使之连接成为一个整体,以便使金属材料最终变成所要求的金属结构。装配和焊接是整个焊接结构生产过程中两个最重要的工序。

　　(5)质量检验与安全评定。焊接结构生产过程中,产品质量十分重要,质量检验应贯穿于生产的全过程,全面质量管理必须明确三个基本观点,以此来指导焊接生产的检验工作。一是树立下道工序是用户、工作对象是用户、用户第一的观点;二是树立预防为主、防检结合的观点;三是树立质量检验是全企业每个员工本职工作的观点。

5.4.2 焊接材料

5.4.2.1 焊条

涂有药皮的焊条既作为电极传导电流而产生电弧,为焊接提供所需热量;又在熔化后作为填充金属与熔化的焊件金属熔合,凝固后形成焊缝。

1. 焊条的组成

焊条是由焊芯与药皮两部分组成的,其构造如图 5-14 所示。焊条前端药皮有 45°左右的倒角,以便于引弧;尾部的夹持端用于焊钳夹持并利于导电。焊条直径指的是焊芯直径,是焊条的重要尺寸,共有 $\phi1.6 \sim \phi8$ 八种规格。焊条长度由焊条直径而定,在 200 ~ 650 mm 之间。生产中应用最多的是 $\phi3.2$、$\phi4$、$\phi5$ 三种,长度分别为 350 mm、400 mm 和 450 mm。

1)焊芯

焊芯主要作用是传导电流维持电弧燃烧和熔化后作为填充金属进入焊缝。

焊条电弧焊时,焊芯在焊缝金属中占 50% ~ 70%。可以看出,焊芯的成分直接决定了焊缝的成分与性能。因此,焊芯用钢应是经过特殊冶炼,并单独规定牌号与技术条件的专用钢。

焊条用钢的化学成分与普通钢的主要区别在

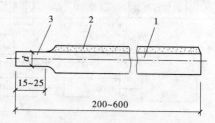

1—焊芯;2—药皮;3—夹持端

图 5-14 焊条组成

于严格控制磷、硫杂质的含量,并限制碳含量,以提高焊缝金属的塑性、韧性,防止产生焊接缺陷。《焊接用钢盘条》(GB/T 3429—2002)中规定了焊条用钢的牌号、化学成分等内容;《熔化焊用钢丝》(GB/T 14957—1994)中规定了焊丝的品种与技术条件。焊接用钢丝分为碳素结构钢、合金结构钢和不锈钢三类,共 44 个品种,见表 5-27。

表 5-27 常用焊丝的牌号

钢种	牌号	代号
合金结构钢	焊 10 锰 2	H10Mn2
	焊 08 锰 2 硅	H08Mn2Si
	焊 10 锰硅	H10MnSi
	焊 08 锰钼高	H08MnMoA
	焊 08 锰 2 钼钒高	H08Mn2MoVA
	焊 08 铬钼高	H08CrMoA
不锈钢	焊 1 铬 5 钼	H1Cr5Mo
	焊 1 铬 13	H1Cr13
	焊 0 铬 19 镍 9	H0Cr19Ni9
	焊 0 铬 19 镍 9 钛	H0Cr19Ni9Ti
	焊 1 铬 25 镍 13	H1Cr25Ni13

钢种	牌号	代号
碳素结 构钢	焊 08	H08
	焊 08 高	H08A
	焊 08 锰	H08Mn
	焊 15 高	H15A

常用的碳钢与低合金钢焊条一般采用低碳钢焊丝做焊芯,分为 H08、H08A 和 H08E 三个质量等级。牌号中 H(读"焊")表示焊条用钢,08 表示碳含量 $W_c \leqslant 0.10\%$,A(高)、E(特)则表示不同的质量等级,三种焊丝的化学成分见表 5-28。

表 5-28　低碳钢焊丝的化学成分(GB/T 3429—2002)　　　　　　(%)

牌号	化学成分							
	C	Mn	S	P	Si	Cr	Ni	Cu
H08			≤0.040	≤0.040	≤0.030	≤0.20	≤0.30	≤0.20
H08A	≤0.10	0.30 ~ 0.55	≤0.030	≤0.030				
H08E			≤0.025					

2)药皮

药皮是指压涂在焊芯表面上的涂料层。根据药皮组成物在焊接过程中所起的作用,可将其分为稳弧剂、脱氧剂、造渣剂、造气剂、合金剂、稀释剂、黏结剂与成型剂八类。

2.焊条的分类、型号

1)焊条的分类

焊条按用途可分为碳钢焊条、低合金钢焊条、不锈钢焊条、堆焊焊条、铸铁焊条、镍及镍合金焊条、铜及铜合金焊条、铝及铝合金焊条、特殊用途焊条等 9 种。

2)焊条型号

按《碳钢焊条》(GB/T 5117—1995),《低合金钢焊条》(GB/T 5118—1995)规定,碳钢焊条的型号根据熔敷金属的抗拉强度、药皮类型、焊接位置和焊接电流种类划分,以字母 E 后加四位数字表示,即 E×××× ,见表 5-29 ~ 表 5-31。

表 5-29　碳钢和低合金钢焊条型号编制方法

E	××	××	后缀字母	元素符号
焊条	熔敷金属抗 拉强度最小值 (MPa)	焊接电流的种类及药皮类型,见表 5-30	熔敷金属化 学成分分类代 号见表 5-31	附加化学成分的 元素符号
		"0"、"1"适用于全位置焊,"2"适用于 平焊及平角焊,"4"适用于立向下焊		

表5-30　碳钢和低合金钢焊条型号的第三、四位数字组合的含义

焊条型号	药皮类型	焊接位置	电流种类	焊条型号	药皮类型	焊接位置	电流种类
E××00	特殊型钛	平、立、横、仰	交流或直流正、反接	E××20	氧化铁型	平焊、平角焊	交流或直流正、反接
E××01	钛铁矿型			E××22			
E××03	钛钙型						
E××10	高纤维钠型		直流反接	E××23	铁粉钛钙型		
E××11	高纤维钾型		交流或直流反接	E××24	铁粉钛型		
E××12	高钛钠型		交流或直流正接	E××28	铁粉低氢型	平、立、横、仰	交流或直流反接
E××13	高钛钾型		交流或直流正、反接	E××48			
E××14	铁粉钛型			E××16	低氢钾型	平、立、横、仰	交流或直流反接
E××15	低氢钠型		直流反接	E××18	铁粉低氢型		

表5-31　焊条熔敷金属化学成分的分类

焊条型号	分类	焊条型号	分类
E××××-A1	碳钼钢焊条	E××××-NM	镍钼钢焊条
E××××-B1~5	铬钼钢焊条	E××××-D1~3	锰钼钢焊条
E××××-C1~3	镍钢焊条	E××××-G、M、M1、W	所有其他低合金钢焊条

完整的焊条型号举例如下：

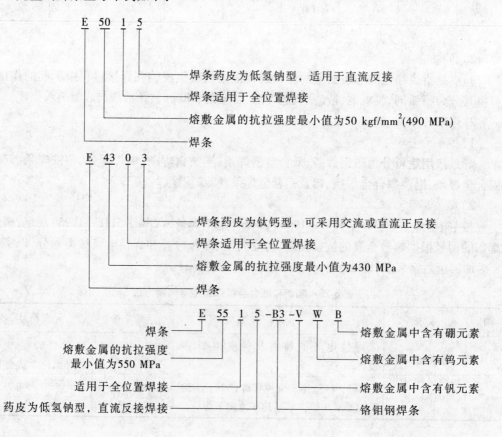

· 142 ·

3. 焊条选用原则

（1）等强度原则。对于承受静载或一般载荷的工件或结构，通常选用抗拉强度与母材相等的焊条。例如，当钢材为 Q235 - A、Q235 - B 时采用碳钢焊条中的 E4303 型；当为 Q345 钢时，采用碳钢焊条中的 E5003 型。

（2）同等性能原则。在特殊环境下工作的结构如要求具有耐磨、耐腐蚀、耐高温或低温等较高的力学性能，则应选用能保证熔敷金属的性能与母材相近或相近似的焊条。如焊接不锈钢时，应选用不锈钢焊条。

（3）等条件原则。根据工件或焊接结构的工作条件和特点选择焊条。如焊件需要承受动荷载或冲击荷载的工件，应选用熔敷金属冲击韧性较高的低氢型碱性焊条；反之，焊一般结构时，应选用酸性焊条。

5.4.2.2 焊剂

埋弧焊时，能够熔化形成熔渣和气体，对熔化金属起保护并进行复杂的冶金反应的一种颗粒状物质称为焊剂。

1. 碳素钢埋弧焊用焊剂型号

按照《埋弧焊用碳钢焊丝和焊剂》（GB/T 5293—1999）标准，$FX_1X_2X_3 - H \times \times \times$ 焊剂的表示方法如下：

"F"表示埋弧焊用焊剂。

第一位数字"X_1"表示焊丝 - 焊剂组合的熔敷金属抗拉强度的最小值，见表 5-32。

第二位数字"X_2"表示试件的处理状态，"A"表示焊态，"P"表示焊后热处理状态。

第三位数字"X_3"表示熔敷金属冲击吸收功不小于 27 J 时的最低试验温度，见表 5-33。

$H \times \times \times$ 表示焊丝的牌号，焊丝的牌号按 GB/T 14957—1994 规定。

表 5-32 熔敷金属拉伸试验结果（第一位数字"X_1"含义）

焊剂型号	抗拉强度 σ_b（MPa）	屈服点 σ_s（MPa）	伸长率 δ（%）
$F4X_2X_3 - H \times \times \times$	415 ~ 550	≥330	≥22
$F5X_2X_3 - H \times \times \times$	480 ~ 650	≥400	≥22

表 5-33 熔敷金属冲击试验结果（第三位数字"X_3"含义）

焊剂型号	试验温度（℃）	冲击吸收功（J）	焊剂型号	试验温度（℃）	冲击吸收功（J）
$F X_1 X_2 0 - H \times \times \times$	0		$F X_1 X_2 4 - H \times \times \times$	-40	
$F X_1 X_2 2 - H \times \times \times$	-20	≥27	$F X_1 X_2 5 - H \times \times \times$	-50	≥27
$F X_1 X_2 3 - H \times \times \times$	-30		$F X_1 X_2 6 - H \times \times \times$	-60	

例如，F5A4 - H08MnA，表示这种埋弧焊焊剂采用 H08MnA 焊丝，按本标准所规定的焊接参数焊接试板，其试样状态为焊态时的焊缝金属抗拉强度为 480 ~ 650 MPa，屈服点不小于 400 MPa，伸长率不小于 22%，在 -40 ℃时熔敷金属冲击吸收功不小于 27 J。

2. 低合金钢埋弧焊用焊剂型号

按照《埋弧焊用低合金钢焊丝和焊剂》（GB/T 12470—2003）标准，$FXX_1 X_2 X_3 - H \times \times \times$焊剂的表示方法如下：

"F"表示埋弧焊用焊剂。

第一位数字"XX_1"表示焊丝-焊剂组合的熔敷金属抗拉强度的最小值，见表 5-34。

第二位数字"X_2"表示试件的处理状态，"A"表示焊态，"P"表示焊后热处理状态，见表 5-35。

第三位数字"X_3"表示熔敷金属冲击吸收功不小于 27 J 时的最低试验温度，见表 5-36。

表 5-34　熔敷金属拉伸试验结果（第一位数字"XX_1"含义，表中单值均为最小值）

焊剂型号	抗拉强度 σ_b（MPa）	屈服强度 $\sigma_{0.2}$ 或屈服点 σ_s（MPa）	伸长率 δ（%）
$F48X_2X_3 - H \times \times \times$	480 ~ 660	400	22
$F55X_2X_3 - H \times \times \times$	550 ~ 770	470	20
$F62X_2X_3 - H \times \times \times$	620 ~ 760	540	17
$F69X_2X_3 - H \times \times \times$	690 ~ 830	610	16
$F76X_2X_3 - H \times \times \times$	760 ~ 900	680	15
$F83X_2X_3 - H \times \times \times$	830 ~ 970	740	14

表 5-35　试样焊后的状态

焊剂型号	试样的状态
$FXX_1AX_3 - H \times \times \times$	焊态下测试的力学性能
$FXX_1PX_3 - H \times \times \times$	经热处理后测试的力学性能

表 5-36　熔敷金属冲击试验结果（第三位数字"X_3"含义）

焊剂型号	试验温度（℃）	冲击吸收功（J）	焊剂型号	试验温度（℃）	冲击吸收功（J）
$F\,XX_1X_2\,0 - H \times \times \times$	0		$F\,XX_1X_2\,5 - H \times \times \times$	-50	
$F\,XX_1X_2\,2 - H \times \times \times$	-20	≥27	$F\,XX_1X_2\,6 - H \times \times \times$	-60	≥27
$F\,XX_1X_2\,3 - H \times \times \times$	-30		$F\,XX_1X_2\,7 - H \times \times \times$	-70	
$F\,XX_1X_2\,4 - H \times \times \times$	-40		$F\,XX_1X_2\,10 - H \times \times \times$	-100	
$F\,XX_1X_2\,Z - H \times \times \times$	不要求				

5.4.2.3　焊丝

1. 焊丝的分类

（1）按被焊的材料性质分有碳钢焊丝、低合金钢焊丝、不锈钢焊丝、铸铁焊丝和有色金属焊丝等。

（2）按使用的焊接工艺方法分为埋弧焊用焊丝、气体保护焊用焊丝、电渣焊用焊丝、堆焊用焊丝和气焊用焊丝等。

（3）按不同的制造方法分为实芯焊丝和药芯焊丝两大类，其中药芯焊丝又分为气体保护焊丝和自保护焊丝两种。

2. 焊丝型号

根据 GB/T 8110—1995 标准，气体保护焊用碳钢、低合金钢焊丝（实芯）型号 ERXX－X 的表示方法如下：

"ER"表示焊丝。

"XX－"表示熔敷金属抗拉强度的最小值。

"X"字母或数字表示焊丝化学成分的分类代号；如还有其他化学成分，直接用元素符号表示，并以短线"－"隔开。

焊丝型号举例：ER55－B2－Mn 的"ER"表示焊丝；"55"表示熔敷金属抗拉强度的最小值为 550 MPa；"B2"表示焊丝化学成分的分类代号；"Mn"表示焊丝中含有锰元素。

5.4.2.4 焊接材料的正确使用和保管

1. 焊条储存与保管

（1）焊条必须在干燥、通风良好的室内仓库中存放，焊条储存库内不允许放置有害气体和腐蚀性介质。室内应保持整洁，应设有温度计、湿度计和去湿机。库房的温度与湿度必须符合表 5-37 的要求。

表 5-37　库房温度与湿度的关系

气温（℃）	>5～20	20～30	>30
相对湿度	60% 以下	50% 以下	40% 以下

（2）库内无地板时，焊条应存放在架子上，架子离地面高度不小于 300 mm，离墙壁距离不小于 300 mm。架子下应放置干燥剂，严防焊条受潮。

（3）焊条堆放时应按种类、牌号、批次、规格、入库时间分类堆放。每垛应有明确标注，避免混乱。

（4）焊条在供给使用单位之后至少 6 个月之内可保证使用，入库的焊条应做到先入库的先使用。

（5）特种焊条储存与保管应高于一般性焊条，应堆放在专用仓库或指定的区域，受潮或包装破损的焊条未经处理不许入库。

（6）对于受潮、药皮变色、焊芯有锈迹的焊条，须经烘干后进行质量评定，当各项性能指标满足要求时方可入库，否则不准入库。

（7）一般焊条出库量不能超过两天用量，已经出库的焊条焊工必须保管好。

2. 焊条的烘干与使用

（1）发放使用的焊条必须有质量保证书和复验合格证。

（2）焊条在使用前，如果焊条使用说明书无特殊规定，一般都应进行烘干。酸性焊条视受潮情况和性能要求，在 75～150 ℃烘干 1～2 h；碱性低氢型结构钢焊条应在 350～

400 ℃烘干1~2 h,烘干的焊条应放在100~150 ℃保温箱(筒)内,随取随用,使用时注意保持干燥。

(3)根据《焊接材料质量管理规程》(JB/T 3223—1996)规定,低氢型焊条一般在常温下超过4 h,应重新烘干,重复烘干次数不宜超过3次。

(4)烘干焊条时,禁止将焊条突然放进高温炉内,或从高温炉中突然取出冷却,防止焊条骤冷骤热而产生药皮开裂脱皮现象。

(5)焊条烘干时应作记录,记录上应有牌号、批号、温度、时间等项内容。

(6)焊工领用焊条时,必须根据产品要求填写领用单,其填写项目应包括生产工号、产品图号、被焊工件钢号、领用焊条的牌号、规格、数量及领用时间等,并作为下班时回收剩余焊条的核查依据。

(7)防止焊条牌号用错,除建立焊接材料领用制度外,还应相应建立焊条头回收制,以防剩余焊条散失生产现场。应规定剩余焊条数量和回收焊条头数量的总和,应与领用的数量相符。

3.焊剂的正确使用和保管

对储存库房的条件和存放要求,基本与焊条的要求相似,不过应特别注意防止焊剂在保存中受潮,搬运时防止包装破损,对烧结焊剂更应注意防止存放中的受潮及颗粒的破碎。

焊剂使用时注意事项如下:

(1)焊剂使用前必须进行烘干,烘干要求见表5-38。

表5-38 焊剂烘干温度与要求

焊剂类型	烘干温度 (℃)	烘干时间 (h)	烘干后在大气中 允许放置时间(h)
熔炼焊剂(玻璃状)	150~350	1~2	12
熔炼焊剂(薄石状)	200~350	1~2	12
烧结焊剂	200~350	1~2	5

(2)烘干时焊剂厚度要均匀且不得大于30 mm。

(3)回收焊剂须经筛选、分类,去除渣壳、灰尘等杂质,再经烘干与新焊剂按比例(一般回用焊剂不得超过40%)混合使用,不得单独使用。

(4)回收焊剂中粉末含量不得大于5%,回收使用次数不得多于3次。

4.焊丝的正确使用和保管

焊丝对储存库房的条件和存放要求,也基本与焊条相似。

焊丝的储存,要求保持干燥、清洁和包装完整;焊丝盘、焊丝捆内焊丝不应紊乱、弯折和呈波浪形;焊丝末端应明显易找。

焊丝使用前必须除去表面的油、锈等污物,领取时进行登记,随用随领,焊接场地不得存放多余焊丝。

5.保护气体的正确使用和保管

作为焊接过程中使用的保护气体,主要是氩和二氧化碳,其他尚有氮、氢、氧、氦等。

由于储存这些气体的气瓶,其工作压力可高达 15 MPa,属于高压容器,因此对它们的使用、储存和运输都有严格的规定。

1)气瓶的储存与保管

(1)储存气瓶的库房建筑应符合《建筑设计防火规范》(GB 50016—2006)的规定,应为一层建筑,其耐火等级不低于二级,库内温度不得超过 35 ℃,地面必须平整、耐磨、防滑。

(2)气瓶储存库房应没有腐蚀性气体,应通风、干燥,不受日光曝晒。

(3)气瓶储存时,应旋紧瓶帽,放置整齐,留有通道,妥善固定;立放时应设栏杆固定以防跌倒;卧放时,应防滚动,头部应朝向一方,且堆放高度不得超过 5 层。

(4)空瓶与实瓶、不同介质的气体气瓶,必须分开存放,且有明显标志。

(5)对于氧气瓶与氢气瓶必须分室储存,在其附近应设有灭火器材。

2)气瓶的使用

(1)禁止碰撞、敲击,不得用电磁起重机等搬运。

(2)气瓶不得靠近热源,离明火距离不得小于 10 m,气瓶不得"吃光用尽",应留有余气,应直立使用,应有防倒固定架。

(3)氧气瓶使用时不得接触油脂,开启瓶阀应缓慢,头部不得面对减压阀。

(4)夏天要防止日光曝晒。

5.4.3 常用焊接方法介绍

5.4.3.1 焊条电弧焊

焊条电弧焊是最常用的熔焊方法之一。焊条电弧焊构成如图 5-15 所示。在焊条末端和工件之间燃烧的电弧所产生的高温使药皮、焊芯和焊件熔化,药皮熔化过程中产生的气体和熔渣,不仅使熔池与电弧周围的空气隔绝,而且和熔化了的焊芯、母材发生一系列冶金反应,使熔池金属冷却结晶后形成符合要求的焊缝。

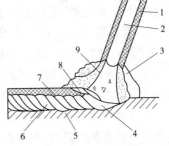

1—药皮;2—焊芯;3—保护气;
4—熔池;5—母材;6—焊缝;
7—渣壳;8—熔渣;9—熔滴

图 5-15　焊条电弧焊构成示意

1.焊条电弧焊的特点

1)焊条电弧焊的优点

(1)设备简单,维护方便,焊条电弧焊可用交流弧焊机或直流弧焊机进行焊接,这些设备都比较简单,购置设备的投资少,而且维护方便,这是它应用广泛的原因之一。

(2)灵活操作在空间任意位置的焊缝,凡焊条能够达到的地方都能进行焊接。

(3)应用范围广,选用合适的焊条可以焊接低碳钢、低合金高强度钢、高合金钢及有色金属。不仅可焊接同种金属、异种金属,还可以在普通钢上堆焊具有耐磨、耐腐蚀、高硬度等特殊性能的材料。

2)焊条电弧焊的缺点

(1)对焊工要求高。焊条电弧焊的焊接质量,除靠选用合适的焊条、焊接参数及焊接设备外,还要靠焊工的操作技术和经验保证,在相同的工艺设备条件下,技术水平高、经验丰富的焊工能焊出优良的焊缝。

（2）劳动条件差。焊条电弧焊主要靠焊工的手工操作控制焊接的全过程,焊工不仅要完成引弧、运条、收弧等动作,而且要随时观察熔池,根据熔池情况,不断地调整焊条角度、摆动方式和幅度,以及电弧长度等。整个焊接过程中,焊工手脑并用、精神高度集中,在有毒的烟尘及金属和金属氧氮化合物的蒸汽、高温环境中工作,劳动条件是比较差的,要加强劳动保护。

（3）生产效率低。焊材利用率不高,熔敷率低,难以实现机械化和自动化生产,故生产效率低。

2. 焊条电弧焊工艺

1）焊前准备

焊前准备主要包括坡口的制备、欲焊部位的清理、焊条焙烘、预热等。因焊件材料不同等因素,焊前准备工作也不相同。下面以碳钢及普通低合金钢为例加以说明。

（1）坡口的制备,应根据焊件的尺寸、形状与本厂的加工条件综合考虑。目前工厂中常用剪切、气割、刨边、车削、碳弧气刨等方法制备坡口。

（2）欲焊部位的清理,对于焊接部位,焊前要清除水分、铁锈、油污、氧化皮等杂物,以利于获得高质量的焊缝。清理时,可根据被清物的种类及具体条件,分别选用钢丝刷刷、砂轮磨或喷丸处理等手工或机械方法,也可用除油剂（汽油、丙酮）清洗的化学方法,必要时,也可用氧－乙炔焰烘烤清理的办法,以去除焊件表面油污和氧化皮。

（3）焊条焙烘,焊条的焙烘温度因药皮类型不同而异,应按焊条说明书的规定进行。低氢型焊条的焙烘温度为 $300 \sim 350$ ℃,其他焊条为 $70 \sim 120$ ℃。温度低了,达不到去除水分的目的;温度过高,容易引起药皮开裂,焊接时成块脱落,而且药皮中的组成物会分解或氧化,直接影响焊接质量。焊条焙烘一般采用专用的烘箱,应遵循使用多少烘多少,随烘随用的原则,烘后的焊条不宜在露天放置过久,可放在低温烘箱或专用的焊条保温筒内。

（4）焊前预热,是指焊接开始前对焊件的全部或局部进行加热的工艺措施。预热的目的是降低焊接接头的冷却速度,以改善组织,减小应力,防止焊接缺陷。

焊件是否需要预热及预热温度的选择,要根据焊件材料、结构的形状与尺寸而定。整体预热一般在炉内进行;局部预热可用火焰加热、工频感应加热或红外线加热。

2）焊接参数的选择

焊接时,为保证焊接质量而选定的诸物理量,如焊接电流、电弧电压和焊接速度等总称为焊接工艺参数。

（1）焊条直径的选择。为了提高生产效率,应尽可能地选用直径较大的焊条。但用直径过大的焊条焊接,容易造成未焊透或焊缝成型不良等缺陷。选用焊条直径应考虑焊件的位置及厚度。平焊位置或厚度较大的焊件应选用直径较大的焊条,较薄焊件应选用直径较小的焊条。焊条直径与焊件厚度的关系见表 5-39。另外,在焊接同样厚度的 T 形接头时,选用的焊条直径应比对接接头的焊条直径大些。

表 5-39　焊条直径与焊件厚度的关系　　　　　　　　（单位:mm）

焊件厚度	2	3	4 ~ 5	6 ~ 12	>13
焊条直径	2	3.2	3.2 ~ 4	4 ~ 5	4 ~ 6

（2）焊接电流的选择。在选择焊接电流时，要考虑的因素很多，如焊条直径、药皮类型、焊件厚度、接头类型、焊接位置、焊道层次等。一般情况，焊条直径越粗，熔化焊条所需的热量越大，则需要的焊接电流越大，每种直径的焊条都有一个最合适的焊接电流范围。常用焊条焊接电流的参考值见表 5-40。

表 5-40　各种直径焊条使用焊接电流的参考值

焊条直径（mm）	1.6	2.0	2.5	3.2	4.0	5.0	5.8
焊接电流（A）	0～25	40～65	50～80	100～130	160～210	200～270	260～300

还可以根据选定的焊条直径用经验公式计算焊接电流，即

$$I = 10d^2$$

式中　I——焊接电流，A；

　　　d——焊条直径，mm。

通常在焊接打底焊道时，特别是在焊接单面焊双面成型的焊道时，使用的焊接电流较小，才便于操作和保证背面焊道的质量；在焊接填充焊道时，为了提高效率，保证熔合好，通常都使用较大的焊接电流；而在焊接盖面焊道时，为防止咬边和获得较美观的焊道，使用的焊接电流应稍小些。

（3）电弧电压的选择。电弧电压主要影响焊缝的宽窄，电弧电压越高，焊缝越宽，因为焊条电弧焊时，焊缝宽度主要靠焊条的横向摆动幅度来控制，因此电弧电压的影响不明显。

在一般情况下，电弧长度等于焊条直径的 1/2～1 倍，相应的电弧电压为 16～25 V。碱性焊条的电弧长度应为焊条直径的 1/2，酸性焊条的电弧长度应等于焊条直径。

（4）焊接速度的选择。焊接速度就是单位时间内完成焊缝的长度。焊条电弧焊时，在保证焊缝具有所要求的尺寸和外形，保证熔合良好的原则下，焊接速度由焊工根据具体情况灵活掌握。

（5）焊接层数的选择。在厚板焊接时，必须采用多层焊或多层多道焊。多层焊的前一条焊道对后一条焊道起预热作用，而后一条焊道对前一条焊道起热处理作用（退火和缓冷），有利于提高焊缝金属的塑性和韧性。每层焊道厚度不能大于 4～5 mm。

5.4.3.2　CO_2 气体保护焊

1. CO_2 气体保护焊的基本原理

CO_2 气体保护焊的工作原理如图 5-16 所示。

焊接时，在焊丝与焊件之间产生电弧；焊丝自动送进，被电弧熔化形成熔滴，并进入熔池；CO_2 气体经喷嘴喷出，包围电弧和熔池，起着隔离空气和保护焊接金属的作用。同时，CO_2 气体还参与冶金反应，在高温下的氧化性有助于减少焊缝中的氢。但是其高温下的氧化性也有不利之处，焊接时，需采用含有一定量脱氧剂的焊丝或采用带有脱氧剂成分的药芯焊丝，使脱氧剂在焊接过程中进行冶金脱氧反应，以消除 CO_2 气体氧化作用的不利影响。CO_2 气体保护焊按操作方式，可分为自动焊和半自动焊。

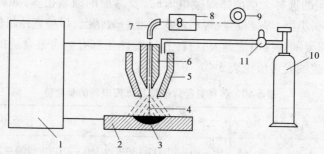

1—焊接电源;2—焊件;3—熔池;4—CO₂气体;5—气体喷嘴;6—导电嘴;

7—软管;8—送丝机;9—焊丝盘;10—CO₂气瓶;11—气体流量计

图 5-16 CO_2 气体保护焊的工作原理示意图

2. CO_2 气体保护焊的特点

1) CO_2 气体保护焊的优点

(1) CO_2 气体保护焊电流密度大,热量集中,电弧穿透力强,熔深大且焊丝的熔化率高,熔敷速度快,焊后焊渣少,不需清理,因此生产率可比手工焊提高 1 ~ 4 倍。

(2) CO_2 气体和焊丝的价格比较便宜,对焊前生产准备要求低,焊后清渣和校正所需的工时也少,而且电能消耗少,因此成本比焊条电弧焊和埋弧焊低,通常只有埋弧焊和焊条电弧焊的 40% ~ 50%。

(3) CO_2 气体保护焊可以用较小的电流实现短路过渡方式。这时电弧对焊件是间断加热,电弧稳定,热量集中,焊接热输入小,焊接变形小,特别适合于焊接薄板。

(4) CO_2 气体保护焊是一种低氢型焊接方法,抗锈能力较强,焊缝的含氢量少,抗裂性能好,且不易产生氢气孔。CO_2 气体保护焊可实现全位置焊接,而且可焊工件的厚度范围较宽。

(5) CO_2 气体保护焊是一种明弧焊接方法,焊接时便于监视和控制电弧与熔池,有利于实现焊接过程的机械化和自动化。

2) CO_2 气体保护焊的缺点

焊接过程中金属飞溅较多,焊缝外形较为粗糙。不能焊接易氧化的金属材料,且必须采用含有脱氧剂的焊丝。抗风能力差,不适于野外作业。设备比较复杂,需要由专业队伍负责维修。

3. CO_2 气体保护焊工艺知识

1) 焊前准备

焊前准备工作包括坡口设计、坡口清理。

(1) 坡口设计。CO_2 气体保护焊采用细滴过渡时,电弧穿透力较大,熔深较大,容易烧穿焊件,所以对装配质量要求较严格。坡口开得要小一些,钝边适当大些,对接间隙不能超过 2 mm。如果用直径 1.5 mm 的焊丝,钝边可留 4 ~ 6 mm,坡口角度可减小到 45°左右。板厚在 12 mm 以下时开 I 形坡口;大于 12 mm 的板材可以开较小的坡口。但是,坡口角度过小易形成梨形熔深,在焊缝中心可能产生裂缝,尤其在焊接厚板时,由于约束应力大,这种倾向进一步增大,必须十分注意。

CO_2 气体保护焊采用短路过渡时熔深小,不能按细滴过渡方法设计坡口。通常允许较小的钝边,甚至可以不留钝边。又因为这时的熔池较小,熔化金属温度低、黏度大,搭桥性能良好,所以间隙大些也不会烧穿。例如对接接头,允许间隙为 3 mm。当要求较高时,装配间隙应小于 3 mm。

采用细滴过渡焊接角焊缝时,考虑熔深大的特点,其 CO_2 气体保护焊可以比焊条电弧焊时减小焊脚尺寸 10% ~20%,见表 5-41。

表 5-41　不同板厚焊脚尺寸

焊接方法	焊脚(mm)			
	板厚 6 mm	板厚 9 mm	板厚 12 mm	板厚 16 mm
CO_2 气体保护焊	5	6	7.5	10
焊条电弧焊	6	7	8.5	11

(2)坡口清理。焊接坡口及其附近有污物,会造成电弧不稳,并易产生气孔、夹渣和未焊透等缺陷。

为了保证焊接质量,要求在坡口正反面的周围 20 mm 范围内清除水、锈、油、漆等污物。

清理坡口的方法有:喷丸清理、钢丝刷清理、砂轮磨削,用有机溶剂脱脂、气体火焰加热。在使用气体火焰加热时,应注意充分地加热清除水分、氧化铁皮和油等,切忌稍微加热就将火焰移去,这样在母材冷却作用下会生成水珠,水珠进入坡口间隙内,将产生相反的效果,造成焊缝有较多的气孔。

2)焊接工艺参数的选择原则及对焊接质量的影响

CO_2 气体保护焊的焊接参数主要包括焊丝直径、焊接电流、电弧电压、焊接速度、焊丝伸出长度、焊接回路电感、电源极性以及气体流量、焊枪倾角等。

(1)焊丝直径。应以焊件厚度、焊接位置及生产率的要求为依据进行选择,同时还必须兼顾熔滴过渡的形式以及焊接过程的稳定性。一般细焊丝用于焊接薄板,随着焊件厚度的增加,焊丝直径要增加。焊丝直径的选择可参考表 5-42。

表 5-42　不同焊丝直径的适用范围

焊丝直径(mm)	熔滴过渡形式	焊接厚度(mm)	焊缝位置
0.8	短路过渡	1.5 ~2.3	全位置
	细滴过渡	2.5 ~4	水平
1.0 ~1.2	短路过渡	2 ~8	全位置
	细滴过渡	2 ~12	水平
1.6	短路过渡	3 ~12	立、横、仰
≥1.6	细滴过渡	>6	水平

(2)焊接电流。选择的依据是母材的板厚、材质、焊丝直径、施焊位置及要求的熔滴过渡形式等。焊丝直径为 1.6 mm 且短路过渡的焊接电流在 200 A 以下时,能得到飞溅小、成型美观的焊道;细滴过渡的焊接电流在 350 A 以上时,能得到熔深较大的焊道,常用于焊接厚板。焊接电流的选择见表 5-43。

表 5-43 焊接电流的选择

焊丝直径 (mm)	焊接电流(A)	
	细颗粒过渡(电弧电压 30～45 V)	短路过渡(电弧电压 16～22 V)
0.8	150～250	60～160
1.2	200～300	100～175
1.6	350～500	120～180
2.4	600～750	150～200

(3)电弧电压。电弧电压的大小直接影响熔滴过渡形式、飞溅及焊缝成型。为获得良好的工艺性能,应该选择最佳的电弧电压值,其与焊接电流、焊丝直径和熔滴过渡形式等因素有关,见表5-44。

表 5-44 常用焊接电流及电弧电压的适用范围

焊丝直径 (mm)	短路过渡		滴状过渡	
	焊接电流(A)	电弧电压(V)	焊接电流(A)	电弧电压(V)
0.6	40～70	17～19		
0.8	60～100	18～19		
1.0	80～120	18～21		
1.2	100～150	19～23	160～400	25～35
1.6	140～200	20～24	200～500	26～40
2.0			200～600	27～40
2.5			300～700	28～42
3.0			500～800	32～44

(4)焊接速度。选择焊接速度前,应先根据母材板厚、接头和坡口形式、焊缝空间位置对焊接电流和电弧电压进行调整,达到电弧稳定燃烧的要求,然后考虑焊道截面大小,来选择焊接速度。通常采用半自动 CO_2 气体保护焊时,熟练焊工的焊接速度为 0.3～0.6 m/min。

(5)焊丝伸出长度。是焊丝进入电弧前的通电长度,这对焊丝起着预热作用。根据生产经验,合适的焊丝伸出长度应为焊丝直径的 10～12 倍。对于不同直径和不同材料的焊丝,允许使用的焊丝伸出长度是不同的,见表5-45。

表 5-45 焊丝伸出长度的选择

焊丝直径(mm)	H08Mn2SiA	H06Cr09Ni9Ti
0.8	6～12	5～9
1.0	7～13	6～11
1.2	8～15	7～12

（6）焊接回路电感。主要用于调节电流的动特性,以获得合适的短路电流增长速度 $\frac{di}{dt}$,从而减少飞溅,并调节短路频率和燃烧时间,以控制电弧热量和熔透深度。焊接回路电感值应根据焊丝直径和焊接位置来选择。

（7）电源极性。CO_2 气体保护焊通常都采用直流反接,焊件接阴极,焊丝接阳极,其焊接过程稳定,焊缝成型较好。直流正接时,焊件接阳极,焊丝接阴极,主要用于堆焊、铸铁补焊及大电流高速 CO_2 气体保护焊。

（8）气体流量。流量过大或过小都对保护效果有影响,易产生气孔等缺陷。CO_2 气体的流量,应根据对焊接区的保护效果来选择。通常细焊丝短路过渡焊接时,CO_2 气体的流量为 5~15 L/min,粗丝焊接时为 15~25 L/min,粗丝大电流 CO_2 气体保护焊时为 35~50 L/min。

（9）焊枪倾角。是不容忽视的因素。焊枪倾角对焊缝成型的影响如图 5-17 所示,当焊枪与焊件成后倾角时,焊缝窄,余高大,熔深较大,焊缝成型不好;当焊枪与焊件成前倾角时,焊缝宽,余高小,熔深较浅,焊缝成型好。

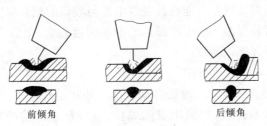

前倾角　　　　　　　　　　　　　后倾角

图 5-17　焊枪倾角对焊缝成型的影响

5.4.3.3　埋弧焊

1. 埋弧焊的基本原理

图 5-18 是埋弧焊焊接过程示意图,图 5-19 是埋弧焊焊缝形成示意图。焊剂由漏斗流出后,均匀地撒在装配好的焊件上,焊丝由送丝机构经送丝滚轮和导电嘴送入焊接电弧区。焊接电源的输出端分别接在导电嘴和焊件上。送丝机构、焊剂漏斗和控制盘通常装在一台小车上,使焊接电弧匀速地向前移动。通过操作控制盘上的开关,就可以自动控制焊接过程。

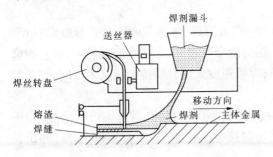

图 5-18　埋弧焊焊接过程示意图

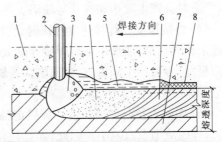

1—焊剂;2—焊丝;3—电弧;4—熔池金属;
5—熔渣;6—焊缝;7—母材;8—渣壳

图 5-19　埋弧焊焊缝形成示意图

2. 埋弧焊的特点

1) 埋弧焊的优点

（1）生产效率高。埋弧焊可采用比焊条电弧焊大的焊接电流。埋弧焊使用 φ4 ~ 4.5 的焊丝时，通常使用的焊接电流为 600 ~ 800 A，甚至可达到 1 000 A。埋弧焊的焊接速度可达 50 ~ 80 cm/min。

对厚度在 8 mm 以下的板材对接时可不用开坡口，厚度较大的板材所开坡口也比焊条电弧焊所开坡口小，从而节省了焊接材料，提高了焊接生产效率。

（2）焊缝质量好。埋弧焊时，焊接区受到焊剂和渣壳的可靠保护，与空气隔离，使熔池液体金属与熔化的焊剂有较多的时间进行冶金反应，减少了焊缝中产生的气孔、夹渣、裂纹等缺陷。

（3）劳动条件好。由于实现了焊接过程机械化，操作比较方便，减轻了焊工的劳动强度，而且电弧是在焊剂层下燃烧的，没有弧光的辐射，烟尘也较少，改善了焊工的劳动条件。

2) 埋弧焊的缺点

一般只能在水平或倾斜角度不大的位置上进行焊接。在其他位置焊接需采用特殊措施，以保证焊剂能覆盖焊接区。不能直接观察电弧与坡口的相对位置，如果没有采用焊缝自动跟踪装置，焊缝容易焊偏。由于埋弧焊的电场强度较大，电流小于 100 A 时，电弧的稳定性不好，因此薄板焊接较困难。

3. 埋弧焊工艺

（1）坡口的基本形式和尺寸。埋弧自动焊由于使用的焊接电流较大，对于厚度在 12 mm 以下的板材，可以不开坡口，采用双面焊接，以满足全焊透的要求。对于厚度大于 12 ~ 20 mm 的板材，为了达到全焊透，在单面焊后，焊件背面应清根，再进行焊接。对于厚度较大的板材，应开坡口后再进行焊接。坡口形式与焊条电弧焊基本相同，由于埋弧焊的特点，采用较厚的钝边，以免焊穿。埋弧焊焊接接头的基本形式与尺寸，应符合国家标准 GB/T 985.2—2008 的规定。

（2）焊接电流。电流是决定熔深的主要因素，增大电流能提高生产率，但在一定焊速下，焊接电流过大会使热影响区过大，易产生焊瘤及焊件被烧穿等缺陷。若焊接电流过小，则熔深不足，产生熔合不好、未焊透、夹渣等缺陷。

（3）焊接电压。是决定熔宽的主要因素。焊接电压过大时，焊剂熔化量增加，电弧不稳，严重时会产生咬边和气孔等缺陷。

（4）焊接速度。焊接速度过快时，会产生咬边、未焊透、电弧偏吹和气孔等缺陷，以及焊缝余高大而窄，成型不好。焊接速度太慢，则焊缝余高过高，形成宽而浅的大熔池，焊缝表面粗糙，容易产生满溢、焊瘤或烧穿等缺陷；焊接速度太慢且焊接电压又太高时，焊缝截面呈"蘑菇形"，容易产生裂纹。

（5）焊丝直径与伸出长度。焊接电流不变时，减小焊丝直径，因电流密度增加，熔深增大，焊缝成型系数减小。因此，焊丝直径要与焊接电流相匹配，见表5-46。焊丝伸出长度增加时，熔敷速度和金属增加。

（6）焊丝倾角。单丝焊时焊件放在水平位置，焊丝与工件垂直，当采用前倾焊时，适用于焊薄板。焊丝后倾时，焊缝成型不良，一般只用于多丝焊的前导焊丝。

表 5-46　不同直径焊丝的焊接电流范围

焊丝直径(mm)	2	3	4	5	6
电流密度(A/mm²)	63~125	50~85	40~63	35~50	28~42
焊接电流(A)	200~400	350~600	500~800	500~800	800~1 200

（7）焊剂层厚度与粒度。焊剂层厚度增大时，熔宽减小，熔深略有增加，焊剂层太薄时，电弧保护不好，容易产生气孔或裂纹；焊剂层太厚时，焊缝变窄，成型系数减小。焊剂颗粒度增加，熔宽加大，熔深略有减小；但过大，不利于熔池保护，易产生气孔。

4. 常用焊接方法的选择

焊接施工应根据钢结构的种类、焊缝质量要求、焊缝形式、位置和厚度等选定焊接方法、焊接电焊机和电流，常用焊接方法的选择见表 5-47。

表 5-47　常用焊接方法的选择

焊接类别		使用特点	适用场合
焊条电弧焊	交流焊机	设备简单，操作灵活方便，可进行各种位置的焊接，不减弱构件截面，保证质量，施工成本较低	焊接普通钢结构，为工地广泛应用的焊接方法
	直流焊机	焊接技术与使用交流焊机相同，焊接时电弧稳定，但施工成本比采用交流焊机高	用于焊接质量要求较高的钢结构
埋弧焊		是在焊剂下熔化金属的，焊接热量集中，熔深大，效率高，质量好，没有飞溅现象，热影响区小，焊缝成型均匀美观；操作技术要求低，劳动条件好	在工厂焊接长度较大、板较厚的直线状贴角焊缝和对接焊缝
半自动焊		与埋弧焊机焊接基本相同，操作较灵活，但使用不够方便	焊接较短的或弯曲形状的贴角和对接焊缝
CO_2 气体保护焊		是用 CO_2 或惰性气体代替焊药保护电弧的光面焊丝焊接；可全位置焊接，质量较好，熔速快，效率高，省电，焊后不用清除焊渣，但焊时应避风	薄钢板和其他金属焊接，大厚度钢柱、钢梁的焊接

5.4.3.4　焊接接头

1. 焊接接头的组成

焊接接头是组成焊接结构的关键元件，它的性能与焊接结构的性能和安全有着直接的关系。焊接接头是由焊缝金属、熔合区、热影响区等组成的，如图 5-20 所示。

焊缝金属是由焊接填充金属及部分母材金属熔化结晶后形成的，其组织和化学成分不同于母材金属。热影响区受焊接热循环的影响，组织和性能都发生变化，特别是熔合区的组织和性能变化更为明显。

影响焊接接头性能的主要因素如图 5-21 所示，这些因素可归纳为力学和材质两个方面。

力学方面影响焊接接头性能的因素有接头形状不连续性（如焊缝的余高和施焊过程

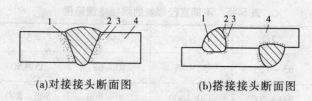

(a)对接接头断面图　　　　　(b)搭接接头断面图

1—焊缝金属;2—熔合区;3—热影响区;4—母材

图5-20　焊接接头的组成

中可能造成的接头错边等)、焊缝缺陷(如未焊透和焊接裂纹)、残余应力和残余变形等。这些都是应力集中的根源。

　　材质方面影响焊接接头性能的因素主要有焊接热循环所引起的组织变化、焊接材料引起的焊缝化学成分的变化、焊后热处理所引起的组织变化以及矫正变形引起的加工硬化等。

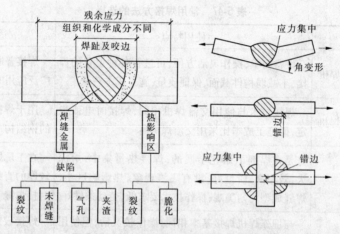

图5-21　影响焊接接头性能的主要因素

2.焊缝的基本形式

　　焊缝是构成焊接接头的主体部分,有对接焊缝和角焊缝两种基本形式。

　　1)对接焊缝

　　对接焊缝的焊接接头可采用卷边、平对接或加工成 Y 形、U 形、双 Y 形、K 形等坡口,如图5-22 所示。坡口是根据设计或工艺需要,在工件的待焊部位加工成一定几何形状并经装配后构成的沟槽。用机械、火焰或电弧加工坡口的过程称为开坡口。各种坡口尺寸可根据国家标准(GB/T 985.1—2008 和 GB/T 985.2—2008)或具体情况确定。

　　开坡口的目的是为了保证电弧能深入到焊缝根部使其焊透,并获得良好的焊缝成型以及便于清渣。对于合金钢来说,坡口还能起到调节母材金属和填充金属比例的作用。坡口形式的选择取决于板材厚度、焊接方法和工艺过程。通常必须考虑以下几个方面:

　　(1)可焊性或便于施焊。这是选择坡口形式的重要依据之一,也是保证焊接质量的前提。一般而言,要根据构件能否翻转,翻转难易,或内外两侧的焊接条件而定。对不能翻转和内径较小的容器、转子及轴类的对接焊缝,为了避免大量的仰焊或不便从内侧施焊,宜采用 Y 形坡口或 U 形坡口。

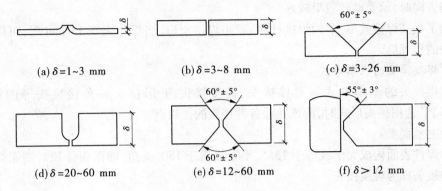

(a) $\delta = 1 \sim 3$ mm   (b) $\delta = 3 \sim 8$ mm   (c) $\delta = 3 \sim 26$ mm

(d) $\delta = 20 \sim 60$ mm   (e) $\delta = 12 \sim 60$ mm   (f) $\delta > 12$ mm

图 5-22 对接焊缝的典型坡口形式

(2)降低焊接材料的消耗量。对于同样厚度的焊接接头,采用双 Y 形坡口比单 Y 形坡口能节省较多的焊接材料、电能和工时。构件越厚,节省越多,成本越低。

(3)坡口易加工。V 形坡口和 Y 形坡口可用气割或等离子弧切割,亦可用机械切削加工。对于 U 形或双 U 形坡口,一般需用刨边机加工。在圆筒体上应尽量少开 U 形坡口,因其加工困难。

(4)减少或控制焊接变形。采用不适当的坡口形式容易产生较大的变形。如平板对接的 Y 形坡口,其角变形就大于双 Y 形坡口。因此,如果坡口形式合理,工艺正确,就可以有效地减少或控制焊接变形。

坡口角度的大小与板厚和焊接方法有关,其作用是使电弧能深入根部使根部焊透。坡口角度越大,焊缝金属越多,焊接变形也会越大。

焊前在接头根部之间预留的空隙称为根部间隙,采用根部间隙是为了保证焊缝根部能焊透。一般情况下,坡口角度小,需要同时增加根部间隙;而根部间隙较大时,又容易烧穿,为此需要采用钝边防止烧穿。根部间隙过大时,还需要加垫板。

2)角焊缝

角焊缝按其截面形状可分为平角焊缝、凹角焊缝、凸角焊缝和不等腰角焊缝四种,如图 5-23 所示,应用最多的是截面为直角等腰的角焊缝。

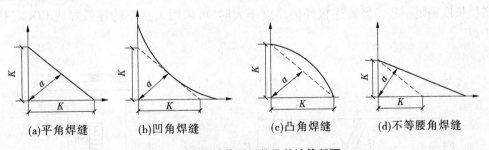

(a)平角焊缝   (b)凹角焊缝   (c)凸角焊缝   (d)不等腰角焊缝

图 5-23 角焊缝截面形状及其计算断面

角焊缝的大小用焊脚尺寸 K 表示。各种截面形状角焊缝的承载能力与荷载性质有关:静载时,如母材金属塑性好,角焊缝的截面形状对其承载能力没有显著影响;动载时,凹角焊缝比平角焊缝的承载能力高,凸角焊缝的承载能力最低;不等腰角焊缝,长边平行于荷载方向时,承受动载效果较好。

为了提高焊接效率、节约焊接材料、减小焊接变形,当板厚大于 13 mm 时,可以采用开坡口的角焊缝。

3.焊接接头的基本形式

焊接接头的基本形式有对接接头、搭接接头、T 形接头和角接接头等四种(见图 5-24)。选用接头形式时,应该熟悉各种接头的优缺点。

1)对接接头

两焊件表面构成大于或等于 135°、小于或等于 180°夹角,即两板件相对端面焊接而形成的接头称为对接接头。

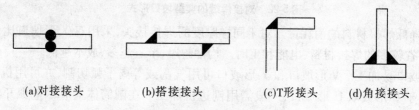

(a)对接接头　　　(b)搭接接头　　　(c)T形接头　　(d)角接接头

图 5-24　焊接接头的基本形式

对接接头从强度角度看是比较理想的接头形式,也是广泛应用的接头形式之一。在焊接结构上和焊接生产中,常见的对接接头的焊缝轴线与载荷方向相垂直,也有少数与载荷方向成斜角的斜焊缝对接接头(见图 5-25)。

2)搭接接头

两板件部分重叠起来进行焊接所形成的接头称为搭接接头。搭接接头的应力分布极不均匀,疲劳强度较低,不是理想的接头形式。但是,搭接接头的焊前准备和装配工作比对接接头简单得多,其横向收缩量也比对接接头小,所以在受力较小的焊接结构中仍能得到广泛的应用。搭接接头中,最常见的是角焊缝组成的搭接接头,一般用于 12 mm 以下的钢板焊接。此外,还有开槽焊、塞焊、锯齿缝搭接等多种形式。

开槽焊搭接接头的结构形式如图 5-26 所示。先将被连接件加工成槽形孔,然后用焊缝金属填满该槽,开槽焊焊缝断面为矩形,其宽度为被连接件厚度的 2 倍,开槽长度应比搭接长度稍短一些。当被连接件的厚度不大时,可采用大功率的埋弧焊或 CO_2 气体保护焊。

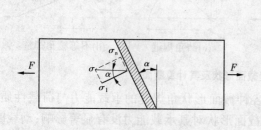

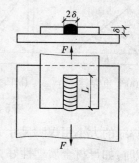

图 5-25　斜焊缝对接接头　　　　　　图 5-26　开槽焊搭接接头

塞焊是在被连接的钢板上钻孔，用来代替开槽焊的槽形孔，用焊缝金属将孔填满使两板连接起来，如图 5-27 所示。当被连接板厚小于 5 mm 时，可以采用大功率的埋弧焊或 CO_2 气体保护焊直接将钢板熔透而不必钻孔。这种接头施焊简单，特别是对于一薄一厚的两焊件连接最为方便，生产效率较高。

锯齿缝单面搭接接头形式如图 5-28 所示。直缝单面搭接接头的强度和刚度比双面搭接接头低得多，所以只能用在受力很小的次要部位。对背面不能施焊的接头，可用锯齿形焊缝搭接，这样能提高焊接接头的强度和刚度。

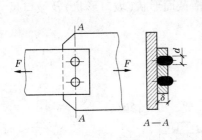

图 5-27　塞焊接头

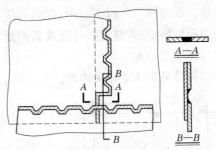

图 5-28　锯齿缝单面搭接接头

3）T 形接头

T 形接头是将相互垂直的被连接件，用角焊缝连接起来的接头，此接头一个焊件的端面与另一焊件的表面构成直角或近似直角，如图 5-29 所示。这种接头是典型的电弧焊接头，能承受各种方向的力和力矩，如图 5-30 所示。

T 形接头应避免采用单面角焊接，因为这种接头的根部有很深的缺口，其承载能力低（见图 5-29（a））。对较厚的钢板，可采用 K 形坡口（见图 5-29（b）），根据受力状况决定是否需焊透。对要求完全焊透的 T 形接头，采用单边 V 形坡口（见图 5-29（c））从一面焊，焊后的背面清根焊满，比采用 K 形坡口施焊可靠。

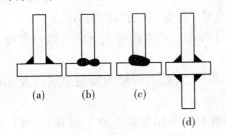

图 5-29　T 形（十字）接头

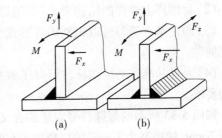

图 5-30　T 形接头的承载能力

4）角接接头

两板件端面构成 30°～135°夹角的接头称为角接接头。

角接接头多用于箱形构件，常用的形式如图 5-31 所示。其中，图 5-31（a）是最简单的角接接头，其承载能力差；图 5-31（b）采用双面焊缝从内部加强角接接头，承载能力较大，但通常不用；图 5-31（c）和图 5-31（d）所示的开坡口易焊透，有较高的强度，而且在外观上具有良好的棱角，但应注意层状撕裂问题；图 5-31（e）、（f）是易装配，省工时，最经济的角接接头;图5-31(g)是保证接头具有准确直角的角接接头,并且刚度高,但角钢厚度应大于板厚;图5-31(h)是最不合理的角接接头,焊缝多且不易施焊。

4.焊缝符号

焊接图是焊接施工所用的工程图样。要看懂施工图,就必须了解各焊接结构中焊缝符号及其标注方法。如图5-32所示是支座焊接图,其中多处标注有焊缝符号,用来说明焊接结构在加工制作时的基本要求。

焊缝符号是把图样上用技术制图方法表示的焊缝基本形式和尺寸采用一些符号来表示的方法。焊缝符号可以表示出:焊缝的位置,焊缝横截面形状(坡口形状)及坡口尺寸,焊缝表面形状特征,焊缝某些特征或其他要求。

1)焊缝符号的组成

焊缝符号见第3章相关内容。

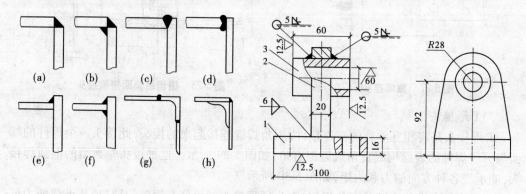

图5-31　角接接头形式　　　　图5-32　支座焊接图

2)识别焊缝符号的基本方法

(1)根据箭头的指引方向了解焊缝在焊件上的位置。

(2)看图样上焊件的结构形式(即组焊焊件的相对位置)识别出接头形式。

(3)通过基本符号可以识别焊缝形式(即坡口形式),基本符号上下标有坡口角度及装配间隙。

(4)通过基准线的尾部标注可以了解采用的焊接方法、对焊接的质量要求以及无损检验要求。

如图5-33所示的焊缝符号表达的含义为:焊缝坡口采用带钝边的V形坡口,坡口间隙为2 mm,钝边高为3 mm,坡口角度为60°,采用焊条电弧焊焊接,反面采用封底焊,反面焊缝要求打磨平整。

5.4.3.5　焊接缺陷

1.焊接缺陷的定义及分类

在焊接接头中的不连续性、不均匀性以及其他不健全等欠缺,统称焊接缺陷。在焊接接头中产生的不符合标准要求的焊接欠缺称为焊接缺陷。

在焊接结构(件)中,评定焊接接头质量优劣的依据是缺陷的种类、大小、数量、形态、分布及危害程度。若接头中存在着焊接缺陷,一般可通过补焊来修复,或者铲除焊道后重

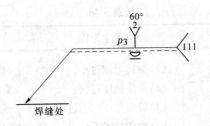

图 5-33　焊缝符号表示示例

新进行焊接,有时直接作为判废的依据。

按国家标准《金属熔化焊焊缝缺陷分类及说明》(GB 6417. 1—2005),可将熔焊缺陷分为裂纹、孔穴、固体夹杂、未熔合及未焊透、形状和尺寸不良和其他缺陷六类。焊接接头中常见缺陷的名称及检验方法见表5-48。

表5-48　焊接接头中常见缺陷的名称及检验方法

常见缺陷	特征	产生原因	检验方法	排除方法
焊缝形状以及尺寸不符合要求	焊接变形造成焊缝形状翘曲或尺寸超差	(1)焊接顺序不当; (2)焊接前未留收缩余量	目视检验量具检查	用机械方法或加热方法校正
咬边	沿焊缝的母材部位产生沟槽或凹陷	(1)焊接工艺参数选择不当; (2)焊接角度不当; (3)电弧偏吹; (4)焊接零件位置安放不当	目视检查宏观金相检验	轻微的咬边用机械方法修锉,严重的进行补焊
焊瘤	熔化金属流淌到缝外,未熔化的母材形成金属瘤	(1)焊接工艺参数选择不当; (2)立焊时运条不当; (3)焊件的位置不当	目视检查宏观金相检验	通过手工或机械的方法除去多余的堆积金属
烧穿	熔化金属从坡口背面流出,形成穿孔	(1)焊件装配不当; (2)焊接电流过大; (3)焊接速度过缓; (4)操作技术不熟练	目视检查X射线探伤	消除烧穿孔洞边的残余金属,补焊填平孔洞
气孔	熔渣池中的气泡在凝固时未能溢出,留焊后残留下空穴	(1)焊件和焊接材料有油污; (2)焊接区域保护不好,焊接电流过小,弧长过长	目视检查X射线探伤金相检验	铲去气孔处的焊缝金属,然后补焊
夹渣	焊后残留在焊缝中的熔渣	(1)焊接材料质量不好; (2)焊接电流太小; (3)熔渣密度过大; (4)多层焊时熔渣未清除	X射线探伤金相检验超声探伤	铲去夹渣处的焊缝金属,补焊

常见缺陷		特征	产生原因	检验方法	排除方法
未焊透		母材与焊缝金属之间、焊缝金属之间没有完全熔合	(1)焊接电流过小; (2)焊接速度过快; (3)坡口角度间隙过小; (4)操作技术不佳	目视检查 X射线探伤 超声探伤 金相检验	铲去未焊透的焊缝金属,然后进行补焊
弧坑		焊缝熄弧处的低洼部分	操作时熄弧太快,未反复向熄弧处补充金属	目视检查	在弧坑处补焊
夹钨		钨极进入到焊缝中的钨粒	焊接时钨极与熔池金属接触	目视检查 X射线探伤	挖去夹钨处缺陷金属,重新焊接
裂纹	热裂纹	沿晶界面出现,裂纹断口处有氧化色	(1)母材抗裂性能差; (2)焊接材料质量不好; (3)焊缝内拉应力过大; (4)焊接工艺参数选择不当	目视检查 X射线探伤 超声探伤 金相检验 磁粉探伤	在裂纹两端钻止裂孔或铲除裂纹处的焊缝金属,进行补焊
	冷裂纹	断口无氧化色,有金属光泽	(1)焊接结构设计不合理; (2)焊缝布置不当; (3)焊接时未预热		
	再热裂纹	沿晶间且局限在热影响区的过热区中	(1)焊后的热处理不当; (2)母材性能尚未完全掌握		
	层状撕裂	沿平行于板面呈分层分布的非金属夹杂物方向扩展	(1)材质本身存在层状夹杂物; (2)焊接接头含氧量较大	金相检验 超声检验	(1)严格控制钢板的硫含量; (2)降低焊缝金属的氢含量
凹坑		焊缝表面或焊缝背面形成的低于母材表面的局部低洼	焊接电流太大且焊接速度太快	目视检查	铲去焊缝金属并重新焊接,T形接头和开敞性较好的对接焊缝,可在背面直接补焊

2. 焊接缺陷对质量的影响

焊接缺陷对质量的影响,主要是对结构负载强度和耐腐蚀性能的影响。由于缺陷的存在减小了结构承载的有效截面积,更主要的是在缺陷周围产生了应力集中,因此焊接缺陷对结构的静载强度、疲劳强度、脆性断裂都有重大的影响。

（1）焊接缺陷引起的应力集中。焊缝中的气孔一般呈单个球状或条虫形,因此气孔周围应力集中并不严重;而焊接接头中的裂纹常常呈扁平状,如果加载方向垂直于裂纹的平面,则裂纹两端会引起严重的应力集中。焊缝中的夹杂物具有不同的形状和包含不同的材料,但其周围的应力集中与空穴相似。若焊缝中存在着密集气孔或夹渣,在负载作用下,如果出现气孔间或夹渣间的连通(即产生豁口),则将导致应力区的扩大和应力值的上升。对于焊缝的形状不良、角焊缝的凸度过大及错边、角变形等焊接接头的外部缺陷,也都会引起应力集中或者产生附加应力。

（2）焊接缺陷对静载强度的影响。试验表明,圆形缺陷所引起的强度降低与缺陷造成的承载截面的减小成正比。若焊缝中出现成串或密集气孔,由于气孔的截面较大,同时还可能伴随着焊缝力学性能的下降(如氧化等)使强度明显降低。因此,成串气孔要比单个气孔危险得多。夹渣对强度的影响与其形状和尺寸有关。单个小球状夹渣并不比同样尺寸和形状的气孔危害大,当夹渣呈连续的细条状且排列方向垂直于受力方向时,是比较危险的。裂纹、未熔合和未焊透比气孔和夹渣的危害大,它们不仅降低了结构的有效承载截面积,而且更重要的是产生了应力集中,有诱发脆性断裂的可能。尤其是裂纹,在其尖端存在着缺口效应,容易出现三向应力状态,会导致裂纹的失稳和扩展,以致造成整个结构的断裂,所以裂纹是焊接结构中最危险的缺陷。

（3）焊接缺陷对脆性断裂的影响。脆断是一种低应力下的破坏,而且具有突发性,事先难以发现和加以预防,故危害最大。

一般认为,结构中缺陷造成的应力集中越严重,脆性断裂的危险性越大。裂纹对脆性断裂的影响最大,其影响程度不仅与裂纹的尺寸、形状有关,而且与其所在的位置有关。如果裂纹位于高值拉应力区,就容易引起低应力破坏;若裂纹位于结构的应力集中区,则更危险。

此外,错边和角变形能引起附加的弯曲应力,对结构的脆性破坏也有影响,并且角变形越大,破坏应力越低。

（4）焊接缺陷对疲劳强度的影响。缺陷对疲劳强度的影响比对静载强度的影响大得多。例如,气孔引起的承载截面减小10%时,疲劳强度的下降幅度可达50%。

焊缝内的平面型缺陷(如裂纹、未熔合、未焊透)由于应力集中系数较大,因而对疲劳强度的影响较大。含裂纹的结构与占同样面积的气孔的结构相比,前者的疲劳强度比后者降低15%。对未焊透来讲,随着其面积的增加,疲劳强度明显下降。

焊缝内部的球状夹渣、气孔,当其面积较小、数量较少时,对疲劳强度的影响不大,但当夹渣形成尖锐的边缘时,则对疲劳强度的影响十分明显。

咬边对疲劳强度的影响比气孔、夹渣大得多。带咬边的接头在106次循环的疲劳强度大约为致密接头的40%,其影响程度也与负载方向有关。此外,焊缝的成型不良,焊趾区、焊根的未焊透,错边和角变形等外部缺陷都会引起应力集中,很容易产生疲劳裂纹而造成疲劳破坏。

通常疲劳裂纹是从表面引发的,因此当缺陷露出表面或接近表面时,其疲劳强度的下降要比缺陷埋藏在内部的明显得多。

5.4.3.6 钢结构焊接质量检验

钢结构焊接工程的质量必须符合设计文件和国家现行标准的要求。根据结构的承载情况不同,现行国家标准《建筑钢结构焊接技术规程》(JGJ 81—2002)中将焊缝的质量分为三个质量等级,见表5-49。

表 5-49 一、二级焊缝质量等级标准

焊缝质量等级		一级	二级	焊缝质量等级		一级	二级
超声波探伤	评定等级	Ⅱ	Ⅲ	射线探伤	评定等级	Ⅱ	Ⅲ
	检验等级	B 级	B 级		检验等级	AB 级	AB 级
	探伤比例	100%	20%		探伤比例	100%	20%

注:探伤比例的计数方法应按以下原则确定:①对工厂制作焊缝,应按每条焊缝计算百分比,且探伤长度应不小于200 mm,当焊缝长度不足200 mm时,应对整条焊缝进行探伤;②对现场安装焊缝,应按同一类型、同一施焊条件的焊缝条数计算百分比,探伤长度应不小于200 mm,并应不少于1条焊缝。

从事钢结构工程焊接施工的焊工,应根据所从事钢结构焊接工程的具体类型,按国家现行行业标准《建筑钢结构焊接技术规程》(JGJ 81—2002)等技术规程的要求对施焊焊工进行考试并取得相应证书。

1. 钢结构焊接常用的检验方法

钢结构焊接常用的检验方法,有破坏性检验和非破坏性检验两种。应针对钢结构的性质和对焊缝质量的要求,选择合理的检验方法。对重要结构或要求焊缝金属与被焊金属等强度的对接焊接,必须采用精确的检验方法。焊缝的质量等级不同,其检验的方法和数量也不相同,可参见表5-50的规定。对于不同类型的焊接接头和不同的材料,可以根据图纸要求或有关规定,选择一种或几种检验方法,以确保质量。

表 5-50 焊缝不同质量级别的检查方法

焊缝质量级别	检查方法	检查数量	说明
一级	外观检查	全部	有疑点时用磁粉复验
	超声波检查	全部	
	X 射线检查	抽查焊缝长度的 2%,至少应有一张底片	缺陷超出规范规定时,应加倍透照,如不合格,应 100% 透照
二级	外观检查	全部	有疑点时,用 X 射线透照复验,如发现有超标缺陷,应用超声波全部检查
	超声波检查	抽查焊缝长度的 50%	
三级	外观检查	全部	

2. 焊缝外观检查

1)焊缝质量检查要求

(1)检查前应根据施工图及说明文件规定的焊缝质量等级要求编制检查方案,由技术负责人批准并报监理工程师备案。检查方案应包括检查批的划分、抽样检查的抽样方法、检查项目、检查方法、检查时机及相应的验收标准等内容。

（2）抽样检查时，应符合下列要求：

工厂制作焊缝长度小于或等于 1 000 mm 时，每条焊缝为 1 处；长度大于 1 000 mm 时，每 300 mm 为 1 处；现场安装焊缝每条焊缝为 1 处。

检查批确定：a. 按焊接部位或接头形式分别组成批；b. 工厂制作焊缝可以同一工区（车间）按一定的焊缝数量组成批，多层框架结构可以每节柱的所有构件组成批；c. 现场安装焊缝可以区段组成批，多层框架结构可以每层（节）的焊缝组成批。

批的大小宜为 300 ~ 600 处。

抽样检查除设计指定焊缝外，应采用随机取样方式取样。

（3）抽样检查的焊缝数当不合格率小于 2% 时，该批验收应定为合格；不合格率大于 5% 时，该批验收应定为不合格；不合格率为 2% ~ 5% 时，应加倍抽检，且必须在原不合格部位两侧的焊缝延长线各增加 1 处，如在所有抽检焊缝中不合格率不大于 3%，该批验收应定为合格，大于 3% 时，该批验收应定为不合格。当批量验收不合格时，应对该批余下焊缝的全数进行检查。当检查出 1 处裂纹缺陷时，应加倍抽查，如在加倍抽检焊缝中未检查出其他裂纹缺陷，该批验收应定为合格；当检查出多处裂纹缺陷或加倍抽查又发现裂纹缺陷时，应对该批余下焊缝的全数进行检查。

2）焊缝外观检查

焊缝外观检验主要是查看焊缝成型是否良好，焊道与焊道过渡是否平滑，焊渣、飞溅物等是否清理干净。检查时，应将焊缝上的污垢除净后，凭肉眼目视焊缝，必要时用5 ~ 20倍的放大镜，看焊缝是否存在咬边、弧坑、焊瘤、夹渣、裂纹、气孔、未焊透等缺陷。

（1）在焊接过程中，焊缝冷却过程及以后相当长的一段时间可能产生裂纹。普通碳素钢产生延迟裂纹的可能性很小，规定在焊缝冷却到环境温度后即可进行外观检查。低合金结构钢焊缝的延迟时间较长，考虑到工厂存放条件、现场安装进度、工序衔接的限制以及随着时间延长，产生延迟裂纹的概率逐渐减小等因素，以焊接完成 24 h 后外观检查结果作为验收的依据。

（2）焊缝金属表面焊波应均匀，不得有裂纹、夹渣、焊瘤、烧穿、弧坑和针状气孔等缺陷，焊接区不得有飞溅物。

（3）对焊缝的裂纹还可用硝酸酒精侵蚀检查，即将可疑处漆膜除净、打光，用丙酮洗净，滴上浓度 5% ~ 10% 的硝酸酒精（光洁度高时浓度宜低），有裂纹即会有褐色显示，重要的焊缝还可采用红色渗透液着色探伤。

（4）二级、三级焊缝外观质量标准应符合表 5-51 的规定。

表 5-51　二级、三级焊缝外观质量标准

项目	允许偏差	
缺陷类型	二级	三级
未焊满（指不满足设计要求）	$\leqslant 0.2 + 0.02t$，且 $\leqslant 1.0$ mm	$\leqslant 0.2 + 0.04t$，且 $\leqslant 2.0$ mm
	每 100.0 mm 焊缝内缺陷总长 $\leqslant 25.0$ mm	
根部收缩	$\leqslant 0.2 + 0.02t$，且 $\leqslant 1.0$ mm，长度不限	$\leqslant 0.2 + 0.04t$，且 $\leqslant 2.0$ mm，长度不限

项目	允许偏差	
缺陷类型	二级	三级
咬边	≤0.05t,且≤0.5 mm;连续长度≤100 mm,且焊缝两侧咬边总长≤10%焊缝全长	≤0.1t,且≤1.0 mm,长度不限
弧坑裂纹	不允许	允许存在个别长度≤5.0 mm 的弧坑裂纹
电弧擦伤	不允许	允许存在个别电弧擦伤
接头不良	缺口深度≤0.05t,且≤0.5 mm	缺口深度≤0.1t,且≤1.0 mm
	每1 000 mm 焊缝不应超过1 处	
表面夹渣	不允许	深≤0.2t,长≤0.5t,且≤20.0 mm
表面气孔	不允许	每50.0 mm 焊缝长度内允许直径≤0.4t,且≤3.0 mm 的气孔2个,孔距≥6倍孔径

注:t 为连接处较薄的板厚。

钢结构焊接常用的外观检验工具是焊接检验尺。它具有多种功能,可以作为一般钢尺使用,也可以作检验工具使用,常用它来测量型钢、板材及管道的坡口;测量型钢、板材及管道的坡口角度;测量型钢、板材及管道的对口间隙;测量焊缝高度;测量角焊缝高度;测量焊缝宽度以及焊接后的平直度等。焊接检验尺结构如图5-34所示。

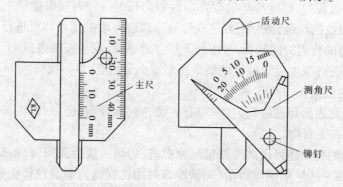

图 5-34 焊接检验尺结构

主要技术数据:

钢尺 0～40 mm,读数值1 mm,示值误差±0.2 mm;

坡口角度 0°～75°,读数值5°,示值误差30′;

焊缝宽 0～30 mm,读数值1 mm,示值误差±0.2 mm;

焊缝高度 0～20 mm,读数值1 mm,示值误差±0.1 mm;

型钢、板材、管道间隙 1～5 mm,读数值1 mm,示值误差±0.0 mm。

3. 焊缝内部缺陷检验

1)内部缺陷的检测方法

无损检测诊断技术是一门新兴的综合性应用学科。它是在不损伤被检测对象的条件下,利用材料内部结构异常或缺陷存在所引起的对热、声、光、电、磁等反应的变化,来探测各种工程材料、零部件、结构件等内部和表面缺陷,并对缺陷的类型、性质、数量、形状、位置、尺寸、分布及其变化作出判断和评价。

内部缺陷的检测一般可用超声波探伤和射线探伤,也称为焊缝无损检测。射线探伤具有直观性、一致性好的优点,过去人们觉得射线探伤可靠、客观。但是射线探伤成本高、操作程序复杂、检测周期长,尤其是钢结构中大多为T形接头和角接头,射线检测的效果差,且射线探伤对裂纹、未熔合等危害性缺陷的检出率低。超声波探伤则正好相反,操作程序简单、快速,对各种接头形式的适应性好,对裂纹、未熔合的检测灵敏度高,因此世界上很多国家对钢结构内部质量的控制采用超声波探伤,一般不采用射线探伤。

焊接内部缺陷检验方法与要求见表5-52。

表5-52　焊接内部缺陷检验方法

	检验方法	要求	应符合现行的国家标准
焊缝内部缺陷	超声波探伤法	全焊透的一二级焊缝	《钢焊缝手工超声波探伤方法和探伤结果分级》(GB 11345—89)
		焊接球节点网架焊缝	《钢结构超声波探伤及质量分级法》(JG/T 203—2007)
		螺栓球节点网架焊缝	《钢结构超声波探伤及质量分级法》(JG/T 203—2007)
		圆管T、K、Y形节点相关线焊缝	《建筑钢结构焊接技术规程》(JGJ 81—2002)
	射线探伤法	超声波探伤不能对缺陷作出判断时	《金属熔化焊焊接接头射线照相》(GB/T 3323—2005)

2)无损检测要求

焊缝无损检测应符合下列规定:

(1)无损检测应在外观检查合格后进行。

(2)焊缝无损检测报告签发人员必须持有相应探伤方法的Ⅱ级或Ⅱ级以上资格证书。

(3)设计要求全焊透的焊缝,其内部缺陷的检验应符合下列要求:

一级焊缝应进行100%的检验,其合格等级应为现行国家标准《钢焊缝手工超声波探伤方法和探伤结果分级》(GB 11345—89)B级检验的Ⅱ级及Ⅱ级以上。

二级焊缝应进行抽检,抽检比例应不小于20%,其合格等级应为现行国家标准《钢焊缝手工超声波探伤方法和探伤结果分级》(GB 11345—89)B级检验的Ⅲ级及Ⅲ级以上。

全焊透的三级焊缝可不进行无损检测。

(4)焊接球节点网架焊缝的超声波探伤方法及缺陷分级应符合国家现行标准《钢结构超声波探伤和质量分级法》(JG/T 203—2007)的规定。

（5）螺栓球节点网架焊缝的超声波探伤方法及缺陷分级应符合国家现行标准《钢结构超声波探伤和质量分级法》（JG/T 203—2007）的规定。

（6）圆管 T、K、Y 节点焊缝的超声波探伤方法及缺陷分级应符合上述③的规定。

（7）设计文件指定进行射线探伤或超声波探伤不能对缺陷性质作出判断时，可采用射线探伤进行检测、验证。

（8）射线探伤应符合现行国家标准《金属熔化焊焊接接头射线照相》（GB/T 3323—2005）的规定，射线照相的质量等级应符合 AB 级的要求。一级焊缝评定合格等级应为《金属熔化焊焊接接头射线照相》（GB/T 3323—2005）的Ⅱ级及Ⅱ级以上，二级焊缝评定合格等级应为《金属熔化焊焊接接头射线照相》（GB/T 3323—2005）的Ⅲ级及Ⅲ级以上。

（9）出现下列情况之一时应进行表面检测：

外观检查发现裂纹时，应对该批中同类焊缝进行 100% 的表面检测；

外观检查怀疑有裂纹时，应对怀疑的部位进行表面探伤；

设计图纸规定进行表面探伤时；

检查员认为有必要时。

（10）铁磁性材料应采用磁粉探伤进行表面缺陷检测。确因结构原因或材料原因不能使用磁粉探伤时，方可采用渗透探伤。磁粉探伤应符合国家现行标准《无损检测焊缝磁粉检测》（JB/T 6061—2007）的规定，渗透探伤应符合国家现行标准《无损检测焊缝渗透检测》（JB/T 6062—2007）的规定。

4. 焊缝破坏性检验

1）力学性能试验

焊接接头的力学性能试验主要包括四种，其试验内容如下：

（1）焊接接头的拉伸试验。不仅可以测定焊接接头的强度和塑性，同时还可以发现焊缝断口处的缺陷，并能验证所用焊材和工艺的正确与否。拉伸试验应按《金属材料室温拉伸试验方法》（GB/T 228—2002）进行。

（2）焊接接头的弯曲试验。是用来检验焊接接头的塑性，还可以反映出接头各区域的塑性差别，暴露焊接缺陷和考核熔合线的结合质量。弯曲试验应按《焊接接头弯曲试验方法》（GB/T 2653—2008）进行。

（3）焊接接头的冲击试验。用以考核焊缝金属和焊接接头的冲击韧性和缺口敏感性。冲击试验应按《焊接接头冲击试验方法》（GB/T 2650—2008）进行。

（4）焊接接头的硬度试验。可以测定焊缝和热影响区的硬度，还可以间接估算出材料的强度，用以比较出焊接接头各区域的性能差别及热影响区的淬硬倾向。

2）折断面检验

为了保证焊缝在剖面处断开，可预先在焊缝表面沿焊缝方向刻一条沟槽，槽深约为厚度的 1/3，然后用拉力机或锤子将试样折断。在折断面上能发现各种肉眼可见的内部焊接缺陷，如气孔、夹渣、未焊透和裂缝等，还可判断断口是韧性破坏还是脆性破坏。

焊缝折断面检验具有简单、迅速、易行和不需要特殊仪器和设备的优点，可在生产和安装现场广泛采用。

3）钻孔检验

对焊缝进行局部钻孔检查，是在没有条件进行非破坏性检验条件下才采用的，一般可检查焊缝内部的气孔、夹渣、未焊透和裂纹等缺陷。

4）金相检验

焊接金相检验主要是研究、观察焊接热过程所造成的金相组织变化和微观缺陷。金相检验可分为宏观金相检验与微观金相检验。

金相检验的方法是在焊接试板（工件）上截取试样，经过打磨、抛光、浸蚀等步骤，然后在金相显微镜下进行观察。必要时可把典型的金相组织摄制成金相照片，以供分析研究。

通过金相检验可以了解焊缝结晶的粗细程度、熔池形状及尺寸、焊接接头各区域的缺陷情况。

5. 焊接检验对不合格焊缝的处理

1）不合格焊缝

在焊接检验过程中，凡发现焊缝有下列情况之一者，均视为不合格焊缝：

（1）错用了焊接材料和误用了与图样、标准规定不符的焊接材料制成的焊缝，在产品使用中可能会造成重大质量事故，致使产品报废。

（2）焊缝质量不符合标准要求，是指焊缝的力学性能或物理化学性能未能满足标准要求或焊缝中存在缺陷超标。

（3）违反焊接工艺规程，在焊接生产中，违反焊接工艺规程，容易在焊缝中留下质量隐患，这样的焊缝应被视为不合格焊缝。

（4）无证焊工施焊的焊缝，无证焊工所焊焊缝均视为不合格焊缝。

2）不合格焊缝的处理

（1）报废。性能无法满足要求或焊接缺陷过于严重，使得局部返修不经济或质量不能保证的焊缝应作报废处理。

（2）返修。局部焊缝存在缺陷超标时，可通过返修来修复不合格焊缝。但焊缝上同一部位多次返修时焊接热循环会对接头性能造成影响。对于压力容器，规定焊缝同一部位的返修一般不超过两次。

（3）回用。有些焊缝虽然不满足标准要求，但不影响产品的使用性能和安全，且用户不会因此提出索赔，可作"回用"处理。"回用"处理的焊缝必须办理必要的审批手续。

（4）降低使用条件。在返修可能造成产品报废或造成巨大经济损失的情况下，可以根据检验结果并经用户同意，降低产品的使用条件。一般很少采用此种处理方法。

本章小结

钢结构是以钢材（钢板、型钢等）通过连接先组合成能共同工作的构件（如梁、柱、桁架等），然后用连接手段将各种构件组成整体结构。钢结构所用的连接方法有焊缝连接、铆钉连接和螺栓连接三种。

螺栓连接可分为普通螺栓连接和高强度螺栓连接两种。普通受剪螺栓连接在达到极限承载力时可能出现栓杆剪断、孔壁挤压破坏、钢板拉断、端部钢板剪断、栓杆受弯破坏。高强度螺栓根据其受力特征可分为摩擦型高强度螺栓与承压型高强度螺栓两类。摩擦型高强度螺栓,是靠连接板叠间的摩擦阻力传递剪力,施工时应做好板叠间摩擦面处理,确保螺栓杆施加足够的预拉力。承压型高强度螺栓,是当剪力大于摩擦阻力后,以栓杆被剪断或连接板被挤坏作为承载力极限状态,其承载力极限值大于摩擦型高强度螺栓。高强度螺栓连接操作工艺流程:作业准备—接头组装—安装临时螺栓—安装高强度螺栓—高强度螺栓紧固—检查验收。

铆钉连接要制孔打铆,费工费料,技术要求高,劳动强度大,劳动条件差,铆接在钢结构制品中逐步地被焊缝连接和高强度螺栓连接所代替,但目前在部分钢结构中仍被采用。

焊缝连接是现代钢结构最主要的连接方法。钢结构主要采用电弧焊,较少采用电渣焊和电阻焊等。焊接结构生产工艺过程:生产准备—金属材料的预处理—备料及成型加工—装配—焊接—质量检验与安全评定。焊缝符号可以表示出:焊缝的位置,焊缝横截面形状(坡口形状)及坡口尺寸,焊缝表面形状特征,焊缝某些特征或其他要求。焊缝符号一般由基本符号和引出线组成,必要时可以加上辅助符号、补充符号和焊缝尺寸及数据。在焊接接头中的不连续性、不均匀性以及其他不健全等欠缺,统称焊接缺陷。焊接缺陷对结构的静载强度、疲劳强度、脆性断裂都有重大的影响。钢结构焊接常用的检验方法有破坏性检验和非破坏性检验两种。焊接缺陷一般可通过补焊来修复,或者铲除焊道后重新进行焊接,有时直接作为判废的依据。

思考练习题

一、单选题

1. 在直接受动力荷载作用的情况下,采用哪种连接方式最为适合?(   )

A. 角焊缝   B. 普通螺栓   C. 对接焊缝   D. 高强度螺栓

2. 一般按构造和施工要求,钢板上螺栓的最小允许中心间距为(   ),最小允许端距为(   )。

A. $3d$ B. $2d$ C. $1.2d$ D. $1.5d$

3. 摩擦型高强度螺栓连接与承压型高强度螺栓连接的主要区别是(   )。

A. 摩擦面处理不同   B. 材料不同   C. 预拉力不同   D. 设计计算不同

4. 摩擦型高强度螺栓的抗剪连接是靠(   )来传递剪力的。

A. 螺杆抗剪和承压   B. 螺杆抗剪

C. 螺杆承压   D. 连接板件间的摩擦力

5. 摩擦型高强度螺栓连接比承压型高强度螺栓连接(   )。

A. 承载力低、变形大   B. 承载力高、变形大

C. 承载力低、变形小   D. 承载力高、变形小

6.焊缝缺陷有多种,其中( )对脆性断裂的影响最大。

A.气孔　　　　　　B.夹渣　　　　　　C.裂缝　　　　　　D.未焊透

7.一、二级焊缝不得有表面气孔、夹渣、( )、电弧擦伤等缺陷。

A.弧坑裂纹　　　　B.油污　　　　　　C.焊渣

8.焊接裂缝分冷裂缝和( )两大类。

A.热裂缝　　　　　B.内部裂缝　　　　C.表面裂缝

9.CO_2 气体保护焊是属于( )。

A.手工电弧焊　　　B.半自动焊　　　　C.自动焊

10.焊缝外观检查方法及工具主要有肉眼观察、焊缝检验尺、( )。

A.磁粉检测　　　　B.着色检查　　　　C.5~10 倍放大镜

二、多选题

1.对于承受动荷载的结构,钢结构的连接方法易采用( )。

A.焊接连接　　　　　　　　　　B.普通螺栓连接

C.高强度螺栓连接　　　　　　　D.铆接

2.高强度螺栓连接副包括( )。

A.螺栓　　　　　　B.螺母　　　　　　C.垫圈　　　　　　D.连接板

3.螺栓机械防松措施包括( )。

A.点焊　　　　　　B.槽形螺母　　　　C.止动垫圈　　　　D.安装弹簧垫圈

4.在确定铆钉参数时,根据使用要求,对铆钉要进行( )试验。

A.可锻性　　　　　B.受弯强度　　　　C.受剪强度　　　　D.受压强度

5.碳钢焊条的型号根据( )划分。

A.熔敷金属的抗拉强度　　　　　　B.熔敷金属的抗压强度

C.药皮类型　　　D.焊接电流种类　　E.焊接位置

6.埋弧焊适用于( )。

A.焊接长度较大　　　　　　　　　B.焊接普通钢结构

C.板较厚　　　D.焊接长度较短　　　E.薄钢板

7.焊接缺陷按主要成因分( )。

A.构造缺陷　　　　B.成型缺陷　　　　C.体积性缺陷

D.工艺缺陷　　　　E.冶金缺陷

8.焊缝外观检查方法及工具主要有( )。

A.肉眼观察　　　　B.着色检查　　　　C.5~10 倍放大镜

D.焊接检验尺　　　E.磁粉检测

三、简答题

1.普通螺栓按制造精度分为哪两类?按受力分析分为哪两类?

2.普通螺栓是通过什么来传力的?摩擦型高强度螺栓是通过什么来传力的?

3. 高强度螺栓根据受力性能分哪几类？

4. 在高强度螺栓性能等级中，8.8级、10.9级高强度螺栓的含义是什么？

5. 普通螺栓连接受剪时，限制端距≥2d，是为了避免什么破坏？

6. 采用受剪螺栓连接时，为避免连接板冲剪破坏，构造上采取什么措施？为避免栓杆受弯破坏，构造上采取什么措施？

7. 螺栓连接中，规定螺栓最小容许距离的理由是什么？规定螺栓最大容许距离的理由是什么？

8. 如何保证受动力荷载作用的普通螺栓在使用中不会松动？

9. 如何保证高强度螺栓的摩擦达到设计标准？

第6章　钢结构安装

【学习目标】

通过本章的学习,熟悉不同钢结构的施工方法;能编制钢柱的安装,一般单层钢结构安装,多层、高层钢结构安装、网架结构的安装技术的施工方案及现场施工工作。

6.1　钢结构安装概述

6.1.1　安装重要性

钢结构近年来在我国得到蓬勃发展,体现了钢结构在建筑方面的综合效益,从一般钢结构发展到高层和超高层结构,大跨度空间结构如网架、网壳,空间桁架、悬索等杂交空间结构,张力膜结构,预应力钢结构,钢与混凝土组合结构,轻型钢结构等。

从材料、制作、安装到成品,对不同的结构都各有差异。就安装方法而言,如何在质量优良、安全生产、成本低廉的要求下采取最优方案是人们最关心的问题,是直接关系到百年大计、安全第一的大事。

6.1.2　安装方法

不同的钢结构及结构形式都需采用合理的安装工艺和施工方法。

(1)一般单层工业厂房钢结构工程,分两段进行安装。第一阶段用"分件流水法"安装钢柱—柱间支撑—吊车梁或连系梁等。第二阶段用"节间综合法"安装屋盖系统。

(2)高层、超高层钢结构工程,根据结构平面选择适当位置先做样板间构成稳定结构,采用"节间综合法"。钢柱—柱间支撑或剪力墙—钢梁(主梁、次梁、隅撑),由样板间向四周发展,然后采用"分件流水法"。

(3)网架结构。对平板型网架结构,根据网架受力和构造特点,在满足质量、安全、进度和经济效果等要求的前提下,结合当地的施工技术条件综合确定其安装方法,分别有高空散装法、分条分块法、高空滑移法、整体吊升法、升板机提升法和顶升施工法。

(4)网壳结构。安装方法可沿用网架施工的多种方法,但可根据某种网壳的特点而选用特殊的安装方法,从而达到优质安全及经济合理的要求。

(5)球面网壳。可采用"内扩法",即逐圈向内拼装,利用开口壳来支承壳体自重,这种方法视网壳尺寸大小,经过验算确定是否用无支架拼装或小支架拼装法;也可采用"外扩法",即在中心部位立一个提升装置,从内向外逐圈拼装,随提升随拼装,直至拼装完毕,同时提升到设计位置。为防止网壳变形,吊点要经过计算确定其位置及点数。

(6)悬索结构。根据结构形式分为单向单层悬索屋盖、单向双层悬索屋盖、双层辐射状悬索屋盖、双向单层(索网)悬索屋盖,不同的悬索结构采取不同的钢索制作及张拉工艺。

6.1.3 施工工艺流程图

施工工艺流程示意如图 6-1 所示。

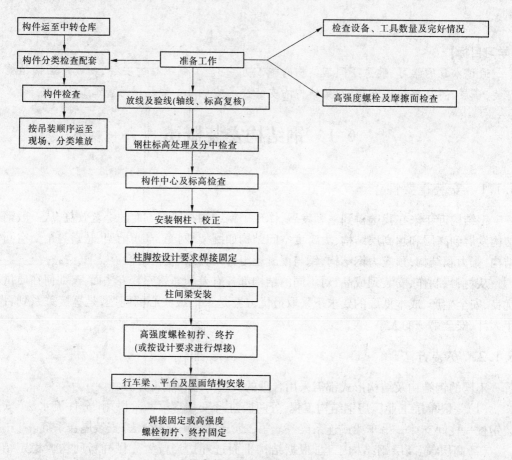

图 6-1 施工工艺流程示意

6.1.4 主要施工设备

在多层、高层钢结构安装施工中,以塔式起重机、履带式起重机、汽车式起重机为主。

(1)塔式起重机。又称塔吊,有行走式、固定式、附着式与内爬式几种类型。塔式起重机由提升、行走、变幅、回转等机构及金属结构两大部分组成,其中金属结构部分的质量占起重机总质量的很大比例。塔式起重机具有提升高度高,工作半径大,动作平稳,工作效率高等优点。随着建筑机械技术的发展,大吨位塔式起重机的出现,弥补了塔式起重机起重量不大的缺点。

(2)其他施工机具。在多层、高层钢结构施工中,除塔式起重机、汽车式起重机、履带式起重机外,还会用到以下一些机具,如千斤顶、卷扬机、滑车及滑车组、钢丝绳、电焊机、全站仪、经纬仪等。

6.2　钢结构安装工程准备工作

6.2.1　图纸会审和设计变更

在钢结构安装前应进行图纸会审,在会审前施工单位应熟悉并掌握设计文件内容,发现设计中影响构件安装的问题,并查看与其他专业工程配合不适宜的方面。

6.2.1.1　图纸会审

在钢结构安装前,为了解决施工单位在熟悉图纸过程中发现的问题,将图纸中发现的技术难题和质量隐患消灭在萌芽之中,参与各方要进行图纸会审。

图纸会审的内容一般包括:

(1)设计单位的资质是否满足,图纸是否经设计单位正式签署;

(2)设计单位做设计意图说明和提出工艺要求,制作单位介绍钢结构的主要制作工艺;

(3)各专业图纸之间有无矛盾;

(4)各图纸之间的平面位置、标高等是否一致,标注有无遗漏;

(5)各专业工程施工程序和施工配合有无问题;

(6)安装单位的施工方法能否满足设计要求。

6.2.1.2　设计变更

施工图纸在使用前、使用后均会出现由于建设单位要求,或现场施工条件的变化,或国家政策法规的改变等而引起的设计变更。设计变更不论何种原因,由谁提出,都必须征得建设单位同意并办理书面变更手续。设计变更的出现会对工期和费用产生影响,在实施时应严格按规定办事,以明确责任,避免出现索赔事件不利于施工。

6.2.2　施工组织设计

6.2.2.1　施工组织设计的编制依据

(1)合同文件。上级主管部门批准的文件、施工合同、供应合同等。

(2)设计文件。设计图、施工详图、施工布置图、其他有关图纸。

(3)调查资料。现场自然资源情况(如气象、地形)、技术经济调查资料(如能源、交通)、社会调查资料(如政治、文化)等。

(4)技术标准。现行的施工验收规范、技术规程、操作规程等。

(5)其他。建设单位提供的条件、施工单位自有情况、企业总施工计划、国家法规等其他参考资料。

6.2.2.2　施工组织设计的内容

(1)工程概况及特点介绍。

(2)施工程序和工艺设计。

(3)施工机械的选择及吊装方案。

（4）施工现场平面图。

（5）施工进度计划。

（6）劳动组织、材料、机具需用量计划。

（7）质量措施、安全措施、降低成本措施等。

6.2.3　文件资料准备

（1）设计文件。主要包括钢结构设计图、建筑图、相关基础图、钢结构施工总图、各分部工程施工详图、其他有关图纸及技术文件。

（2）记录。主要包括图纸会审记录、支座或基础检查验收记录、构件加工制作检查记录等。

（3）文件资料。主要包括施工组织设计、施工方案或作业设计、材料、成品质量合格证明文件及性能检测报告等。

6.2.4　中转场地的准备

高层钢结构安装是根据规定的安装流水顺序进行的,钢构件必须按照流水顺序的需要配套供应。如制造厂的钢构件供货是分批进行的,同结构安装流水顺序不一致,或者现场条件有限,有时需要设置钢构件中转堆场以起调节作用。中转堆场的主要作用如下:

（1）储存制造厂的钢构件（工地现场没有条件储存大量构件）;

（2）根据安装施工流水顺序进行构件配套,组织供应;

（3）对钢构件质量进行检查和修复,保证将合格的构件送到现场。

钢结构通常在专门的钢结构加工厂制作,然后运至工地,经过组装后进行吊装。钢结构构件应按安装程序保证及时供应,现场场地能满足堆放、检验、油漆、组装和配套供应的需要。钢结构按平面布置进行堆放,堆放时应注意下列事项:

（1）堆放场地要坚实。

（2）堆放场地要排水良好,不得有积水和杂物。

（3）钢结构构件可以铺垫木水平堆放,支座间的距离应不使钢结构产生残余变形。

（4）多层叠放时垫木应在一条垂线上。

（5）不同类型的构件应分类堆放。

（6）钢结构构件堆放位置要考虑施工安装顺序。

（7）堆放高度一般不大于 2 m,屋架、桁架等宜立放,紧靠立柱支撑稳定。

（8）堆垛之间需留出必要的通道,一般宽度为 2 m。

（9）构件编号应放置在构件醒目处。

（10）构件堆放在铁路或公路旁,并配备装卸机械。

6.2.5　钢构件的核查、编号与弹线

（1）清点构件的型号、数量,并按设计和规范要求对构件质量进行全面检查,包括构件强度与完整性（有无严重裂缝、扭曲、侧弯、损伤及其他严重缺陷）;外形和几何尺寸,平

整度;埋设件、预留孔的位置、尺寸和数量;接头钢筋吊环、埋设件的稳固程度和构件的轴线等是否准确,有无出厂合格证。如有超出设计或规范规定的偏差,应在吊装前纠正。

(2)现场构件进行脱模,排放;场外构件进场及排放。

(3)按图纸对构件进行编号。不易辨别上下、左右、正反的构件,应在构件上用记号注明,以免吊装时搞错。

(4)在构件上根据就位、校正的需要弹好就位和校正线。柱弹出三面中心线、牛腿面与柱顶面中心线、±0.000 线(或标高准线)。吊点位置:基础杯口应弹出纵横轴线;吊车梁、屋架等构件应在端头与顶面及支承处弹出中心线和标高线;在屋架或屋面梁上弹出天窗架、屋面板或檩条的安装就位控制线,在两端及顶面弹出安装中心线。

6.2.6 钢构件的接头及基础准备

6.2.6.1 接头准备

(1)准备和分类清理好各种金属支撑件及安装接头用连接板、螺栓、铁件和安装垫铁;施焊必要的连接件,如屋架、吊车梁垫板、柱支撑连接件及其余与柱连接相关的连接件,以减少高空作业。

(2)清除构件接头部位及埋设件上的污物、铁锈。

(3)对于需组装拼装及临时加固的构件,按规定要求使其达到具备吊装条件。

(4)在基础杯口底部,根据柱子制作的实际长度(从牛腿至柱脚尺寸)误差,调整杯底标高,用1:2水泥砂浆找平,标高允许误差为 ±5 mm,以保持吊车梁的标高在同一水平面上;当预制柱采用垫板安装或重型钢柱采用杯口安装时,应在杯底设垫板处局部抹平,并加设小钢垫板。

(5)柱脚或杯口侧壁未划毛的,要在柱脚表面及杯口内稍加凿毛处理。

(6)钢柱基础,要根据钢柱实际长度、牛腿间距离、钢板底板平整度检查结果,在柱基础表面浇筑标高块(块成十字式或四点式)。标高块强度不小于 30 MPa,表面埋设 16 ~ 20 mm 厚钢板。基础上表面亦应凿毛。

6.2.6.2 基础准备

基础准备包括轴线误差量测、基础支承面的准备、支承面和支座表面标高与水平度的检验、地脚螺栓位置和伸出支承面长度的量测等。

(1)柱子基础轴线和标高正确是确保钢结构安装质量的基础,应根据基础的验收资料复核各项数据,并标注在基础表面上。

(2)基础支承面的准备有两种做法:一种是基础一次浇筑到设计标高,即基础表面先浇筑到设计标高以下 20 ~ 30 mm 处,然后在设计标高处设角钢或槽钢制导架,测准其标高,再以导架为依据用水泥砂浆仔细铺筑支座表面;另一种是基础预留标高,安装时做足,即基础表面先浇筑至距设计标高 50 ~ 60 mm 处,柱子吊装时,在基础面上放钢垫板以调整标高,待柱子吊装就位后,再在钢柱脚底板下浇筑细石混凝土。

(3)基础顶面直接作为柱的支承面和基础顶面预埋钢板或支座作为柱的支承面时,其支承面、地脚螺栓(锚栓)的允许偏差应符合表6-1的规定。

表 6-1　支承面、地脚螺栓(锚栓)的允许偏差

项目		允许偏差
支承面	标高	±3.0
	水平度	$l/1\,000$
地脚螺栓(锚栓)	螺栓中心偏移	5.0
预留孔中心偏移		10.0

(4)钢柱脚采用钢垫板作支承时,应符合下列规定:

①钢垫板面积应根据基础混凝土的抗压强度、柱脚底板下细石混凝土二次浇灌前柱底承受的荷载和地脚螺栓(锚栓)的紧固拉力计算确定。

②垫板应设置在靠近地脚螺栓(锚栓)的柱脚底板加劲板下,每根地脚螺栓(锚栓)侧应设 1~2 组垫板,每组垫板不得多于 5 块。垫板与基础面和柱底面的接触应平整、紧密。当采用成对斜垫板时,其叠合长度不应小于垫板长度的 2/3。二次浇灌混凝土前垫板间应焊接固定。

③钢柱脚采用坐浆垫板时,应采用无收缩砂浆。柱子吊装前砂浆试块强度应高于基础混凝土强度一个等级。

6.2.7　其他准备工作

6.2.7.1　吊装机具、材料、人员准备

(1)检查吊装用的起重设备、配套机具、工具等是否齐全、完好,运输是否灵活,并进行试运转。

(2)准备好吊具,如吊索、卡环、绳卡、横吊梁、捌链、千斤顶、滑车等,并检查其强度和数量是否满足吊装需要。

(3)准备吊装用工具,如高空用吊挂脚手架、操作台、爬梯、溜绳、缆风绳、撬杠、大锤、钢(木)楔、垫木铁垫片、线锤、钢尺、水平尺,测量标记以及水准仪、经纬仪等。

(4)做好埋设地锚等工作。

(5)准备施工用料,如加固脚手杆、电焊、气焊设备、材料等。

(6)按吊装顺序组织施工人员进场,并进行有关技术交底、培训、安全教育。

6.2.7.2　道路临时设施准备

(1)整平场地、修筑构件运输和起重吊装开行的临时道路,并做好现场排水设施。

(2)清除工程吊装范围内的障碍物,如旧建筑物、地下电缆管线等。

(3)敷设吊装用供水、供电、供气及通信线路。

(4)修建临时建筑物,如工地办公室、材料、机具仓库、工具房、电焊机房、工人休息室、开水房等。

6.3　钢结构安装工程

6.3.1　钢柱的安装

6.3.1.1　概述

　　一般钢柱弹性和刚性都很好,吊装时为了便于校正,一般采用一点吊装法,常用的钢柱吊装法有旋转法、递送法和滑行法。对于重型钢柱可采用双机抬吊。

　　(1)在采用双机抬吊时应注意以下事项:

　　①尽量选用同类型起重机。

　　②根据起重机的能力,对起吊点进行荷载分配。

　　③各起重机的荷载不宜超过其起重能力的80%。

　　④在双机抬吊操作过程中,要互相配合,动作协调,以防一台起重机失重而使另一台起重机超载,造成安全事故。

　　⑤信号指挥,分指挥必须听从总指挥。

　　(2)钢柱的校正。

　　①柱基标高调整。根据钢柱实际长度、柱底平整度、钢牛腿顶部距柱底部距离,重点要保证钢牛腿顶部标高值,以此来控制基础找平标高。

　　②平面位置校正。在起重机不脱钩的情况下,将柱底定位线与基础定位轴线对准缓慢落至标高位置。

　　③钢柱校正。优先采用缆风绳校正(同时柱脚底板与基础间间隙垫上垫铁),对于不便采用缆风绳校正的钢柱可采用调撑杆校正。

6.3.1.2　吊点的选择

　　吊点位置及吊点数量,根据钢柱形状、断面、长度、起重机性能等具体情况确定。

　　通常钢柱弹性和刚性都很好,可采用一点正吊,吊点设在柱顶处。这样,柱身易于垂直,易于对位校正。当受到起重机械臂杆长度限制时,吊点也可设在柱长1/8处,此时吊点斜吊,对位校正较难。

　　对细长钢柱,为防止钢柱变形,也可采用两点或三点吊。

　　为了保证吊装时索具安全及便于安装校正,吊装钢柱时在吊点部位预先安有吊耳(见图6-2),吊装完毕再割去。如不采用在吊点部位焊接吊耳,也可直接用钢丝绳绑扎钢柱,此时,钢柱 $N = tL$ 点处钢柱四角应用割缝钢管或方形木条做包角保护,以防钢丝绳割断。工字形钢柱为防止局部受挤压破坏,可设一加强肋板在绑扎点处并加支撑杆加强。

6.3.1.3　起吊方法

　　起吊方法应根据钢柱类型、起重设备和现场条件确定。起重设备可采用单机、双机、三机等,如图6-3所示。起吊方法可采用旋转法、递送法和滑行法。

　　(1)旋转法。是起重机边起钩边回转,使钢柱绕柱脚旋转而将钢柱吊起(见图6-4)。

　　(2)递送法。采用双机或三机抬吊钢柱。其中一台为副机,吊点选在钢柱下面,起吊时配合主机起钩,随着主机的起吊,副机行走或回转。在递送过程中副机承担一部分荷

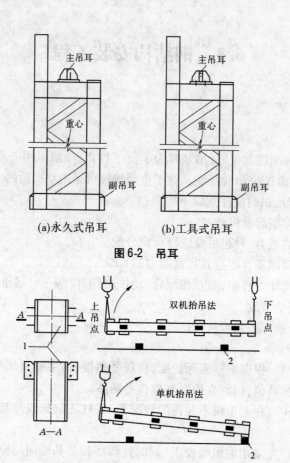

(a)永久式吊耳　　(b)工具式吊耳

图 6-2　吊耳

双机抬吊法

单机抬吊法

1—吊耳;2—垫木

图 6-3　钢柱吊装

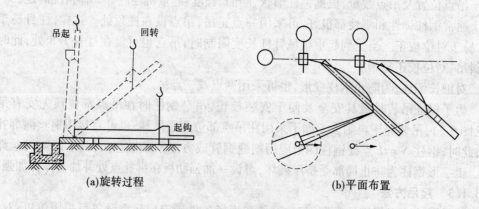

(a)旋转过程　　(b)平面布置

图 6-4　用旋转法吊柱

载,将钢柱抬起回转或行走,见图 6-5。

（3）滑行法。是采用单机或双机抬吊钢柱,起重机只起钩,使钢柱滑行而将钢柱吊起。为减小钢柱与地面之间的摩阻力,需在柱脚下铺设滑行道(见图 6-6)。

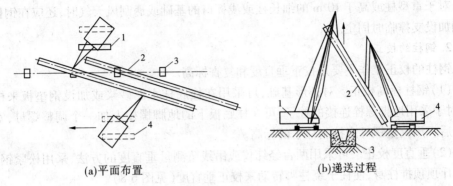

(a)平面布置   (b)递送过程

1—主机;2—柱子;3—基础;4—副机

图 6-5 双机抬吊递送法

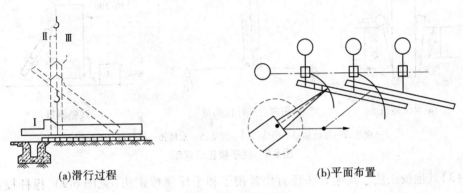

(a)滑行过程   (b)平面布置

图 6-6 用滑行法吊柱

6.3.1.4 钢柱的校正与固定

1.钢柱的临时固定

吊起的钢柱插入杯形基础的杯口就位,经初步校正后,用钢或硬木楔临时固定。柱身中心线对准杯口或杯底中心线后刹车,在柱与杯口四周空隙间每侧塞入两个钢或硬木楔。当柱落实到杯底后,复查对位,打紧楔子,起重机脱钩。完成吊装工作。

采用地脚螺栓连接的钢柱,吊装就位并初步调整到准确位置后,拧紧全部螺母,临时安装固定后,即可脱钩(见图 6-7)。

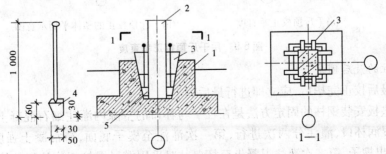

1—杯形基础;2—柱;3—钢或硬木楔;4—钢塞;5—嵌小钢塞或卵石

图 6-7 钢柱临时固定方法

对于重型柱或高于10 m的细长柱或浅杯口的基础或遇刮风天气时,还应在钢柱大面两侧加设支撑临时固定。

2.钢柱的校正

钢柱的校正工作主要是校正垂直度和复查标高。

(1)钢柱标高校正。对杯形基础,可采用在柱底抹水泥砂浆或加设钢垫板来校正标高;对于采用地脚螺栓连接的柱子,可在柱底板下的地脚螺栓上加一个调整螺母,安装好柱子后,用调整螺母来控制柱子的标高。

(2)垂直度校正。可采用两台经纬仪或吊线坠测量垂直度的方法,采用松紧钢楔,或用千斤顶顶推柱身,使柱子绕柱脚转动来校正垂直度(见图6-8)。

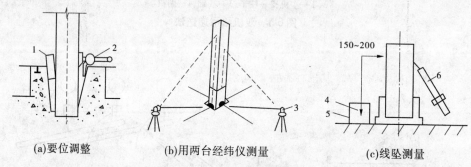

(a)要位调整　　　　(b)用两台经纬仪测量　　　　(c)线坠测量

1—楔块;2—螺丝顶;3—经纬仪;4—线坠;5—水桶;6—调整螺杆千斤顶

图6-8　柱子校正示意图

(3)其他校正法。其他方法还有松紧楔子和千斤顶校正法(见图6-9)、撑杆校正法(见图6-10)、缆风绳校正法(见图6-11)。

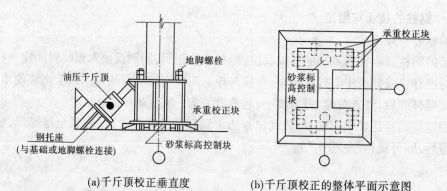

(a)千斤顶校正垂直度　　　　(b)千斤顶校正的整体平面示意图

图6-9　用千斤顶校正垂直度

3.钢柱的最后固定

钢柱最后校正完毕后,应立即进行最后固定。

对无垫板安装钢柱的固定方法是在柱子与杯口的空隙内灌注细石混凝土。灌注前,先清理并湿润杯口,灌注分两次进行,第一次灌注至楔子底面,待混凝土强度等级达到25%后,拔出楔子,第二次灌注混凝土至杯口。对采用缆风绳校正法校正的柱子,需待第二次灌注混凝土强度达到70%时,方可拆除缆风绳。

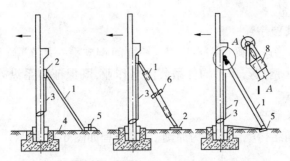

1—木杆或钢管撑杆;2—摩擦板;3—钢丝绳;4—槽钢撑头;

5—固定桩;6—扣具;7—拉索;8—装置端

图 6-10 木杆或钢管撑杆校正柱垂直度

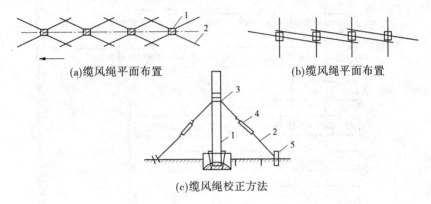

(a)缆风绳平面布置   (b)缆风绳平面布置

(c)缆风绳校正方法

1—柱;2—缆风绳,用 39~12 mm 钢丝绳或 6 mm 钢筋;3—钢箍;

4—花篮螺栓或 5 kN 捌链;5—木桩或固定在建筑物上

图 6-11 缆风绳校正法

对有垫板安装钢柱的二次灌注方法,通常采用赶浆法或压浆法。赶浆法是在杯口一侧灌强度等级高一级的无收缩砂浆(掺水泥用量 0.03‰~0.05‰的铝粉)或细豆石混凝土,用细振动棒振捣使砂浆从柱底另一侧挤出,待填满柱底周围约 10 cm 高,接着在杯口四周均匀地灌细石混凝土至与杯口平。

压浆法是在杯口空隙内插入压浆管与排气管,先灌 20 cm 高混凝土,并插捣密实,然后开始压浆,待混凝土被挤压上拱,停止顶压;再灌 20 cm 高混凝土顶压一次即可拔出压浆管和排气管,继续灌注混凝土至与杯口平。压浆法适合于截面很大、垫板高度较薄的杯底灌浆。

对采用地脚螺栓方式连接的钢柱,当钢柱安装校正后,拧紧螺母进行最后固定。

6.3.2 一般单层钢结构安装要点

6.3.2.1 构件吊装顺序

1.最佳的吊装方法

先吊装竖向构件,后吊装平面构件,这样施工的目的是减小建筑物的纵向长度安装累积误差,保证工程质量。

2.竖向构件吊装顺序

柱(混凝土、钢)—连系梁(混凝土、钢)—柱间钢支撑—吊车梁(混凝土、钢)—制动桁架—托架(混凝土、钢)等,单种构件吊装流水作业,既保证体系纵列形成排架,稳定性好,又能提高生产效率。

3.平面构件吊装顺序

主要以形成空间结构稳定体系为原则,工艺流程如图6-12所示。

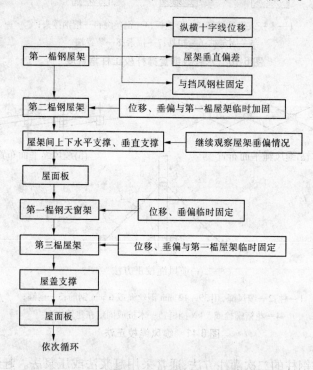

图6-12 平面构件吊装顺序工艺流程

6.3.2.2 标准样板间安装

选择有柱间支撑的钢柱,柱与柱形成排架,将屋盖系统安装完毕形成空间结构稳定体系,各项安装误差都在允许范围之内或更小,依此安装,要控制有关间距尺寸,相隔几间,复核屋架垂偏即可。只要制作孔位合适,安装效率是非常高的。

6.3.2.3 几种情况说明

(1)并列高低跨吊装:考虑屋架下弦伸长后柱子向两侧偏移问题,先吊高跨后吊低跨。

(2)并列大跨度与小跨度:先吊装大跨度,后吊装小跨度。

(3)并列间数多的与间数少的屋盖吊装:先吊间数多的,后吊间数少的。

(4)并列有屋架跨与露天跨吊装:先吊有屋架跨,后吊露天跨。

以上几种情况也适合于门式刚架轻型钢结构屋盖施工。

6.3.3 多层、高层钢结构安装

6.3.3.1 多层、高层钢结构安装重点

1. 总平面规划

总平面规划主要包括结构平面纵横轴线尺寸、主要塔式起重机的布置及工作范围、机械开行路线、配电箱及电焊机布置、现场施工道路、消防道路、排水系统、构件堆放位置等。如果现场堆放构件场地不足,可选择中转场地。

2. 塔式起重机选择

(1)起重机性能选择。根据吊装范围的最重构件、位置及高度,选择相应塔式起重机,其最大起重力矩(或双机起重力矩的80%)所具有的起重量、回转半径、起重高度应满足要求。此外,还应考虑塔式起重机高空使用的抗风性能,起重卷扬机滚筒对钢丝绳的容绳量,吊钩的升降速度。

(2)起重机数量选择。根据建筑物平面、施工现场条件、施工进度、塔吊性能等,布置1台、2台或多台。在满足起重机性能的情况下,尽量做到就地取材。

(3)起重机类型选择。在多层、高层钢结构施工中,其主要吊装机械一般都是选用自升式塔吊,自升式塔吊又分为内爬式和外附着式两种。

3. 人货两用电梯选择

一般配备一柱两笼式人货两用电梯。

4. 测量工艺

选择合理的测量监控工艺。

5. 钢框架吊装顺序

竖向构件标准层的钢柱一般为最重构件,它受起重机能力、制作、运输等的限制,钢柱制作一般为 2～4 层一节。

对框架平面而言,除考虑结构本身刚度外,还需考虑塔吊爬升过程中框架稳定性及吊装进度,进行流水段划分。先组成标准的框架体,科学地划分流水作业段,向四周发展。

6. 多层、高层钢结构安装工艺流程

在安装施工中应注意以下问题:

(1)合理划分流水作业区段。

(2)确定构件安装顺序。

(3)在起重机起重能力允许的情况下,为减少高空作业、确保安装质量、安全生产、减少吊次、提高生产率,能在地面组拼的尽量在地面组拼好,如钢柱与钢支撑、层间柱与钢支撑、钢桁架组拼等,一次吊装就位。

(4)安装流水段,可按建筑物平面形状、结构形式、安装机械的数量、工期、现场施工条件等划分。

(5)构件安装顺序,平面上应从中间核心区及标准节框架向四周发展,竖向应由下向上逐件安装。

(6)确定流水区段,且构件安装、校正、固定(包括预留焊接收缩量)后,确定构件接头焊接顺序,平面上应从中部对称地向四周发展,竖向根据有利于工艺间协调,方便施工,保

证焊接质量原则,确定焊接顺序。

（7）一节柱的一层梁安装完后,立即安装本层的楼梯及压型钢板。楼面堆放物不能超过钢梁和压型钢板的承载力。

（8）钢构件安装和楼层钢筋混凝土楼板的施工,两项作业不宜超过5层;当必须超过5层时,应通过主管设计者验算而定。

7.特殊框架结构安装

（1）顶部钢塔（桅杆）。是特殊的高耸结构物,如深圳地王大厦和上海世界广场顶部的钢桅杆,从制作到安装,难度相当大。其下部呈框架形式,由一根变截面钢管通向空中,所有管与管之间都是相贯节点。由于塔吊的起重能力和爬升高度所限,一般采取倒装顶升法及其他方法施工,以确保满足质量、安全、进度要求。

（2）停机坪。在大城市,比较重要的超高层钢结构顶部,如深圳发展中心,一般会设有停机坪。因此,顶层结构设计荷载会大于其他层结构设计荷载,柱、梁布置结构形式、节点形式也较为特殊,给安装增加了很大难度。

（3）水平加强层（或设备层）。由于增加了柱与柱之间的垂直支撑系统（或称桁架）,构件安装的精度要求就更高。

（4）旋转餐厅层。如上海国际航运大厦,其顶层为观光游览旋转餐厅,在抗剪核心筒体外设有旋转平台,有几段区梁组成的环梁。在制作厂专用胎具上,将每段区梁都进行试拼组成环梁,全面检查其同心位置、圆弧和水平标高,并试运转,把问题消减在制作厂内,直至运转无误,再编号、拆开,按安装顺序运至现场进行安装。

（5）观光电梯框架。由于观光电梯框架垂直精度高,必须为安装电梯导轨打下基础。但由于单个构件长细比大,为防止变形,一般拼成框架,组成刚度较大的整体钢框架安装,安装后进行校正和水平固定。

6.3.3.2 安装阶段的测量放线

1.建立基准控制点

根据施工现场条件,建筑物测量基准点有两种测设方法。

（1）外控法。即将测量基准点设在建筑物外部,适用于场地开阔的现场。根据建筑物平面形状,在轴线延长线上设立控制点,控制点一般距建筑物0.8~1.5倍的建筑物高度处。引出交线形成控制网,并设立控制桩。

（2）内控法。即将测量基准点设在建筑物内部,适用于场地较小、无法采用外控法的现场。控制点的位置、多少根据建筑物平面形状而定。

2.平面轴线控制点的竖向传递

（1）地下部分。高层钢结构工程,通常有一定层数的地下部分,对地下部分可采用外控法,建立十字形或井字形控制点,组成一个平面控制网。

（2）地上部分。控制点的竖向传递采用内控法时,投递仪器可采用全站仪或激光准直仪。在控制点架设仪器对中调平。在传递控制点的楼面上预留孔（如300 mm×300 mm）,孔上设置光靶。传递时仪器从0°、90°、180°、270°等4个方向,向光靶投点,定出4点,找出4点对角线的交点作为传递上来的控制点。

3．柱顶平面放线

利用传递上来的控制点,用全站仪或经纬仪进行平面控制网放线,把轴线放到柱顶上。

4．悬吊钢尺传递高程

利用高程控制点,采用水准仪和钢尺测量的方法引测,如图6-13所示。

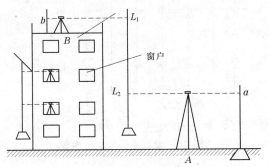

图6-13　悬吊钢尺传递高程

$$H_m = H_b + a + [(L_1 - L_2) + \Delta t + \Delta k] - b$$

式中　H_m——设置在建(构)筑物上的水准点高程;

　　　H_b——地面上水准点高程;

　　　a——地面上 A 点置镜时水准尺的读数;

　　　b——建(构)筑物上 B 点置镜时水准尺的读数;

　　　L_1——建(构)筑物上 B 点置镜时钢尺的读数;

　　　L_2——地面上 A 点置镜时钢尺的读数;

　　　Δt——钢尺的温度改正值;

　　　Δk——钢尺的尺长改正值。

当超过钢尺长度时,可分段向上传递标高。

5．钢柱垂直度测量

钢柱垂直度的测量可采用以下几种方法:

(1)激光准直仪法。将准直仪架设在控制点上,通过观测接收靶上接收到的激光束,来判断柱子是否垂直。

(2)铅垂法。是一种较为原始的方法,指用锤球吊校柱子,如图6-14所示。为避免垂线摆动,可加套塑料管,并将锤球放在黏度较大的油中。

(3)经纬仪法。用两台经纬仪架设在轴线上,对柱子进行校正,是施工中常用的方法。

(4)建立标准柱法。根据建筑物的平面形状选择标准柱,如正方形框架选4根转角柱。

根据测设好的基准点,用激光经纬仪对标准柱的垂直度进行观测,在柱顶设测量目标,激光仪每测一次转动 90°,测得 4 个点,取该 4 点相交点为准量测安装误差(见图6-15)。除标准柱外,其他柱子的误差量测采用丈量法,即以标准柱为依据,沿外侧拉钢丝绳组成平面封闭状方格,用钢尺丈量,超过允许偏差则进行调整(见图6-16)。

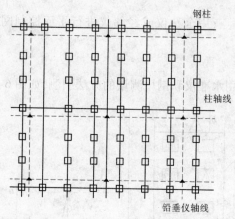

□—钢柱位置;▲—铅垂仪位置;—钢柱控制格图;----铅垂仪控制格图

图 6-14　钢柱安装铅垂仪布置

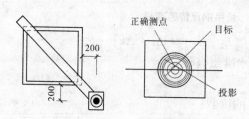

图 6-15　钢柱顶的激光测量目标

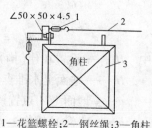

1—花篮螺栓;2—钢丝绳;3—角柱

图 6-16　钢柱校正用钢丝绳

6.3.3.3　构件的安装顺序

在平面上,考虑钢结构安装过程中的整体稳定性和对称性,安装顺序一般由中央向四周扩展,先从中间的一个节间开始,以一个节间的柱网为一个吊装单位,先吊装柱,后吊装梁,然后向四周扩展,如图 6-17 所示。在立面上,以一节钢柱高度内所有构件为一个流水段,一个立面内的安装顺序如图 6-18 所示。

6.3.3.4　构件接头的现场焊接顺序

高层钢结构的焊接顺序,应从建筑平面中心向四周扩展,采取结构对称、节点对称和全方位对称焊接,如图 6-19 所示。

柱与柱的焊接应由两名焊工在两相对面等温、等速对称施焊;一节柱的竖向焊接顺序是先焊顶部梁柱节点,再焊底部梁柱节点,最后焊接中间部分梁柱节点;梁和柱接头的焊缝,一般先焊梁的下翼缘板,再焊上翼缘板;梁的两端先焊一端,待其冷却至常温后再焊另一端,不宜对一根梁的两端同时施焊。

6.3.3.5　多层、高层钢结构安装要点

(1)安装前,应对建筑物的定位轴线、平面封闭角、底层柱的安装位置线、基础标高和基础混凝土强度进行检查,合格后才能进行安装。

(2)应根据事先编制的安装顺序图表进行安装。

(3)凡在地面组拼的构件,均需设置拼装架组拼(立拼),易变形的构件应先进行加

· 188 ·

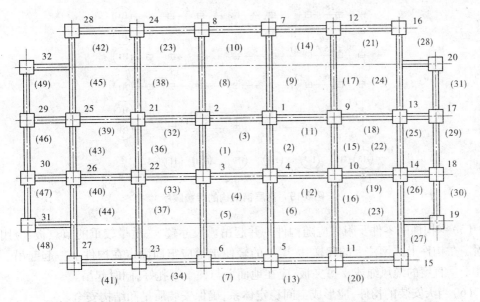

1、2、3……钢柱安装顺序;(1)、(2)、(3)……钢梁安装顺序

图6-17 高层钢结构柱、主梁安装顺序

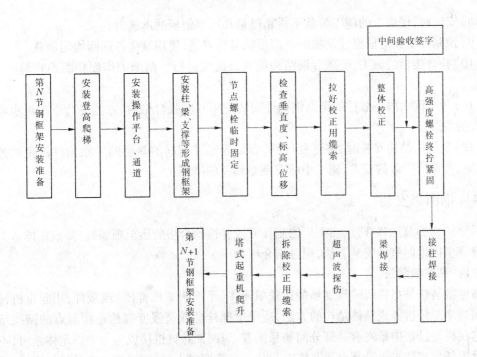

图6-18 一个立面内的安装顺序

固。组拼后的尺寸经校验无误后,方可安装。

(4)各类构件的吊点,宜按规定设置。

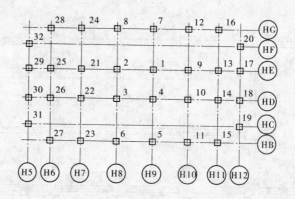

图 6-19 高层钢结构的焊接顺序

（5）钢构件的零件及附件应随构件一并起吊。尺寸较大、质量较重的节点板，应用铰链固定在构件上。钢柱上的爬梯、大梁上的轻便走道应牢固固定在构件上一起起吊。调整柱子垂直度的缆风绳或支撑夹板，应在地面上与柱子绑扎好，同时起吊。

（6）当天安装的构件，应形成空间稳定体系，确保安装质量和结构安全。

（7）一节柱的各层梁安装校正后，应立即安装本节各层楼梯，铺好各层楼层的压型钢板。

（8）安装时，楼面上的施工荷载不得超过梁和压型钢板的承载力。

（9）预制外墙板应根据建筑物的平面形状对称安装，使建筑物各侧面均匀加载。

（10）叠合楼板的施工，要随着钢结构的安装进度进行。两个工作面相距不宜超过5个楼层。

（11）每个流水段一节柱的全部钢构件安装完毕并验收合格后，方能进行下一流水段钢构件的安装。

（12）高层钢结构安装时，需注意日照、焊接等温度引起的热影响导致构件产生的伸长、缩短、弯曲所引起的偏差，施工中应有调整偏差的措施。

6.3.4 钢网架安装

网架结构的节点和杆件，在工厂内制作完成并检验合格后运至现场，拼装成整体。工程中有许多因地制宜的安装方法，现分别介绍如下。

6.3.4.1 高空散装法

高空散装法是指将运输到现场的运输单元体（平面桁架或锥体）或散件，用起重机械吊升到高空对位拼装成整体结构的方法，适用于螺栓球或高强度螺栓连接节点的网架结构。它在拼装过程中始终有一部分网架悬挑着，当网架悬挑拼接成为一个稳定体系时，不需要设置任何支架来承受其自重和施工荷载。当跨度较大时，拼接到一定悬挑长度后，设置单肢柱或支架，支承悬挑部分，以减少或避免因自重和施工荷载而产生的挠度。

1. 支架设置

支架既是网架拼装成型的承力架，又是操作平台支架，所以支架搭设位置必须对准网架下弦节点。支架一般用扣件和钢管搭设。它应具有整体稳定性和足够的刚度，应将支架本身的弹性压缩、接头变形、地基沉降等引起的总沉降值控制 5 mm 以下。为了调整沉降值和卸荷方便,可在网架下弦节点与支架之间设置调整标高用的千斤顶。

拼装支架必须牢固,设计时应对单肢稳定、整体稳定进行验算,并估算沉降量,其中单肢稳定验算可按一般钢结构设计方法进行。

2. 支架整体沉降量控制

支架的整体沉降量包括钢管接头的空隙压缩、钢管的弹性压缩、地基的沉陷等。如果地基情况不良,要采取夯实加固等措施,并且要用木板铺地以分散支柱传来的集中荷载。高空散装法对支架的沉降要求较高(不得超过 5 mm),应给予足够的重视。大型网架施工,必要时可进行试压,以取得所需的资料。

拼装支架不宜用竹或木制,因为这些材料容易变形并易燃,故当网架用焊接连接时禁用。

3. 支架的拆除

网架拼装成整体并检查合格后,即拆除支架,拆除时应从中央逐圈向外分批进行,每圈下降速度必须一致,应避免个别支点集中受力,造成拆除困难。对于大型网架,每次拆除的高度可根据自重挠度值分成若干批进行。

4. 拼装操作

总的拼装顺序是从建筑物一端开始向另一端以两个三角形同时推进,待两个三角形相交后,则按人字形逐榀向前推进,最后在另一端的正中合拢。每榀块体的安装顺序,在开始两个三角形部分是由屋脊部分分别向两边拼装。两个三角形相交后,则由交点开始同时向两边拼装,如图 6-20 所示。

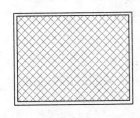
(a)网架平面

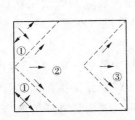
(b)网架安装顺序

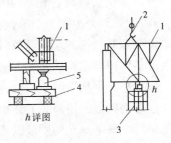
(c)网架块体临时固定方法

1—第一榀网架块体;2—吊点;3—支架;4—枕木;
5—液压千斤顶;①、②、③—安装顺序

图 6-20　高空散装法安装网架

分块(分件)吊装用两台履带式或塔式起重机进行,拼装支架用钢制,可局部搭设做成活动式,亦可满堂红搭设。分块拼装后,在支架上分别用方木和千斤顶顶住网架中央竖杆下方进行标高调整,如图 6-20 所示,其他分块则随拼装随拧紧高强度螺栓,与已拼好的分块连接即可。

当采取分件拼装时,一般采取分条进行,顺序为:支架抄平、放线—放置下弦节点垫板—按格依次组装下弦、腹杆、上弦支座(由中间向两端,一端向另一端扩展)—连接水平系杆—撤出下弦节点垫板—总拼精度校验—油漆。

每条网架组装完,经校验无误后,按总拼顺序进行下条网架的组装,直至全部完成,如图 6-21 所示。

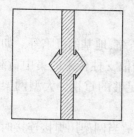 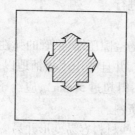 

(a)由中间向两边发展   (b)由中间向四周发展   (c)由四周向中间发展(形成封闭圈)

图 6-21   总拼顺序示意图

5. 优缺点

高空散装法不需大型起重设备,对场地要求不高,但需搭设大量拼装支架,高空作业多,高空散装,不易控制标高、轴线和质量,工效降低。

6. 适用范围

高空散装法适用于非焊接连接(如螺栓球节点、高强度螺栓节点等)的各种网架的拼装,不宜用于焊接球网架的拼装,因焊接易引燃脚手板,操作不够安全。

6.3.4.2 分条分块法

分条分块法是高空散装的组合扩大。为适应起重机械的起重能力和减少高空拼装工作量,将屋盖划分为若干个单元,在地面拼装成条状或块状扩大组合单元体后,用起重机械或设在双肢柱顶的起重设备(钢带提升机、升板机等),垂直吊升或提升到设计位置上,拼装成整体网架结构的安装方法。

条状单元是指沿网架长跨方向分割为若干区段,每个区段的宽度是 1～3 个网格,而其长度即为网架的短跨或 1/2 短跨。块状单元是指将网架沿纵横方向分割成矩形或正方形的单元。每个单元的质量以现有起重机能力能胜任为准。

1. 条状单元组合体的划分

条状单元组合体的划分是沿着屋盖长方向切割。对桁架结构是将一个间间或两个节间的两榀或三榀桁架组成条状单元体;对网架结构,则是将一个或两个网格组装成条状单元体。切割组装后的网架条状单元体往往是单向受力的两端支承结构。这种安装方法适用于分割后的条状单元体,在自重作用下能形成一个稳定体系,其刚度与受力状态改变较小的正放类网架或刚度和受力状况未改变的桁架结构类似。网架分割后的条状单元体刚度,要经过验算,必要时应采取相应的临时加固措施。通常条状单元的划分有以下几种形式:

(1)网架单元相互靠紧,把下弦双角钢分在两个单元上,如图 6-22(a)所示,此法可用于正放四角锥网架。

(2)网架单元相互靠紧,单元间上弦用剖分式安装节点连接,如图 6-22(b)所示,此法可用于斜放四角锥网架。

（3）单元之间空一节间，该节间在网架单元吊装后再在高空拼装，如图6-22（c）所示，可用于两向正交正放或斜放四角锥等网架。

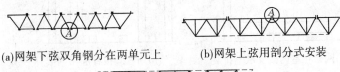

(a)网架下弦双角钢分在两单元上　　　(b)网架上弦用剖分式安装

(c)网架单元在高空拼装

图6-22　网架条(块)状单元划分方法

分条（分块）单元，自身应是几何不变体系，同时还应有足够的刚度，否则应加固。对于正放类网架而言，在分割成条（块）状单元后，自身在自重作用下能形成几何不变体系，同时也有一定的刚度，一般不需要加固。但对于斜放类网架，在分割成条（块）状单元后，由于上弦为菱形结构可变体系，因而必须加固后才能吊装，如图6-23所示为斜放四角锥网架上弦加固法。

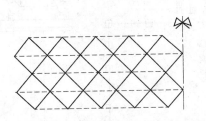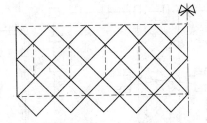

(a)网架上弦临时加固件采用平行式　　　(b)网架上弦临时加固件采用间隔式

图6-23　斜放四角锥网架上弦加固法(虚线表示临时加固杆件)示意图

2. 块状单元组合体的划分

块状单元组合体的分块，一般是在网架平面的两个方向均有切割，其大小视起重机的起重能力而定。切割后的块状单元体大多是两邻边或一边有支承，一角点或两角点要增设临时顶撑予以支承。也有将边网格切除的块状单元体，在现场地面对准设计轴线组装，边网格留在垂直吊升后再拼装成整体网架，如图6-24所示。

3. 拼装操作

吊装有单机跨内吊装和双机跨外抬吊两种方法，如图6-25（a）、（b）所示。在跨中下部设可调立柱、钢顶撑，以调节网架跨中挠度，如图6-25（c）所示。吊上后即可将半圆球节点焊接和安设下弦杆件，待全部作业完成后，拧紧支座螺栓，拆除网架、下立柱，即告完成。

4. 优缺点

分条分块法所需起重设备较简单，不需大型起重设备；可与室内其他工种平行作业，缩短总工期，用工省，劳动强度低，减少高空作业，施工速度快，费用低。但需搭设一定数量的拼装平台；另外，拼装容易造成轴线的积累偏差，一般要采取试拼装、套拼、散件拼装

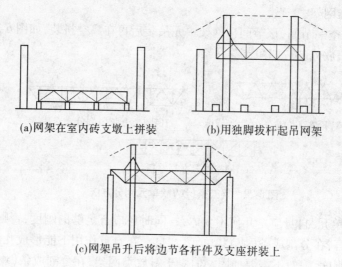

(a)网架在室内砖支墩上拼装　　　(b)用独脚拔杆起吊网架

(c)网架吊升后将边节各杆件及支座拼装上

图6-24　网架吊升后拼装边节间

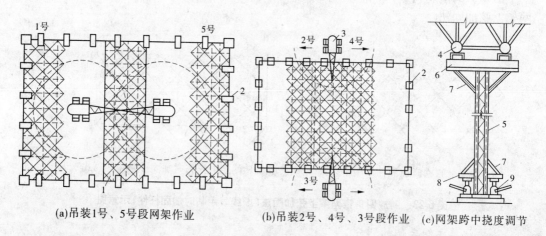

(a)吊装1号、5号段网架作业　　　(b)吊装2号、4号、3号段作业　　　(c)网架跨中挠度调节

1—网架;2—柱子;3—履带式起重机;4—下弦钢球;5—钢支柱;6—平台;7—斜杆;8—支撑;9—千斤顶

图6-25　分条分块法安装网架

等措施来控制。

5.适用范围

分条分块法高空作业较高空散装法减少,同时只需搭设局部拼装平台,拼装支架量也大大减少,并可充分利用现有起重设备,比较经济,但施工应注意保证条(块)状单元制作精度和控制起拱,以免造成总拼困难。该法适用于分割后刚度和受力状况改变较小的各种中小型网架,如双向正交正放、正放四角锥、正放抽空四角锥等网架。当场地狭小或跨越其他结构、起重机无法进入网架安装区域时尤为适宜。

6.网架挠度控制

网架条状单元在吊装就位过程中的受力状态属平面结构体系,而网架结构是按空间结构设计的。因而,条状单元在总拼前的挠度要比网架形成整体后该处的挠度大,在总拼前必须在合拢处用支撑顶起,调整挠度使其与整体网架挠度符合。块状单元在地面制作后,应模拟高空支承条件拆除全部地面支墩后观察施工挠度,必要时也应调整其挠度。

7. 网架尺寸控制

条(块)状单元尺寸必须准确,以保证高空总拼时节点吻合或减小积累误差。一般可采取预拼装或现场临时配杆等措施。

6.3.4.3 高空滑移法

高空滑移法是将网架条状单元组合体在建筑物上空进行水平滑移对位总拼的一种施工方法。它适用于网架支承结构为周边承重墙或柱上有现浇钢筋混凝土圈梁等情况。可在地面或支架上进行扩大拼装条状单元,并将网架条状单元提升到预定高度后,利用安装在支架或圈梁上的专用滑行轨道,水平滑移对位拼装成整体网架。

1. 高空滑移法分类

(1)单条滑移法。如图6-26(a)所示,先将条状单元一条条地分别从一端滑移到另一端就位安装,各条在高空进行连接。

(2)逐条积累滑移法。如图6-26(b)和图6-27所示,先将条状单元滑移一段距离(能连接上第二单元的宽度即可),连接上第二条单元后,两条一起再滑移一段距离(宽度同上),再接第三条,三条又一起滑移一段距离,如此循环操作直至接上最后一条单元为止。

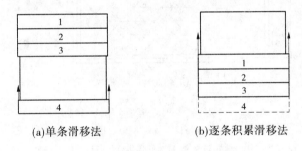

(a)单条滑移法　　　　　(b)逐条积累滑移法

图 6-26　高空滑移法示意图

2. 滑移装置

(1)滑轨。滑移用的轨道有各种形式。对于中小型网架,滑轨可用圆钢、扁钢、角钢及小型槽钢制作;对于大型网架可用钢轨、工字钢、槽钢等制作。滑轨可用焊接或螺栓固定在梁上,其安装水平度及接头要符合有关技术要求。网架在滑移完成后,支座即固定于底板上,以便于连接。

(2)导向轮。主要作为安全保险装置用,一般设在导轨内侧,在正常滑移时导向轮与导向轨脱开,其间隙为 10~20 mm,只有当同步差超过规定值或拼装误差在某处较大时二者才碰上,如图6-28所示。但是在滑移过程中,当左右两台卷扬机以不同时间启动或停车时也会造成导向轮顶上滑轨的情况。

3. 拼装操作

滑移平台由钢管脚手架或升降调平支撑组成,如图6-29所示,起始点尽量利用已建结构物,如门厅、观众厅,高度应比网架下弦低40 cm,以便在网架下弦节点与平台之间设置千斤顶,用以调整标高,平台上面铺设安装模架,平台宽应略大于两个节间。

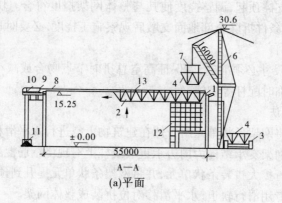

(a)平面

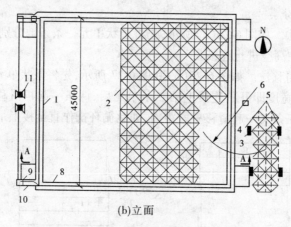

(b)立面

1—边梁;2—已拼网架单元;3—运输车轮;4—拼装单元;
5、12—拼装架;6—拔杆;7—吊具;8—牵引索;9—滑轮组;
10—滑轮组支架;11—卷扬机;13—拼接缝

图6-27　用高空滑移法安装网架结构示意图

　　网架先在地面将杆件拼装成两球一杆和四球
五杆的小拼构件,然后用悬臂式桅杆、塔式起重机
或履带式起重机,按组合拼接顺序吊到拼接平台
上进行扩大拼装。先就位点焊,拼接网架下弦方
格,再点焊立起横向跨度方向角腹杆。每节间单
元网架部件点焊拼接顺序,由跨中向两端对称进
行,焊完后临时加固。牵引可用慢速卷扬机或绞
磨进行,并设减速滑轮组。牵引点应分散设置,滑
移速度应控制在 1 m/min 以内,并要求做到两边
同步滑移。当网架跨度大于 50 m 时,应在跨中增
设一条平稳滑道或辅助支顶平台。

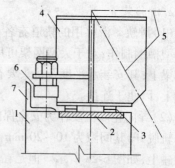

1—天沟梁;2—预埋钢板;3—轨道;4—网架支座;
5—网架杆件中心线;6—导轮;7—导轨

图6-28　轨道与导轮设置

　　4.同步控制

　　当拼装精度要求不高时,控制同步可在网架两侧的梁面上标出尺寸,牵引并报滑移

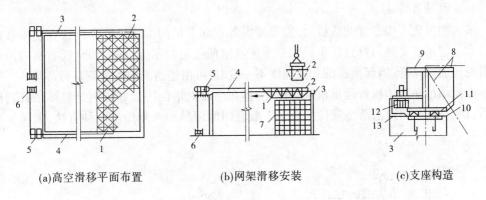

(a)高空滑移平面布置 (b)网架滑移安装 (c)支座构造

1—网架;2—网架分块单元;3—天沟梁;4—牵引线;
5—滑车组;6—卷扬机;7—拼装平台;8—网架杆件中心线;
9—网架支座;10—预埋铁件;11—型钢轨道;12—导轮;13—导轨

图 6-29 高空滑移法安装网架

距离。当同步要求较高时,可采用自整角机同步指示装置,以便集中于指挥台随时观察牵引点移动情况,读数精度为 1 mm,该装置的安装如图 6-30 所示。

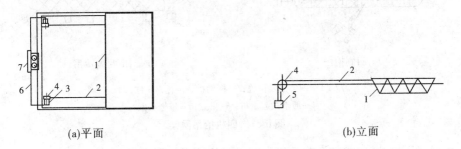

(a)平面   (b)立面

1—网架;2—钢丝;3—自整角机发送机;4—转盘;
5—平衡重;6—导线;7—自整角机接收机及读数度盘

图 6-30 自整角机同步指示器安装示意图

5. 挠度的调整

当网架单条滑移时,其施工挠度的情况与分条分块法完全相同。当逐条积累滑移时,网架的受力情况仍然是两端自由搁置的主体桁架。因而,滑移时网架虽仅承受自重,但其挠度仍较形成整体后为大。因此,在连接新的单元前,都应将已滑移好的部分网架进行挠度调整,然后拼接。在滑移时应加强对施工挠度的观测,随时调整。

6.3.4.4 整体吊升法

整体吊升法是将网架结构在地面上错位拼装成整体,然后用起重机吊升超过设计标高,空中移位后落位固定。整体吊升法不需要搭设高的拼装架,高空作业少,易于保证接头焊接质量,但需要起重能力大的设备,吊装技术也复杂。整体吊升法以吊装焊接球节点网架为宜,尤其是三向网架的吊装。根据吊装方式和所用的起重设备不同,可分为多机抬吊及独脚桅杆吊升。

1.多机抬吊作业

多机抬吊施工中布置起重机时,需要考虑各台起重机的工作性能和网架在空中移位的要求。起吊前要测出每台起重机的起吊速度以便起吊时掌握,或每两台起重机的吊索用滑轮连通。这样,当起重机的起吊速度不一致时,可由连通滑轮的吊索自行调整。

多机抬吊一般用四台起重机联合作业,将在地面上错位拼装好的网架整体吊升到柱顶后,在空中进行移位,落下就位安装。一般有四侧抬吊和两侧抬吊两种方法,如图6-31所示。

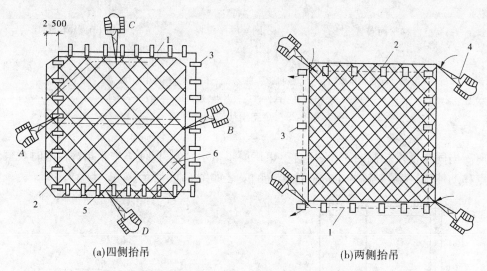

(a)四侧抬吊　　　　　　　　　　　　(b)两侧抬吊

1—网架安装位置;2—网架拼装位置;3—柱;
4—履带式起重机;5—吊点;6—串通吊索

图6-31　四机抬吊网架

如网架质量较轻,或四台起重机的起重量均能满足要求时,宜将四台起重机布置在网架的两侧,这样只要四台起重机将网架垂直吊升超过柱顶后,旋转一小角度,即可完成网架空中移位要求。

四侧抬吊时,为防止起重机因升降速度不一致而产生不均匀荷载,在每台起重机设两个吊点,每两台起重机的吊索互相用滑轮串通,使各吊点受力均匀,网架平稳上升。

当网架提到比柱顶高30 cm时,进行空中移位,起重机 A,一边落起重臂,一边升钩;起重机 B,一边升起重臂,一边落钩;C、D 两台起重机则松开旋转刹车跟着旋转,待转到网架支座中心线对准柱子中心时,四台起重机同时落钩,并通过设在网架四角的拉索和捌链拉动网架进行对线,将网架落到柱顶就位。

此法准备工作简单,安装较快速方便。四侧抬吊和两侧抬吊比较,前者移位较平稳,但操作较复杂;后者空中移位较方便,但平稳性较差一些。两种吊法都需要多台起重设备条件,操作技术要求较严。

此法适用于跨度40 cm 左右、高度2.5 m 左右的中小型网架屋盖的吊装。

2.独脚桅杆吊升作业

独脚桅杆吊升法是多机抬吊的另一种形式。它是用多根独脚桅杆,将地面错位拼装的网架吊升超过柱顶,进行空中移位后落位固定。采用此法时,支承屋盖结构的柱与桅杆应在屋盖结构拼装前竖立。此法所需的设备多,劳动量大,但对于吊装高、重、大的屋盖结构,特别是大型网架较为适宜。

3. 网架的空中移位

在多机抬吊作业中,起重机变幅容易,网架空中移位并不困难,而用多根独脚桅杆进行整体吊升网架方法的关键是网架吊升后的空中移位。由于桅杆变幅很困难,网架在空中的移位是利用桅杆两侧起重滑轮组中的水平力不等而推动网架移位的。

6.3.4.5 升板机提升法

升板机提升法是指网架结构在地面上就位拼装成整体后,用安装在柱顶横梁上的升板机,将网架垂直提升到设计标高以上,安装支承托梁后,落位固定。此法不需大型吊装设备,机具和安装工艺简单,提升平稳,提升差异小,同步性好,劳动强度低,工效高,施工安全,但需较多提升机和临时支承短钢柱、钢梁,准备工作量大。此法适用于跨度 50 ~ 70 m,高度 4 m 以上,质量较重的大中型周边支承网架屋盖。

1. 提升设备布置

在结构柱上安装升板工程用的电动穿心式提升机,将地面正位拼装的网架直接整体提升到柱顶横梁就位,如图 6-32 所示。

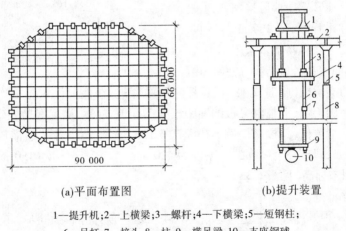

(a)平面布置图　　　　(b)提升装置

1—提升机;2—上横梁;3—螺杆;4—下横梁;5—短钢柱;
6—吊杆;7—接头;8—柱;9—横吊梁;10—支座钢球

图 6-32　升板机提升法示意图

提升点设在网架四边,每边 7 ~ 8 个。提升设备的组装系在柱顶加接的短钢柱上安工字钢上横梁,每一吊点安放一台 300 kN 电动穿心式提升机,提升机的螺杆下端连接多节长 1.8 m 的吊杆,下面连接横吊梁,梁中间用钢销与网架支座钢球上的吊环相连接。在钢柱顶上的上横梁处,又用螺杆连接着一个下横梁,作为拆卸杆时的停歇装置。

2. 提升过程

当提升机每提升一节杆杆后(升速为 3 cm/min),用 U 形卡板塞入下横梁上部和吊杆上端的支承法兰之间,卡住吊杆,卸去上节吊杆,将提升螺杆下降并与下一节吊杆接好,再继续上升,如此循环往复,直到网架升至托梁以上,然后把预先放在柱顶牛腿的托梁移至中间就位,再将网架下降在托梁上,即告完成。

网架提升时应同步,每上升 60 ~ 90 cm 观测一次,控制相邻两个提升点高差不大于 25 mm。

6.3.4.6 顶升施工法

顶升施工法是利用支承结构和千斤顶将网架整体顶升到设计位置,如图 6-33 所示。此法设备简单,不用大型吊装设备,顶升支承结构可利用结构永久性支承柱,拼装网架不需搭设拼装支架,可节省大量机具和脚手、支墩费用,降低施工成本;操作简便、安全,但顶升速度较慢,对结构顶升的误差控制要求严格,以防失稳。此法适用于安装多支点支承的各种四角锥网架屋盖。

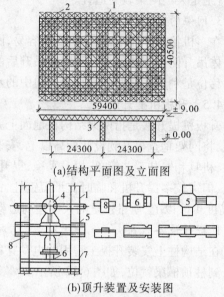

(a)结构平面图及立面图

(b)顶升装置及安装图

1—柱;2—网架;3—柱帽;4—球支座;5—十字梁;
6—横梁;7—下缀板(16 号槽钢);8—上缀板

图 6-33 某网架顶升施工图

1. 顶升准备

顶升用的支承结构一般利用网架的永久性支承柱,或在原支点处或其附近设置临时顶升支架。顶升千斤顶可采用普通液压千斤顶或丝杠千斤顶,要求各千斤顶的行程和起重速度一致。网架多采用伞形柱帽的方式,在地面上按原位整体拼装。由四根角钢组成的支承柱(临时支架)从腹杆间隙中穿过,在柱上设置缀板作为搁置横梁、千斤顶和球支座用。上、下临时缀板的间距根据千斤顶、冲程、横梁等尺寸确定,应恰为千斤顶使用行程的整数倍,其标高偏差不得大于 5 mm,如用 320 kN 普通液压千斤顶,缀板的间距为 420 mm,即顶一个循环的总高度为 420 mm,千斤顶分 3 次(150 mm + 150 mm + 120 mm)顶升到该标高(见图 6-33)。

2. 顶升操作

顶升时,每一顶升循环工艺过程,如图 6-34 所示。顶升应做到同步,各顶升点的升差不得大于相邻两个顶升用的支承结构间距的 1/1 000,且不大于 30 mm,在一个支承结构上有两个或两个以上千斤顶时不大于 10 mm。当发现网架偏移过大,可采用在千斤顶垫斜或人为造成反向升差逐步纠正。同时顶升过程应避免导致支承结构失稳。

3. 升差控制

顶升施工中同步控制主要是为了减小网架的偏移,其次才是为了避免引起过大的附加杆力;而提升法施工时,升差虽然也会造成网架的偏移,但其危害程度要比顶升法小。

顶升时网架的偏移值当达到需要纠正时,可采用千斤顶垫斜或人为造成反向升差逐步纠正,切不可操之过急,以免发生安全质量事故。由于网架的偏移是一种随机过程,纠偏时柱的柔度、弹性变形又给纠偏造成干扰,因而纠偏的方向及尺寸并不完全符合主观要求,不能精确地纠偏。所以,顶升施工时应以预防网架偏移为主,顶升时必须严格控制升差并设置导轨。

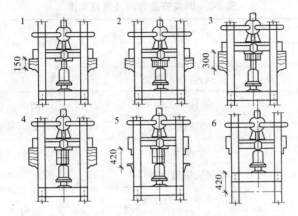

1—顶升 150 mm,两侧垫上方形垫块;2—回油,垫圆垫块;3—重复 1 过程;
4—重复 2 过程;5—顶升 130 mm,安装两侧上缀板;6—回油,下缀板升一级

图 6-34　顶升过程图

4. 节点及支承的施工

节点及支承的施工如图 6-35 所示。

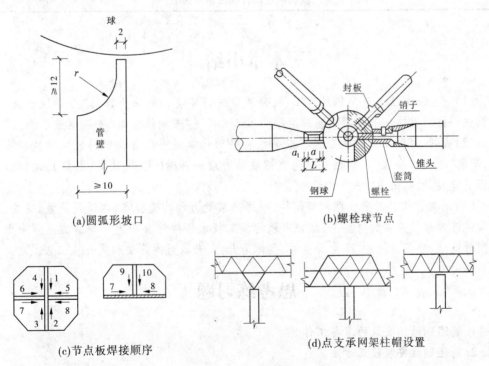

(a)圆弧形坡口　　　　　　(b)螺栓球节点

(c)节点板焊接顺序　　　　(d)点支承网架柱帽设置

图 6-35　节点及支承的施工

6.3.4.7　网架安装方法及适用范围

网架安装方法及适用范围见表 6-2。

表6-2　网架安装方法及适用范围

安装方法	内容	适用范围
高空散装法	单杆件拼装	螺栓连接节点的各类型网架
	小拼单元拼装	
分条分块法	条状单元组装	两向正交、正放四角锥、正放抽空四角锥等网架
	块状单元组装	
高空滑移法	单条滑移法	正放四角锥、正放抽空四角锥、两向正交正放等网架
	逐条积累滑移法	
整体吊升法	单机、多机吊装	各种类型网架
	单根、多根桅杆吊装	
升板机提升法	利用桅杆提升	周边支承及多点支承网架
	利用结构提升	
顶升施工法	利用网架支承柱作为预升时的支承结构	支点较少的多点支承网架
	在原支点处或其附近设置临时顶升支架	

本章小结

　　(1)一般单层工业厂房钢结构工程,分两段进行安装。第一阶段用"分件流水法"安装钢柱—柱间支撑—吊车梁或连系梁等。第二阶段用"节间综合法"安装屋盖系统。

　　(2)高层、超高层钢结构工程。根据结构平面选择适当位置先做样板间构成稳定结构,采用"节间综合法"。钢柱—柱间支撑或剪力墙—钢梁(主梁、次梁、隅撑),由样板间向四周发展,然后采用"分件流水法"。

　　(3)网架结构。对平板型网架结构,根据网架受力和构造特点,在满足质量、安全、进度和经济效果等要求的前提下,结合当地的施工技术条件综合确定其安装方法。分别有高空散装法、分条分块法、高空滑移法、整体吊升法、升板机提升法和顶升施工法。

思考练习题

1.简述钢结构安装的准备工作。

2.简述钢柱安装校正方法。

3.简述一般单层工业厂房钢结构工程安装方法。

4.简述网架结构的安装方法。

第7章 钢结构涂装

【学习目标】

能进行钢结构涂装前构件的表面处理、编制钢结构涂装的施工方案、钢结构防火涂料的施工方案,能对钢结构涂装工程的验收。

7.1 钢结构除锈

钢结构具有轻质、高强、抗震性能好、制作方便等一系列的优点,但在使用过程中由于受到各种介质的作用而容易腐蚀或锈蚀。为了减轻或防止钢结构的腐蚀,目前国内外均采用涂装方法进行保护,利用涂料的涂层使钢结构与环境隔离,从而达到防腐、延长钢结构使用寿命的目的。要发挥涂料的防腐效果,必须在涂装之前进行钢结构的除锈。除锈不仅要除去钢材表面的污垢、油脂、铁锈、氧化皮、焊渣和已失效的旧漆膜,还包括除锈后在钢材表面要形成合适的"粗糙度"。

7.1.1 钢结构的锈蚀原理与构件表面处理

7.1.1.1 钢结构的锈蚀原理

根据钢结构周围的环境、空气中的有害成分(如酸、盐等)及温度、湿度和通风情况的不同,钢结构的锈蚀可分为两类:化学锈蚀和电化学锈蚀。

1. 化学锈蚀

钢结构表面与周围介质直接起化学反应而产生的锈蚀称为化学锈蚀。如钢在高温中与干燥的 O_2,NO_2,SO_2,H_2S 等气体以及非电解质的液体发生化学反应,在钢结构的表面生成钝化能力很弱的氧化保护薄膜 FeO,FeS 等,其腐蚀的程度随时间和温度的增加而增加。

2. 电化学锈蚀

钢结构在存放和使用中与周围介质之间发生氧化还原反应而产生的腐蚀属于电化学锈蚀。在潮湿的空气中,钢结构表面由于显微组织不同、杂质分布不均以及受力变形、表面平整度差异等,局部相邻质点间产生电极电位差,构成许多"微电池"。在电极电位较低的阳极区(如易失去电子的铁素体),铁失去电子后以 Fe^{2+} 进入电介质水膜中;阴极区(如不活泼的渗碳体)得到的电子与水膜中溶入的氧作用后,形成 OH^-,两者结合成 $Fe(OH)_2$,进一步被氧化成 $Fe(OH)_3$(铁锈)。这种由于形成微电池、产生电子流动而造成钢的腐蚀称为电化学腐蚀。若水膜中溶有酸,则阴极被还原的 H^+ 沉淀,阴极产生极化作用,而使腐蚀停止,但水中的溶氧与 H^+ 结合成水,除去沉积的 H^+,阴极极化作用消失,使腐蚀继续进行。因此,在潮湿(存在电解质水膜)和有充足空气(水中溶有氧)的条件下,就会产生严重的腐蚀现象。

7.1.1.2 构件的表面处理

构件表面处理的质量直接影响着涂装工程的质量好坏,因此在涂装前对钢材表面进行彻底的清理是十分重要的。

1.表面处理的一般规定

钢材(包括加工后的成品和半成品)的表面处理,应严格按设计规定的除锈方法施工,并达到规定的除锈等级。

钢材表面处理前的要求:加工的构件和制品,应经验收合格后,方可进行表面处理。钢材表面的毛刺、电焊药皮、焊瘤、飞溅物、灰尘和积垢等,应在除锈前清理干净,同时也要铲除疏松的氧化皮和较厚的锈层。钢材表面如有油污和油脂,应在除锈前清除干净。如只在局部面积上有油污和油脂,一般可采用局部处理措施;如大面积或全部面积都有,则可采用有机溶剂或热碱进行清洗。钢材表面上有酸、碱、盐时,可用热水或蒸汽冲洗掉。但应注意废水的处理,不能造成环境污染。

对钢材表面保养漆的处理:有些新轧制的钢材,为了在短期内存放和运输过程中不锈蚀,而涂有保养漆。对涂有保养漆的钢材,要视具体情况进行处理。如保养漆采用固化剂固化的双组分涂料,而且涂层基本完好,则可用砂布、钢丝绒进行打毛或采用轻度喷射方法处理,并在清理掉灰尘之后,即可进行下一道工序的施工。对钢材表面涂车间底漆或一般底漆进行保养的涂层,一般要根据涂层的现状及下道配套漆来决定处理方法。凡不可以作进一步涂装或影响下一道涂层附着力的,应全部清除掉。

2.油污及旧涂层的清除

1)油污及旧涂层的来源

钢材表面除本身产生的氧化皮和锈外,还有在加工制作或运输、储存过程中带来的污染物,如油脂、灰尘或化学药品等。这些污染物直接影响涂层的附着力、均匀性、致密性和光泽。

钢材表面的主要外来污物类型、来源、影响及清除方法见表7-1。

表 7-1　钢材表面的主要外来污物类型、来源、影响及清除方法

类型	来源	对涂层的影响	清除方法
机械物(砂、泥土、灰尘等)	在生产、运输和储存过程中产生的	使涂层不能与钢材表面基层直接接触;涂层表面粗糙、不匀;污物易剥落并破坏涂层,使空气容易渗透到钢材的基层	一般用专用工具打磨,并用压缩空气清理干净
油脂类(矿物油、润滑脂、动植物油等)	在生产、运输和储存过程中产生的	使涂层与钢材表面基层的附着力严重下降;影响涂层干燥,易产生回粘等现象;也影响涂层的硬度和光泽	用碱液或有机溶剂清洗除掉
化学药品类(酸、碱、盐)	在运输、储存及热处理时产生的	严重影响涂层与钢材的附着力;与涂料反应,影响涂膜的形成,并影响其质量,严重降低涂层的防护效果	用水或专用清洗剂冲洗
旧涂层	为在加工、运输和储存过程中防止锈蚀,而涂的保养漆或底漆	使涂层与钢材表面基层的附着力下降;涂层外观不均、不光滑	一般用碱液或有机溶剂清除

（1）碱液清除法。主要是借助碱的化学作用来清除钢材表面上的油脂。该法使用简便，成本低。在清洗过程中要经常搅拌清洗液或晃动被清洗的物件。

（2）有机溶剂清除法。是借助有机溶剂对油脂的溶解作用除去钢材表面上的油污。在有机溶剂中加入乳化剂，可提高清洗剂的清洗能力。有机溶剂清洗液可在常温条件下使用；加热到 50 ℃的条件下使用，会提高清洗效率。也可以采用浸渍法或喷射法除油。

（3）乳化碱液清除法。是在碱液中加入了乳化剂，使清洗液除具有碱的皂化作用外，还具有分散、乳化等作用，增强了除油能力，其除油效率比用碱液高。

2）表面旧涂层的清除

有些钢材表面常带有旧涂层，施工时必须将其清除，常用的方法如下：

碱液清除法：是借助碱对涂层的作用，使涂层松软、膨胀，从而容易除掉。该法与有机溶剂清除法相比成本低、生产安全、没有溶剂污染。但需要一定的设备，如加热设备等。

有机溶剂清除法：具有效率高、施工简单、不需加热等优点。但具有一定的毒性、易燃和成本高的缺点。脱漆前应将物件表面上的灰尘、油污等附着物除掉，然后放入脱漆槽中浸泡，或将脱漆剂涂抹在物件表面上，使脱漆剂渗到旧漆膜中，并保持"潮湿"状态，否则应再涂。浸泡 1 ~ 2 h 后或涂抹 10 min 左右后，用刮刀等工具轻刮，直至旧漆膜被除净为止。

7.1.2 钢结构构件防锈方法的种类和特点

钢材表面在除锈前，应清除厚的锈层、油脂和污垢；除锈后应清除钢材表面上的浮灰和碎屑。

7.1.2.1 除锈方法的种类和特点

钢材的表面处理应严格按设计规定的除锈方法施工，并达到规定的除锈等级。选择除锈方法时，除要根据各种方法的特点和防护效果外，还要根据涂装的对象、目的、钢材表面的原始状态、要求达到的除锈等级、现有的施工设备和条件、施工费用等，进行综合比较，最后才能确定。钢材表面除锈方法及其特点见表 7-2。

表 7-2　钢材表面除锈方法及其特点

除锈方法	设备工具	优点	缺点
手工、机械	砂布、钢丝刷、铲刀、尖锤、平面砂轮机、动力钢丝刷等	工具简单、操作方便、费用低	劳动强度大，效率低，质量差，只能满足一般的涂装要求
喷射	空气压缩机、喷射机、油水分离器等	能控制质量，获得不同要求的表面粗糙度	设备复杂，需要一定的操作技术，劳动强度较高，费用高，污染环境
酸洗	酸洗槽、化学药品、厂房等	效率高、适用大批件、质量较高、费用较低	污染环境，废液不易处理，工艺要求较严

不同除锈方法的防护效果见表7-3。

表7-3　不同除锈方法的防护效果　　　　　　　　　　（单位:年）

除锈方法	红丹、铁红各两道	两道铁红
手工	2.3	1.2
A级不处理	8.2	3.0
酸洗	>9.7	4.6
喷射	>10.3	6.3

7.1.2.2　钢材表面的除锈等级

钢结构除锈时要根据工程实际情况确定钢材表面的除锈等级,除锈等级一般应根据钢材表面原始状态,可能选用的底漆,可能采用的除锈方法,工程造价与要求的涂装维护周期等来确定。钢材表面的除锈等级见表7-4。

表7-4　钢材表面的除锈等级

项次	项目	除锈等级	除锈方法	质量标准
1	采用手工和动力工具除锈（用字母St表示除锈等级）	St2	彻底的手工和动力工具除锈	钢材表面应无可见的油脂和污垢,没有附着不牢的氧化皮、铁锈和油漆涂层等附着物
		St3	非彻底的手工和动力工具除锈	除锈比St2更彻底,底材显露部分金属表面光泽
2	抛射除锈（用字母Sa表示除锈等级）	Sa1	轻度的喷射和抛射除锈	钢材表面应无可见的油脂和污垢,没有附着不牢的氧化皮、铁锈和油漆涂层等附着物
		Sa2	彻底的喷射和抛射除锈	钢材表面应无可见的油脂和污垢,并且氧化皮、铁锈和油漆涂层等附着物已基本清除,其残留物应是牢固附着的
		Sa2 $\frac{1}{2}$	非常彻底的喷射或抛射除锈	钢材表面应无可见的油脂、污垢、氧化皮、铁锈和油漆涂层等附着物,任何残留的痕迹应仅是点状或条纹状的轻微色斑
		Sa3	使钢材表观洁净的喷射或抛射除锈	钢材表面应无可见的油脂、污垢、氧化皮、铁锈和油漆涂层等附着物,该表面应显示均匀的金属光泽
3	火焰除锈（用字母F表示除锈等级）	F1		钢材表面应无氧化皮、铁锈和油漆涂层等附着物,任何残留的痕迹应仅为表面变色(不同颜色的暗影)

注:1. 附着物是指焊渣、焊接飞溅物和可溶性盐等。
　　2. 附着不牢是指氧化皮、铁锈和油漆涂层等能用金属腻子刀从钢材表面剥离掉。

7.1.3　钢结构除锈方法

7.1.3.1　手工及动力工具除锈

1.手工除锈

手工除锈工具简单,施工方便,但生产效率低、劳动强度大、除锈质量差、影响周围环境,一般只能除掉疏松的氧化皮、较厚的锈和鳞片状的旧涂层。在金属制造厂加工制造钢结构时不宜采用此法;一般在不能采用其他方法除锈时,方可采用此法。

手工除锈常用的工具有尖头锤、铲刀或刮、砂布和砂纸、钢丝刷、钢丝束或钢丝绒。

2.动力工具除锈

动力工具除锈是利用压缩空气或电能为动力,使除锈工具产生圆周式或往复式运动,当与钢材表面接触时,利用其摩擦力和冲击力来清除锈和氧化皮等。动力工具除锈比手工除锈效率高、质量好,是目前一般涂装工程除锈常用的方法。

动力除锈常用的工具有气动端型平面砂磨机、气动角向平面砂磨机、电动角向平面砂磨机、直柄砂轮机、风动钢丝刷、风动打锈锤、风动齿形旋转式除锈器、风动气铲等。

3.手工和动力工具除锈注意事项

(1)钢材表面经手工和动力工具除锈后,应在当班涂上底漆,以防止返锈。若在涂底漆前已返锈,则需要重新除锈和清理,并及时涂上底漆。

(2)下雨、下雪、雾天或潮湿度大的天气,不宜在户外进行手工和动力工具除锈。

7.1.3.2　喷射和抛射除锈

1.喷射和抛射除锈的一般规定

(1)钢材表面进行喷射除锈时,使用的压缩空气,必须分离出去油污和水分;否则油污和水分在喷射过程中附在钢材表面上,不仅影响涂层的附着力,还将破坏涂层的均匀性和密实性。可按以下方法检查油和水分是否分离干净:将白布或白漆靶板用压缩空气吹1 min 后,用肉眼观察其表面,应无油污、水珠和黑点。

(2)喷射和抛射除锈使用的磨料必须符合质量标准和工艺要求。对允许重复使用的磨料,使用后可根据规定的质量标准进行检验,合格的可以重复使用。一般对于使用过的混有颗粒太小或灰尘过多的磨料,可采用筛分法进行分组处理,或用水冲洗清除灰尘后,部分晾干或炒干再使用。

(3)喷射和抛射除锈时,施工环境相对湿度不应大于85%,或控制钢材表面温度高于空气露点温度30 ℃以上。温度过大,不仅钢材表面容易生锈,而且金属磨料也易生锈,特别是在户外施工时更要注意控制环境的温度。

(4)经除锈后的钢材表面,应用毛刷等工具清扫,或用干净的压缩空气吹净锈尘和残余磨料,然后方可进行下道工序。

(5)钢材除锈经验收合格后,应在表面返锈前涂完第一道底漆。一般在除锈完后,如存放在厂房内,可在 24 h 内(视环境湿度而定)涂完底漆;若存放在厂房外,则应在当班涂完底漆。

(6)除锈合格后的钢材表面,如在涂底漆前已返锈,需重新除锈。如果返锈不严重,一般只进行轻度喷射或抛射处理即可,同样也需经清理后,才可涂底漆。

2. 喷射除锈

喷射除锈方法主要分为干喷射法和湿喷射法。喷射除锈是利用经过油、水分离处理过的压缩空气将磨料带入并通过喷嘴以高速喷向钢材表面。利用磨料的冲击和摩擦力将氧化皮、锈及污物等除掉，同时使表面获得一定的粗糙度，以利于漆膜的附着。

喷射除锈较手工除锈和动力工具除锈，在效率和质量上都提高了很多。但要有一定的设备和喷射用的磨料，费用较高。目前，国外工业发达国家涂装钢结构时，为了保证涂装质量，较多地采用喷射除锈方法，而我国对钢结构涂装的表面处理，基本上是采用动力工具除锈或酸洗除锈，很少采用喷射除锈方法。

1）干喷射除锈

喷射压力应根据所选用的不同磨料来确定，一般应控制在 4～6 个大气压，密度小的磨料所采用的压力可低些，密度大的磨料所采用的压力可高些；喷射距离一般以 100～300 mm 为宜；喷射角度以 35°～75°为宜。

喷射操作应按顺序逐段或逐块进行，以免漏喷和重复喷射。一般应遵循先下后上、先内后外以及先难后易的原则进行喷射。

2）湿喷射除锈

湿喷射除锈一般是以砂子作为磨料，其工作原理与干喷射法基本相同。它是使水和砂子分别进入喷嘴，在出口处汇合，然后通入压缩空气，使水和砂子高速喷出，形成一道严密的包围砂流的环形水屏，从而减少了大量灰尘的飞扬，并达到了除锈的目的。

湿喷射除锈用的磨料，可选用洁净和干燥的河砂，其粒径和含泥量应符合磨料要求的规定。喷射用的水，一般为了防止在除锈后涂底漆前返锈，可在水中加入 1.5% 的防锈剂（磷酸三钠、亚硝酸钠、碳酸钠和乳化液），这样可在喷射除锈的同时，使钢材表面钝化，以延长返锈时间。

湿喷砂磨料罐的工作压力为 0.5 MPa，水罐的工作压力为 0.1～0.5 MPa，如果以直径为 25.4 mm 的橡胶管连接磨料罐和水罐，可用于输送砂子和水。一般喷射的除锈能力为 3.5～4 m^2/h，砂子耗用量为 300～400 kg/h，水的用量为 100～150 kg/h。

3. 真空喷射除锈

真空喷射除锈在工作效率和质量上与干喷射法基本相同，但它可以避免灰尘污染环境，而且设备可以移动，施工方便。

真空喷射除锈是利用压缩空气将磨料从一个特殊的喷嘴喷射到物件表面上，同时又利用真空原理吸回喷出的磨料和粉尘，再经分离器和滤网，把灰尘和杂质除去，剩下清洁的磨料又回到贮料槽，再从喷嘴喷出，如此循环地进行除锈。其整个过程都是在密闭条件下进行的，因而无粉尘污染。

4. 抛射除锈

抛射除锈是利用抛射机叶轮中心吸入磨料和叶尖抛射磨料的作用进行工作。磨料在抛射机的叶轮内，由于自重的作用，经漏斗进入分料轮，而同叶轮一起高速旋转的分料轮使磨料分散，并从定向套口飞出。从定向套口飞出的磨料被叶轮再次加速后，射向物件表面，以高速的冲击和摩擦除去钢材表面的锈和氧化皮等污物。

抛射除锈可以提高钢材的疲劳强度和抗腐蚀应力，并对钢材表面硬度也有不同程度的提高；劳动强度比喷射方法低，对环境的污染程度较轻，而且费用也比喷射方法低。抛射除锈的不足之处是扰动性差，若磨料选择不当，则易使被抛件（较薄物件）变形。

一般抛射除锈常使用的磨料为钢丸和铁丸。磨料的粒径以选用 $0.5 \sim 2.0$ mm 为宜，有的单位认为将 0.5 mm 和 1 mm 两种规格的磨料混合使用效果较好，可以得到适度的表面粗糙度，有利于漆膜的附着，从而不需增加外加的涂层厚度，并能减小钢材因抛丸而引起的变形。

7.1.3.3　酸洗除锈

酸洗除锈，亦称化学除锈。其原理就是利用酸洗液中的酸与金属氧化物进行化学反应，使金属氧化物溶解，生成金属盐并溶于酸洗液中，而除去钢材表面上的氧化物及锈。酸洗除锈质量比手工和动力工具除锈的质量高，与喷射方法除锈质量等级 $Sa2\frac{1}{2}$ 基本相当，但酸洗后的表面不能造成像喷射除锈后形成适应于涂层附着的表面粗糙度。对钢结构制作厂（或加工厂）来说，一般加工制作量较大，为了保证钢结构的涂装质量，采用酸洗除锈不仅可以满足除锈质量要求，而且效率高、费用低。但在酸洗过程中产生的酸雾对人和建筑物有害，一次性投资费用较大，工艺过程也较多，最后一道清洗工序不彻底，将对涂层质量有严重的影响。常用的酸洗除锈分为一般酸洗和综合酸洗。

1. 一般酸洗

钢材酸洗除锈，酸洗液的性能是影响其质量的主要因素。酸洗液一般主要由酸、缓蚀剂和表面活性剂所组成。

酸洗除锈所用的酸有无机酸和有机酸两大类。无机酸主要有硫酸、盐酸、硝酸和磷酸等，有机酸主要有醋酸和柠檬酸等。目前，国内对大型钢结构的酸洗，主要用硫酸和盐酸，也有用磷酸进行除锈的。

缓蚀剂是酸洗液中不可缺少的重要组成部分，大部分是有机物。在酸洗液中加入适量的缓蚀剂，可以防止或减少在酸洗过程中产生"过蚀"或"氢脆"现象，同时也减少了酸雾。

由于酸洗除锈技术的发展，在现代的酸洗液配方中，一般都要加入表面活性剂。它是由亲油性基和亲水性基两个部分所组成的化合物，具有润湿、渗透、乳化、分散、增溶和去污等作用。在酸洗液中加入表面活性剂，能改变酸洗工艺，提高酸洗效率。

不同的缓蚀剂在不同的酸洗液中，缓蚀的效率也不一样。因此，在选用缓蚀剂时，应根据使用的酸进行选择。各种酸洗液常用的缓蚀剂及其特性见表7-5。

钢结构酸洗除锈，基本采用浸渍方法，其工艺过程大致如下：

钢材→清除油污→酸洗除锈→水冲洗→中和→水冲洗→钝化或磷化处理→水冲洗→干燥→涂漆。

钝化处理：钢材经酸洗除锈后，在空气中很容易被氧化，而重新返锈。为了延长返锈时间，一般常采用钝化处理方法，使钢材表面形成一种保护膜，提高防锈能力。根据具体条件可以采用以下方法：

（1）钢材酸洗后，立即用热水冲洗至中性，然后进行钝化。

（2）钢材酸洗后，立即用水冲洗，然后用5%碳酸钠水溶液进行中和处理，再用水冲洗以洗净碱液,最后进行钝化处理。

表7-5 酸洗液常用的缓蚀剂及其特性

名称	组成	状态	使用量 (g/L)	缓蚀效率(%)			允许使用 温度(℃)
				在10% 硫酸中	在10% 盐酸中	在10% 磷酸中	
若丁	二邻甲苯基硫脲、氯化钠糊精等	黄色粉状物	4~5	96.3	—	98.3	80
缓蚀剂	苯胺、六次甲基四胺缩合物等	棕黄色液体	4~5	—	96.8	—	50
六次甲基四胺	乌洛托品	白色粉状物	5~6	70.4	89.6		40
54牌缓蚀剂	二邻甲苯基硫脲	黄色粉状物	4~5	96.3	—	98.3	80
KC缓蚀剂	磺酸化蛋白质	黄色粉状物	4	60.0			60
沈1-D缓蚀剂	苯胺与甲醛的混合物	棕黄色半透明液体	5	—	96.2		50
硫脲		白色粉状物	4	74.0	—	93.4	60
硫脲+4502		白色粉状物	1+1	—	—	99	90
六次甲基四胺和三氧化二砷		白色粉状物	5+0.075	93.7	98.2		40
9号缓蚀剂			2	—	—	98.5	60

常用钝化液的配方及工艺条件见表7-6。

表7-6 常用钝化液的配方及工艺条件

材料名称	配比(g/L)	工作温度(℃)	处理时间(min)
重铬酸钾	2~3	90~95	0.5~1
重铬酸钾 碳酸钠	0.5~1 1.5~2.5	60~80	3~5
亚硝酸钠 三乙醇胺	3 8~10	室温	5~10

2. 综合酸洗

综合酸洗法是对钢材进行除油、除锈、钝化及磷化等几种处理方法的综合。根据处理种类的多少,综合酸洗法可分为以下三种。

1) 二合一酸洗

二合一酸洗是同时进行除油和除锈的综合处理方法,减去了一般酸洗方法的除油工序,提高了酸洗效率。

2) 三合一酸洗

三合一酸洗是同时进行除油、除锈和钝化的综合处理方法,与一般酸洗方法相比,减去了除油和钝化两道工序,较大程度地提高了酸洗效率。

3) 四合一酸洗

四合一酸洗是同时进行除油、除锈、钝化和磷化的综合处理方法,减去了一般酸洗方法的除油、磷化和钝化三道工序,与使用磷酸一般酸洗方法相比,大大提高了酸洗效率。但与使用硫酸或盐酸的一般酸洗方法相比,由于磷酸与锈、氧化皮等的反应速度较慢,因此酸洗的总效率并没有提高,而费用却提高很多。

一般来说,四合一酸洗方法不宜用于钢结构的除锈,主要适用于机械加工件的酸洗、除油、除锈、磷化和钝化。

7.1.3.4 火焰除锈

钢材火焰除锈是指在火焰加热作业后,以动力钢丝刷清除加热后附着在钢材表面的产物。钢材表面除锈前,应先清除附在钢材表面上较厚的锈层,然后在火焰上加热除锈。

7.2 钢结构涂装施工

7.2.1 基础知识

钢结构涂装的目的,在于利用涂层的防护作用,防止钢结构的腐蚀,并延长其使用寿命;而涂层的防护作用程度和防护时间取决于涂层的质量,涂层的质量好坏又取决于涂装设计、涂装施工和涂装管理。

7.2.1.1 涂装对除锈等级的要求

涂装前钢材表面除锈应符合设计要求和国家现行有关标准的规定。处理后的钢材表面不应有焊渣、焊疤、灰尘、油污、水和毛刺等。当设计无要求时,钢材表面防锈等级应按《钢结构工程施工质量验收规范》(GB 50205—2001)规定执行,符合表7-7 的要求。

表7-7　各种底漆或防锈漆要求最低的防锈等级

涂料品种	防锈等级
油性酚醛、醇酸等底漆或防锈漆	St2
高氯化聚乙烯、氯化橡胶、氯磺化聚乙烯、环氧树脂、聚氨酯等底漆或防锈漆	Sa2
无机富锌、有机硅、过氯乙烯等底漆	$Sa2\frac{1}{2}$

7.2.1.2 钢结构防腐涂料

防腐涂料一般由不挥发组分和挥发组分(稀释剂)两部分组成。涂刷在物件表面后，挥发组分逐渐挥发逸出，留下不挥发组分干结成膜，所以不挥发组分的成膜物质叫作涂料的固体组分。成膜物质又分为主要、次要和辅助成膜物质三种。主要成膜物质可以单独成膜，也可以黏结颜料等物质共同成膜，它是涂料的基础，也常称为基料、添料或漆基。

1. 涂料的组成

涂料各个部分的组成见表7-8。

表7-8　防腐涂料的组成

组成		原料
主要成膜物质	油料	动物油：鲨鱼肝油、带鱼油、牛油
		植物油：桐油、豆油、芝麻油等
	树脂	天然树脂：虫胶、松香、天然沥青等
		合成树脂：酚醛、醇醛、氨基、丙烯酸、环氧、聚氨酯、有机硅等
次要成膜物质	颜料	天然颜料：钛白、氧化锌、铬黄、铁蓝、铬绿、氧化铁红、炭黑等
		有机颜料：甲苯胺红、酞菁蓝、耐晒黄等
		防锈颜料：红丹、锌铬黄、偏硼酸钡等
	体质颜料	滑石粉、碳酸钙、硫酸钡等
辅助成膜物质	助剂	增韧剂、催化剂、固化剂、稳定剂、防霉剂、防污剂、乳化剂、润湿剂、防结皮剂、引发剂等
挥发物质	稀释剂	石油溶剂(200号溶剂汽油等)、苯、甲苯、二甲苯、氯苯、松节油、环成二烯、醋酸乙酯、醋酸丁酯、丙酮、环己酮、丁醇等

1)主要成膜物质

涂料中所使用的主要成膜物质是涂料形成牢固的涂膜的基础。主要成膜物质有天然油料、天然树脂、合成树脂，但目前应用最多的是合成树脂。

2)次要成膜物质

涂料中所使用的颜料和增塑剂是次要成膜物质。次要成膜物质不能离开主要成膜物质而单独构成涂膜。虽然涂料中如没有次要成膜物质也照样可以形成涂膜，但有了它可以使涂膜具有很多特殊性能，并促使涂料的品种增多，以满足各方面的需要。

在次要成膜物质中，除体质颜料和防锈颜料外，还往往使用着色颜料，它决定着涂料最终的颜色。

着色颜料是颜料中品种最多的一类，在涂料中主要起遮盖与装饰作用。按其在造漆工业中使用时所显的色彩，可分为黄、红、紫、蓝、绿、白、黑及金属颜料8类，见图7-1。

着色颜料
- 黄色颜料
  - 无机——铅铬黄、锑黄、镉黄、锶黄、铁黄等
  - 有机——颜料耐光黄(汉沙黄①)、联苯胺黄、槐黄等
- 红色颜料
  - 无机——银朱、镉红、钼红、锑红、铁红等
  - 有机——颜料猩红(甲苯胺红)、蓝红色淀性红(立索尔红)、黄光颜料红(对位红)等
- 蓝色颜料
  - 无机——铁蓝、群青、钴蓝等
  - 有机——酞菁铜(钛菁蓝)、孔雀蓝等
- 白色颜料:无机——氧化锌、锌钡白、钛白、锑白、铅白、盐基性硫酸铅等
- 黑色颜料
  - 无机——炭黑、松烟石墨、铁黑等
  - 有机——苯胺黑、磺化苯胺黑
- 绿色颜料
  - 无机——铬绿、锌绿、铬翠绿、氧化铬绿、镉绿、巴黎绿、钴绿、铁绿等
  - 有机——孔雀石绿、维多利绿、亮绿
- 紫色颜料
  - 无机——群青紫、钴紫、锰紫、亚铁氰化铜
  - 有机——甲基紫、苄基紫等
- 氧化铁颜料②
  - 天然——红土、棕土、黄土、煅棕土、煅黄土等
  - 人造——〔氧化铁红〕、〔氧化铁黄〕、〔氧化铁黑〕、〔氧化铁棕〕、〔氧化铁绿〕、〔氧化铁紫〕
- 金属颜料——铝粉(银粉)、铜粉(金粉)

注:①圆括号内的颜料为俗名,方括号内的为重复品种。
　　②人们通常将红土、棕土、黄土等天然氧化铁颜料,以及氧化铁红、氧化铁黄等一系列人造氧化铁颜料单独列为氧化铁颜料系列。

图 7-1　着色颜料

3)辅助成膜物质

溶剂、催干剂和其他涂料助剂等是辅助成膜物质,也不能单独构成涂膜,但有助于涂料的涂装和改善涂膜的一些性能。

2.涂料的分类、命名和型号

1)涂料的分类

我国涂料产品的分类按《涂料产品分类、命名和型号》(GB/T 2705—2003)的规定,涂料产品分类是以涂料基料中主要成膜物质为基础的。若成膜物质为混合树脂,则按漆膜中起主要作用的一种树脂为基础。

成膜物质分为 17 类,相应地将涂料品种也分为 17 大类。防腐涂料成膜物质分类及涂料类别代号见表 7-9。

2)涂料名称

涂料名称由颜色或颜料的名称、成膜物质的名称、基本名称三部分组成,其表达式为:

　　　　涂料全称 = 颜色或颜料名称 + 成膜物质名称 + 基本名称

涂料的颜色位于名称的最前面。若颜料对漆膜性能起显著作用,则可用颜料名称代替颜色的名称,仍置于涂料名称的最前面,如锌黄酚醛防锈漆等。

涂料名称中的成膜物质名称可作适当简化,例如:聚氨基甲酸酯简化成聚氨酯。如果基料中含有多种成膜物质,选取起主要作用的一种成膜物质命名。必要时也可选取两种成膜物质命名,主要成膜物质名称在前,次要成膜物质名称在后。

涂料基本名称及其代号见表 7-10。

凡是烘烤干燥的漆,名称中都有"烘干"或"烘"字样。如果没有,即表明该漆是常温干燥或烘烤干燥均可。其中,名称代号划分如下:00～13 代表涂料的基本品种;14～19 代

表美术漆;40~49代表船舶漆;50~59代表防腐蚀漆;60~70代表特殊漆;80~90备用。

表7-9 防腐涂料成膜物质分类及涂料类别代号

序号	成膜物质类别	主要成膜物质	涂料类别代号	涂料类别
1	油脂	天然植物油、鱼油、合成油等	Y	油脂漆类
2	天然树脂①	松香及其衍生物、虫胶、乳酪素、动物胶、大漆及其衍生物等	T	天然树脂漆类
3	酚醛树脂	酚醛树脂、改性酚醛树脂、二甲苯树脂	F	酚醛树脂漆类
4	沥青	天然沥青、煤焦沥青、硬脂酸沥青、石油沥青	L	沥青漆类
5	醇酸树脂	甘油醇酸树脂、季戊四醇及其他醇类的醇酸树脂等	C	醇酸树脂漆类
6	氨基树脂	脲醛树脂、三聚氰胺甲醛树脂等	A	氨基树脂漆类
7	硝基纤维素	硝基纤维素、改性硝基纤维系	Q	硝基纤维素漆类
8	纤维酯、纤维醚	乙酸纤维、苄基纤维、乙基纤维、羟甲基纤维、乙酸丁酸纤维等	M	纤维酯、纤维醚漆类
9	过氯乙烯树脂	过氯乙烯树脂、改性过氯乙烯树脂	C	过氯乙烯树脂漆类
10	烯类树脂	聚二乙烯基乙炔树脂、氯乙烯共聚树脂、聚乙酸乙烯及其共聚物、聚乙烯醇缩醛、树脂、聚苯乙烯树脂、含氟树脂、氯化聚丙烯树脂、石油树脂等	X	烯类树脂漆类
11	丙烯酸树脂	丙烯酸树脂、丙烯酸共聚树脂及其改性树脂	B	丙烯酸树脂漆类
12	聚酯树脂	饱和聚酯树脂、不饱和聚酯树脂	Z	聚酯树脂漆类
13	环氧树脂	环氧树脂、改性环氧树脂	H	环氧树脂漆类
14	聚氨基甲酸酯	聚氨基甲酸酯	S	聚氨基甲酸酯漆类
15	元素有机聚合物	有机硅、有机钛、有机铝等	W	元素有机聚合物漆类
16	橡胶	天然橡胶及其衍生物、合成橡胶及其衍生物	J	橡胶漆类
17	其他	以上16类包括不了的成膜物质,如无机高分子材料、聚酰亚胺树脂等	E	其他漆类

注:①包括由天然资源所生成的物质及经过加工处理后的物质。

表 7-10　涂料基本名称及其代号

代号	基本名称	代号	基本名称	代号	基本名称	代号	基本名称
00	清油	12	乳胶漆	41	水线漆	61	耐热漆
01	油漆	13	其他水溶性漆	42	甲板漆、甲板防滑漆	63	涂布漆
02	厚漆	14	透明漆	50	耐酸漆	83	烟囱漆
03	调和漆	15	斑纹漆	51	耐碱漆	86	标志漆
04	磁漆	16	锤纹漆	52	防腐漆	98	胶液
05	粉末涂料	17	皱纹漆	53	防锈漆	99	其他
06	底漆	18	裂纹漆	54	耐油漆		
07	腻子	19	晶纹漆	55	耐水漆		
09	大漆	40	防污粱、防蛆漆	60	耐火漆		

3. 涂料型号

为了区别同一类型的各种涂料,在名称之前必须有型号,涂料型号由一个汉语拼音字母和几个阿拉伯数字所组成。字母表示涂料类别,参见表 7-9,位于型号的前面;第一、二位数字表示涂料产品基本名称,参见表 7-10;第三、四位数字表示涂料产品序号,参见表 7-11。

涂料产品序号用来区分同一类型的不同品种,表示油在树脂中所占的比例。

表 7-11　涂料产品序号

涂料品种		代号	
		自干	烘干
清漆、底漆、腻子		1 ~ 29	30 以上
磁漆	有光	1 ~ 49	50 ~ 59
	半光	60 ~ 69	70 ~ 79
	无光	80 ~ 89	90 ~ 99
专业用漆	清漆	1 ~ 9	10 ~ 29
	有光磁漆	30 ~ 49	50 ~ 59
	半光磁漆	60 ~ 64	65 ~ 69
	无光磁漆	70 ~ 74	75 ~ 79
	底漆	80 ~ 89	90 ~ 99

例如：

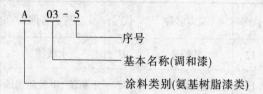

涂料型号、名称举例见表7-12。

表7-12　涂料型号、名称举例

型号	名称	型号	名称	型号	名称
Q01-17	硝基清漆	A04-81	黑氨基无光烘干磁漆	G64-1	过氯乙烯可剥漆
C04-12	过氯乙烯树脂磁漆	Q04-36	白硝基球台磁漆	X-5	丙烯酸漆稀释剂
Y53-31	红丹油性防锈漆	H52-98	铁红环氧酚醛烘干防腐底漆	H-1	环氧漆固化剂

4. 辅助材料型号

辅助材料型号由一个汉语拼音字母和 1～2 位阿拉伯数字组成。字母与数字之间有一短画线。字母表示辅助材料的类别，以数字为序号，用以区别同一类型的不同品种。

辅助材料按其不同用途分为 5 类，代号见表7-13。

表7-13　辅助材料代号

序号	1	2	3	4	5
代号	X	F	C	T	H
辅助材料名称	稀释剂	防潮剂	催干剂	脱漆剂	固化剂

7.2.1.3　涂层结构与涂层厚度

1. 涂层结构

涂层结构的形式及举例见表7-14。

表7-14　涂层结构的形式及举例

项次	名称	特点	举例
1	底漆+中间漆+面漆	底漆附着力强、防锈性能好；中间漆兼有底漆和面漆的性能，是理想的过渡漆，特别是厚浆型的中间漆，可增加涂层厚度；面漆防腐、耐候性好。底、中、面结构形式，既发挥了各层的作用，又增强了综合作用。这种形式为目前国内外采用较多的涂层结构形式	红丹醇酸防锈漆—云铁醇酸中间漆—醇酸磁漆
2	底漆+面漆	只发挥了底漆和面漆的作用，明显不如上一种形式。这是我国以前常采用的形式	铁红酚醛底漆—酚醛磁漆
3	底漆和面漆是一种	有机硅漆多用于高温环境，因没有有机硅底漆，只好把面漆也作为底漆用	有机硅漆

2. 涂层设计

1）涂层厚度的组成

钢材涂层的厚度,一般是由基本涂层厚度、防护涂层厚度和附加涂层厚度三部分组成的。

(1)基本涂层厚度,是指涂料在钢材表面上形成均匀、致密、连续漆膜所需的最薄厚度(包括填平粗糙度波峰所需的厚度)。

(2)防护涂层厚度,是指涂层在使用环境中,在维护周期内受到腐蚀、粉化、磨损等所需的厚度。

(3)附加涂层厚度,是指因以后涂装维修困难和留有安全系数而所需的厚度。

2）涂层结构的形式

涂层结构的形式见表7-14。

3）涂层的配套性要求

(1)在进行涂装设计时,必须考虑各层作用的配套性。由于底漆、中间漆和面漆的性质不同,在整个涂层中的作用也不同。底漆主要起附着和防锈的作用,面漆主要起防腐蚀作用,中间漆的作用介于两者之间。所以,底漆、中间漆和面漆都不能单独使用,只有配套使用,才能发挥最好的作用和获得最好的效果。

(2)要考虑各层涂料性能的配套性。由于各种涂料的溶剂不相同,选用各层涂料时,如配套不当,就容易发生互溶或"咬底"的现象。如选用油基性的底漆,配用含有强溶剂的中间漆或面漆,就有可能产生渗色或咬起底漆的现象。

(3)注意各层涂料硬度的配套性。面漆的硬度应与底漆基本一致或略低些,如硬度较高的短油度合成树脂面漆涂在硬度较低的油性底漆上,则容易引起面漆的早期裂开。

(4)注意各层烘干方式的配套,在涂装烘干型涂料时,底漆的烘干温度(或耐温性)应高于或接近面漆的烘干温度,反之易产生涂层过烘干现象。涂层的底漆、中间漆与面漆的配套组合举例,见表7-15。

4）涂层厚度的确定

钢结构涂装设计的重要内容之一是确定涂层厚度。涂层厚度的确定,应考虑以下因素:

(1)钢材表面原始状况。

(2)钢材除锈后的表面粗糙度。

(3)选用的涂料品种。

(4)钢结构的使用环境对涂料的腐蚀程度。

(5)预想的维护周期和涂装维护的条件。

涂层厚度应根据需要来确定,过厚虽然可增强防腐力,但附着力和力学性能都要降低;过薄易产生肉眼看不到的针孔和其他缺陷,起不到隔离环境的作用。

7.2.2 钢结构涂装方法

随着涂料工业和涂装技术的发展,新的涂装施工方法和施工机具不断出现。每一种方法,都有各自的特点、适用的涂料和适用的范围,所以正确选择施工方法是涂装施工管理工作的主要组成部分。合理的施工方法,对保证涂装质量、施工进度、节约材料和降低成本有很大的影响。

表 7-15　涂层的底漆、中间漆与面漆的配套组合

序号	底漆与中间漆	面漆	最低除锈等级	适用环境构件
1	红丹系列(油性防锈漆、醇酸或酚醛防锈漆)底漆 2 遍 铁红系列(油性防锈漆、醇酸底漆、酚醛防锈漆)底漆 2 遍 云铁醇酸防锈漆底漆 2 遍	各色醇酸磁漆 2 ~ 3 遍	St2	无侵蚀作用构件
2	氯化橡胶底漆 1 遍	氯化橡胶面漆 2 ~ 4 遍	Sa2	①室内外弱侵蚀作用的重要构件 ②中等侵蚀环境的各类承重结构
3	氯磺化聚乙烯底漆 2 遍 + 氯磺化聚乙烯中间漆 1 ~ 2 遍	氯磺化聚乙烯面漆 2 ~ 3 遍		
4	铁红环氧酯底漆 1 遍 + 环氧防腐漆 2 ~ 3 遍	环氧清(彩)漆 1 ~ 2 遍		
5	铁红环氧酯底漆 1 遍 + 环氧化云铁中间漆 1 ~ 2 遍	氧化橡胶漆 2 遍		
6	聚氨酯底漆 1 遍 + 聚氨酯磁漆 2 ~ 3 遍	聚氨酯清漆 1 ~ 3 遍		
7	环氧富锌底漆 1 遍 + 环氧云铁中间漆 2 遍	氯化橡胶面漆 2 遍		
8	无机富锌底漆 1 遍 + 环氧云铁中间漆 1 遍	氯化橡胶面漆 2 遍	$Sa2\frac{1}{2}$	需特别加强防锈蚀的重要结构
9	无机富锌底漆 2 遍 + 环氧中间漆 2 ~ 3 遍 (75 ~ 100 μm) + (75 ~ 125 μm)	脂肪族聚氨酯面漆 2 遍(50 μm)		

注:1. 第 4 项配套组合(环氧清漆面漆)不适用于室外曝晒环境。

2. 当要求较厚的涂层厚度(总厚度 > 150 μm)时,第 2、5、6 项配套组合的中间漆或面漆宜采用厚浆型涂料。

3. 第 8、9 项无机富锌底漆所要求的除锈等级及施工条件更为严格,一般较少采用。

涂料施工方法的选择,一般应根据被涂物的材质、形状、尺寸、表面状态、涂料品种、施工现场的环境和现有的施工工具(或设备)等因素综合考虑确定。常用涂料的施工方法见表 7-16。

各种涂料与相适应的施工方法见表 7-17。

表 7-16　常用涂料的施工方法

施工方法	适用的涂料			被涂物	使用工具或设备	优缺点
	干燥速度	黏度	品种			
刷涂法	干性较慢	塑性小	油性漆、酚醛漆、醇酸漆等	一般构件及建筑物,各种设备和管道等	各种毛刷	投资少,施工方法简单,适用于各种形状及大小面积的涂装;缺点是装饰性较差,施工效率低
滚涂法	干性较慢	塑性小	油性漆、酚醛漆、醇酸漆等	一般大型平面的构件和管道等	滚子	投资少,施工方法简单,适用于大面积物的涂装;缺点是装饰性较差,施工效率低
浸涂法	干性适当,流平性好,干燥速度适中	触变性小	各种合成树脂涂料	小型零件、设备和机械部件	浸漆槽、离心及真空设备	设备投资较少,施工方法简单,涂料损失少,适用于构造复杂构件;缺点是流平性不太好,有流挂现象,溶剂易挥发
空气喷涂法	挥发快和干燥适宜	黏度小	各种硝基漆、橡胶漆、过氯乙烯漆、聚氨酯漆等	各种大型构件及设备和管道	喷枪、空气压缩机、油水分离器	设备投资较少,施工方法复杂,施工效率较刷涂法高;缺点是消耗溶剂量大,污染现场,易引起火灾
无气喷涂法	具有高沸点溶剂的涂料	高不挥发分,有触变性	厚浆型涂料和高不挥发分涂料	各种大型钢结构、桥梁、管道、车辆和船舶等	高压无气喷枪、空气压缩机等	设备投资较多,施工方法较复杂,效率比空气喷涂法高,能获得厚涂层;缺点是损失部分涂料,装饰性较差

7.2.2.1　刷涂法

刷涂法是用漆刷进行涂装施工的一种方法。这种方法虽然古老,但至今仍被普遍采用。刷涂法的优点是:工具简单、施工方便、容易掌握、适应性强、节省漆料和溶剂,并可用于多种涂料的施工。缺点是:劳动强度大、生产效率低、施工的质量在很大程度上取决于工人的操作技术,对于一些快干和分散性差的涂料不太适用。

1.漆刷的选择

漆刷的种类很多,按形状可分为圆形、扁形和歪脖形三种;按制作材料可分为硬毛刷(猪鬃制作)和软毛刷(狼毫和羊毛制作)两种。漆刷一般要求前端整齐,手感柔软,无断毛和倒毛,使用时不掉毛,沾溶剂后甩动漆刷其前端刷毛不应分开。

表 7-17　各种涂料与相适应的施工方法

施工方法	涂料种类													
	酯胶漆	油性调和漆	醇酸调和漆	酚酸漆	醇酸漆	沥青漆	硝基漆	聚氨酯漆	丙烯酸漆	环氧树脂漆	过氯乙烯漆	氯化橡胶漆	氯磺化聚乙烯漆	聚酯漆	乳胶漆
刷涂法	1	1	1	1	2	2	4	4	4	3	4	3	2	2	1
滚涂法	2	1	1	2	2	3	5	3	3	3	5	3	3	2	2
浸涂法	3	4	3	2	3	3	3	3	3	3	3	3	3	1	2
空气喷涂法	2	3	2	2	1	2	1	1	1	2	1	1	1	2	2
无气喷涂法	2	3	2	2	1	3	1	1	1	2	1	1	1	2	2

注:1—优,2—良,3—中,4—差,5—劣。

2.漆刷与适用的涂料

刷涂底漆、调和漆和磁漆时,应选用扁形和歪脖形弹性大的硬毛刷。这是因为这几类漆的黏度较大。

刷涂油性清漆时,应选用刷毛较薄、弹性较好的猪鬃或羊毛等混合制作的板刷和圆刷。

涂刷树脂清漆或其他清漆时,由于这些漆类的黏度较小,干燥快,而且在刷涂第二遍时,容易使前一道漆膜溶解,因此应选用弹性好、刷毛前端柔软的软毛板刷或歪脖形刷。

3.漆刷的使用和保养方法

(1)新漆刷在使用前,要在 1－1/2 号砂布上来回摩擦刷毛头部,把刷毛磨顺和使刷毛柔软,否则刷漆时容易掉毛和留下刷痕,同时要除净刷中的残毛及粉尘等污物。

(2)在使用新漆刷时,涂料的施工黏度应小些;在使用短毛漆刷时,涂料的施工黏度应大些。

(3)刷涂完毕,要将漆刷妥善保管;若长期不使用,须用溶剂将漆刷洗干净、晾干,并用塑料薄膜包好,保存在干燥的地方;若短期中断施工,应将漆刷垂直地悬挂在溶剂或清水中,既不让刷毛露出液面,又不让刷毛接触到容器底部,以防漆刷变硬和变弯。再用时,将刷毛上的液体甩净、抹干,即可使用。

4.操作方法基本要点

(1)使用漆刷时,一般采用直握法,用手将漆刷握紧,以腕力进行操作。

(2)涂漆时,漆刷应蘸少许的涂料,浸入漆的部分应为毛长的 1/2～1/3。蘸漆后,要将漆刷在漆桶内的边上轻抹一下,除去多余的漆料,以防流坠或滴落。

(3)对干燥较慢的涂料,应按涂敷、抹平和修饰三道工序进行操作。

涂敷:就是将涂料大致地涂布在被涂物的表面上,使涂料分开;

抹平:就是用漆刷将涂料纵、横反复地抹平至均匀;

修饰:就是用漆刷按一定方向轻轻地涂刷,消除刷痕及堆积现象。

在进行涂敷和抹平时,应尽量使漆刷垂直,用漆刷的腹部刷涂。在进行修饰时,则应将漆刷放平些,用漆刷的前端轻轻地涂刷。

(4)对干燥较快的涂料,应从被涂物的一边按一定的顺序快速、连续地刷平和修饰,不宜反复刷涂。

(5)刷涂的顺序:一般应按自上而下、从左到右、先里后外、先斜后直、先难后易的原则,最后用漆刷轻轻地抹里边缘和棱角,使漆膜均匀、致密、光亮和平滑。

(6)刷涂的走向:刷涂垂直表面时,最后一道应由上向下进行;刷涂水平表面时,最后一道应按光线照射的方向进行;刷涂木材表面时,最后一道应顺着木材的纹路进行。

(7)底漆的涂装应注意以下几点:

涂底漆一般应在金属结构表面清理完毕后就施工,否则金属表面又会重新氧化生锈。涂刷方法是油刷上下铺油(开油),横竖交叉地将油刷匀,再把刷迹理平。

可用设计要求的防锈漆在金属结构上满刷一遍。如原来已刷过防锈漆,应检查其有无损坏及有无锈斑。凡有损坏及锈斑处,应将原防锈漆层铲除,用钢丝刷和砂布彻底打磨干净后,再补刷防锈漆一遍。

采用油基底漆或环氧底漆时,应均匀地涂或喷在金属表面上,施工时将底漆的黏度调到:喷涂为 18 ~ 22 s,刷涂为 30 ~ 50 s。

(8)底漆以自然干燥居多,使用环氧底漆时也可进行烘烤,质量比自然干燥更好。

7.2.2.2 滚涂法

1. 滚涂法简介

滚涂法是用羊毛或合成纤维做成多孔吸附材料,贴附在窄心的圆筒上而制成的辊子,用来进行涂料施工的一种方法。该法施工用具简单,操作方便,施工效率比刷涂法高 1 ~ 2 倍,用漆量和刷涂法基本相同。但劳动强度大,生产效率比喷涂法低,只适用于较大面积的物体。它主要用于水性漆、油性漆、酚醛漆和醇酸漆类的涂装。

2. 操作方法基本要点

(1)涂料应倒入装有滚涂板的容器中,将辊子的一半浸入涂料,然后提起,在滚涂板上来回辊涂几次,使辊子全部均匀地浸透涂料,并把多余的涂料滚压掉。

(2)把辊子按 W 形轻轻地滚动,将涂料大致地涂布于被涂物表面上,接着把辊子作上下密集滚动,将涂料均匀地分布开,最后使辊子按一定的方向滚动,滚平表面并修饰。

(3)在滚动时,初始用力要轻,以防流淌,随后逐渐用力,致使涂层均匀。

(4)辊子用后,应尽量挤压掉残存的涂料,或用涂料的溶剂清洗干净,晾干后保管起来,或悬挂着将辊子部分全部浸泡在溶剂中,以备使用。

7.2.2.3 浸涂法

1. 浸涂法简介

浸涂法就是将被涂物放入漆槽中浸渍,经一定时间取出后吊起,让多余的涂料尽量滴净,并自然晾干或烘干。浸涂法的特点是生产效率高,操作简单,涂料损失少,适用于形状复杂的、骨架状的被涂物,可使被涂物的里外同时得到涂装。

浸涂法主要适用于烘烤型涂料的涂装,也可用于自干型涂料的涂装,一般不适用于挥发型快干的涂料。采用该法时,涂料应具备以下性能:

（1）涂料在低黏度时，颜料应不沉淀；

（2）涂料在浸涂槽时和物件吊起后的干燥过程中不结块；

（3）涂料在槽中长期储存和使用过程中应不变质、性能稳定、不产生胶化。

2. 操作方法基本要点

（1）为防止溶剂在厂房内扩散和灰尘落入槽内，应把浸涂装备间隔起来。在作业以外的时间，小的浸涂槽应加盖，大的浸涂槽应将涂料存放于地下漆库。

（2）浸涂槽的敞口面应尽可能小些，以减少稀料挥发和加盖方便。

（3）在浸涂厂房内应装置排风设备，及时地将挥发的溶剂排放出去，以保证人身健康和避免火灾。

（4）涂料的黏度对浸涂漆膜的质量有很大的影响，在施工过程中，应保持涂料黏度的稳定性，每班应测定 1~2 次黏度，如果黏度增大，应及时加入稀释剂调整黏度。

（5）对被涂物的装挂，应预先通过试浸来设计挂具及装挂方式，确保工件在浸涂时处于最佳位置，使被涂物的最大面接近垂直，其他平面与水平面呈 $10° \sim 40°$ 夹角，使余漆能在被涂物面上较流畅地流尽，力求不产生堆漆或气泡现象。

（6）在浸涂过程中，由于溶剂的挥发，易发生火灾，除及时排风外，在槽的四周和上方还应设置有二氧化碳或蒸汽喷嘴的自动灭火装置，以备在发生火灾时使用。

7.2.2.4 空气喷涂法

1. 空气喷涂法简介

空气喷涂法是利用压缩空气的气流将涂料带入喷枪，经喷嘴吹散成雾状，并喷涂到物体表面上的一种涂装方法。其优点是可获得均匀、光滑平整的漆膜；工效比刷涂法高 3~5 倍，一般每小时可喷涂 100~150 m^2。它主要用于喷涂快干漆，也可喷涂一般合成树脂漆。其缺点是稀释剂用量大，喷涂后形成的涂膜较薄；涂料损失较大，涂料利用率一般只有 50%~60%；飞散在空气中的漆雾对操作人员的身体有害，同时污染环境。

2. 喷枪的种类

喷枪一般按涂料供给方式可分为吸上式、重力式和压送式三种。

（1）吸上式喷枪。如图 7-2 所示，涂料罐安装在喷枪的下方，靠环绕喷嘴四周喷出的气流，在喷嘴部位产生的低压而吸引涂料，并同时雾化。该喷枪的涂料喷出量受涂料黏度和密度的影响，而且与喷嘴的口径大小有关。其优点是操作稳定性好，更换涂料方便；缺点是涂料罐小，使用时要经常卸下加料。

（2）重力式喷枪。如图 7-3 所示，该喷枪的涂料罐安装在喷枪的上方，涂料靠自身重力流到喷嘴，并和空气流混合雾化而喷出。其优点是涂料罐内存漆很少时也可以喷涂；缺点是加满漆后喷枪重心在上，稳定性差，手感较重。

（3）压送式喷枪。如图 7-4 所示，涂料是从增压嘴供给，经过喷枪喷出。加大增压箱的压力，可同时供给几支喷枪喷涂。这类喷枪主要用于涂料量大的工业涂装。

3. 操作方法基本要点

1）喷枪的调整

喷枪是空气喷涂的主要工具，在进行喷涂时，必须将空气压力、喷出量和喷雾幅度等调整到适当的程度，以保证喷涂质量。空气压力的控制，应根据喷枪的产品说明书进行调整。空气压力大,可增强涂料的雾化能力,但涂料飞散大,损失也大。空气压力过低,漆雾变粗,漆膜易产生橘皮、针孔等缺陷。涂料喷出量的控制,应按喷枪说明书进行。喷雾形状和幅度的控制:喷雾幅度可通过调节喷枪的压力装置来控制,喷雾形状可通过调节喷枪的幅度来控制。

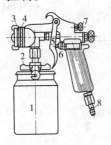
1—涂料罐;2—螺丝;3—空气喷嘴旋钮;
4—螺帽;5—扳机;6—空气阀杆;
7—控制阀;8—空气接头

图7-2　PQ-2型吸上式喷枪

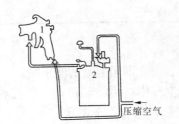
1—喷枪;2—油漆增压箱

图7-3　重力式喷枪

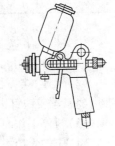

图7-4　压送式喷枪

2) 喷枪操作准则

喷涂距离控制。距离过大,漆雾易散落,造成漆膜过薄而无光;距离过近,漆膜易产生流淌和橘皮现象。喷涂距离应根据喷涂压力和喷嘴大小来确定,一般使用大口径喷枪为200~300 mm,使用小口径喷枪为150~250 mm。

涂料离开喷嘴后,在相同的空气压力下,将以相同的速度喷射到工件表面,因此工件表面某处获得的涂料多少与喷嘴到工件的距离有关。距离远,表面获得的涂料少;距离近,表面获得的涂料多。采用弧形运动涂饰,会使两边的涂料比中间少。

喷涂距离一般应采用标准距离。距离过近,会使工件表面受到气流冲击,而导致涂层不均匀,造成流挂;距离过远,压力和速度的降低会使部分涂料飞溅在空气中,造成涂料损失和空气污染,漆膜变薄,严重时甚至无光。

喷枪运行方式,包括喷枪对被涂物面的角度和喷枪的运行速度,应保持喷枪与被涂物面呈直角,平行运行,喷枪移动速度一般在30~60 cm/s内调整,并要求恒定。如果喷枪倾斜并呈圆弧状运行或运行速度多变,都得不到厚度均匀的漆膜,易产生条纹和斑痕。喷枪运行速度过慢(30 cm/s以下),则易产生流挂;过快和喷雾图样搭接不多时,就不易得到平滑的漆膜。喷枪路线要先边缘后里面。

喷雾图样搭接宽度应保持一定,前后搭接宽度一般为有效喷雾图样幅度的1/4~1/3。如果搭接宽度多变,漆膜的厚度就不均匀,会产生条纹和斑痕。

为获得更均匀的涂层,一般第二道喷涂时,应与前道漆纵横交叉,即第一道是横向喷涂,第二道就应是纵向喷涂,反之亦然。

在喷涂时还要注意涂料黏度的选择,黏度过大雾化不好,涂面粗糙;过小则易产生流挂。常用涂料最适宜的喷涂黏度可参见表7-18,喷涂中要注意防火防毒。

表 7-18 最适宜的喷涂黏度

涂料的种类	涂 4 杯(20°)(s)	黏度(s)
硝基漆和热塑性丙烯酸树脂涂料	16 ~ 18	35 ~ 46
热固性氨基醇酸涂料和热固性丙烯酸涂料	18 ~ 25	46 ~ 78
自干型醇酸涂料	25 ~ 30	78 ~ 100

4. 喷枪的维护

(1)喷枪使用完后,应立即用溶液清洗干净。

(2)枪体、喷嘴和空气帽应用毛刷清洗。气孔和喷漆孔如有堵塞,应用木钎疏通,不准用金属丝或铁钉去捅,以防碰伤金属孔。

(3)暂停工作时,应将喷枪端部浸泡在溶剂中,以防涂料干固堵塞喷嘴。

(4)应经常检查针阀垫圈、空气阀垫圈密封处是否泄漏,如有发现应及时更换。

(5)对喷枪的螺栓、螺纹和垫圈等连接处,应常涂油保养;对弹簧应涂润滑油脂,以防生锈。

(6)要定期对喷枪拆卸清洗、晾干、涂油后再组装使用。

7.2.2.5 无气喷涂法

1. 无气喷涂法简介

无气喷涂法是利用特殊形式的气动或其他动力驱动的液压泵,将涂料增至高压,当涂料经管路通过喷枪的喷嘴喷出时,其速度非常高(约 100 m/s),随着冲击空气和高压的急速下降及涂料溶剂的急剧挥发,使喷出的涂料体积骤然膨胀而雾化,高速地分散在被涂物表面上,形成漆膜。因为涂料的雾化和涂料的附着不是用压缩空气,故称之为无气喷涂,又因它利用高的液压,故又称为高压无气喷涂。

2. 无气喷涂法的优点

(1)喷涂效率高。每小时可喷涂 300 ~ 400 m²,比手工喷涂法多 10 多倍,比空气喷涂法多 3 倍以上。

(2)对涂料的适应性强。由于无气喷枪产品已系列化,可以满足各种涂料施工的不同要求,特别是对厚浆型的高黏度涂料,更为适应。

(3)涂膜厚。选用适当的喷涂设备和喷嘴,喷涂一道漆膜厚度可达 15 ~ 350 μm,可缩短工期。

(4)喷涂漆雾比空气喷涂法少,涂料利用率较高。

(5)稀释剂用量亦比空气喷涂法少,既节省稀释剂,又减轻对环境的污染。

3. 无气喷涂法的缺点

无气喷涂法的缺点是喷枪的喷雾幅度和喷出量不能调节,如要改变,必须更换喷嘴;漆料利用比刷涂法损失大,对环境有一定的污染;不适宜用于喷涂面积较小的物件等。

4. 无气喷涂装置

如图 7-5 所示,它主要由无气喷涂机、喷枪、高压输漆管等组成。

5. 无气喷涂操作方法基本要点

(1)喷距是指喷枪嘴与被喷物表面的距离,一般应控制在 300 ~ 380 mm。

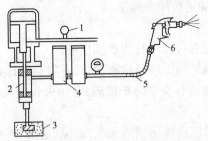

1—动力源;2—柱塞泵;3—涂料容器;4—蓄压器;5—输漆管;6—喷枪

图 7-5 无气喷涂装置图

(2)喷幅宽度,较大的物件以 300~500 mm 为宜,较小的物件以 100~300 mm 为宜,一般为 300 mm。

(3)喷嘴与物面的喷射角为 30°~80°。

(4)喷枪运行速度为 60~100 cm/s。

(5)喷幅的搭接应为幅度的 1/6~1/4。

6.施工注意事项

(1)使用前,应首先检查高压系统各固定螺母,以及管路接头是否拧紧,将松动的拧紧。

(2)涂料应经过滤后才能使用。

(3)喷涂中,吸入管不得移出涂料液面,以免吸空,造成漆膜流淌。应经常注意补充涂料。

(4)发生喷嘴堵塞时,应关枪,将自锁挡片置于横向,取下喷嘴,先用刀片在喷嘴口切割数下(不得用刀尖凿),用刷子在溶剂中清洗,然后用压缩空气吹通,或用木钎捅通。

(5)喷涂中,如停机时间不长,可不排出机内涂料,把枪头置于溶剂中即可,但对于双组分涂料(因干燥较快),则应排出机内涂料,并应清洁整机。

(6)喷涂结束后,将吸入管从涂料桶中提起,使泵空载运行,将泵、过滤器、高压软管和喷枪内剩余涂料排出,然后用溶剂空载循环,将上述各器件清洗干净。清洗工作应在喷涂结束后及时进行,以免涂料变稠或固化,难以清洗干净。

(7)高压软管弯曲半径不得小于 50 mm,也不允许重物压在上面。

(8)高压喷枪绝不许对准操作人员或他人。

(9)网喷涂过程中涂料会自动地发生静电,因此要将机体和输漆管做好接地,防止意外事故发生。

7.2.3 防腐涂装的施工

7.2.3.1 防腐涂装施工

施工是涂装工程的重要组成部分,一定要精心组织,认真操作,确保质量。施工前,要做好各项准备工作,准备完整的设计资料,进行设计交底和了解设计意图,准备施工设备和工具,组织工人学习有关技术和安全规章制度。严格检查钢材表面除锈质量,如未达到规定的除锈等级标准,则应重新除锈,直至达到标准为止。若钢材表面有反锈现象,则需再除锈,经检查合格后,才能进行涂装施工。

1. 作业条件

(1)油漆工施工作业应有特殊工种作业操作证。

(2)防腐涂装工程前钢结构工程已检查验收,并符合设计要求。

(3)防腐涂装作业场地应有安全防护措施,有防火和通风措施,防止发生火灾和人员中毒事故。

(4)露天防腐施工作业应选择适当的天气,大风、遇雨、严寒等均不应作业。

(5)施工环境应通风良好、清洁、干燥,室内施工环境温度应在 0 ℃以上,室外施工环境温度应为 5~38 ℃,相对湿度应不大于85%。对涂装施工环境温度只作一般规定,具体应按涂料产品说明书的规定执行。

2. 涂装预处理

涂装施工前,应对涂料型号、名称和颜色进行校对,同时检查生产日期。如超过储存期,应重新取样检验,质量合格后才能使用。各种防腐材料应符合国家有关技术指标的规定,还应有产品出厂合格证。

涂料选定后,通常要进行以下处理操作程序,然后才能施涂:

(1)开桶。开桶前应将桶外的灰尘、杂物除尽,以免混入油漆桶内。

(2)搅拌。将桶内的油漆和沉淀物全部搅拌均匀后才可使用。

(3)配比。对于双组分的涂料使用前必须严格按照说明书所规定的比例来混合。双组分涂料一旦配比混合后,就必须在规定的时间内用完。

(4)熟化。双组分涂料混合搅拌均匀后,需要过一定熟化时间才能使用。

(5)稀释。有的涂料因储存条件、施工方法、作业环境、气温等不同情况的影响,在使用时,有时需用稀释剂来调整黏度。

(6)过滤。是将涂料中可能产生的或混入的固体颗粒、杂物滤掉,以免堵塞喷嘴、影响漆膜的性能及外观。通常可以使用 80~120 目的金属网或尼龙丝筛进行过滤,以达到质量控制的目的。

3. 涂料防腐施工

工艺流程为:基面清理→底漆涂装→局部刮腻子→面漆涂装→检查验收。

(1)基面清理。建筑钢结构工程的油漆涂装应在钢结构安装验收合格后进行。油漆涂刷前,应将需涂装部位的铁锈、焊缝药皮、焊接飞溅物、油污、尘土等杂物清理干净。基面清理除锈质量的好坏,直接关系涂层质量的好坏。

(2)底漆涂装。涂刷防锈底漆,调和设计要求的防锈漆,控制漆的黏度、稠度、稀度,兑制时应充分地搅拌,使油漆色泽、黏度均匀一致。

刷第一层底漆时涂刷方向应该一致,接槎整齐。刷漆时应采用勤蘸、短刷的原则,防止刷子带漆太多而流坠。待第一遍刷完后,应保持一定的时间间隙,防止第一遍未干就刷第二遍,这样会使漆液流坠发皱,质量下降。待第一遍干燥后,再刷第二遍;第二遍涂刷方向应与第一遍涂刷方向垂直,这样会使漆膜厚度均匀一致。底漆涂装后起码需 4~8 h 后才能达到表干,表干前不应涂装面漆。

(3)局部刮腻子。待防锈底漆干透后,将金属面的砂眼、缺棱、凹坑等处用石膏腻子刮抹平整。石膏腻子配合比(质量比)如下:石膏粉:熟桐油:油性腻子(或醇酸腻子):底漆:水 = 20:5:10:7:45。

采用油性腻子,一般在 12 ~ 24 h 才能全部干燥;而用快干腻子,干燥较快,并能很好地黏附于所填嵌的表面;因此在部分损坏或凹陷处使用快干腻子可以缩短施工周期。此外,也可用加铁红醇酸底漆和光油各 50% 混合拌匀,并加适量石膏粉和水调成腻子打底。一般第一道腻子较厚,因此在拌和时应酌量减少油分,增加石膏粉用量,可一次刮,不必求得光滑。第二道腻子需要平滑光洁,因此在拌和时可增加油分,腻子调得稀些。

刮涂腻子时,可先用橡皮刮或钢刮刀将局部凹陷处填平。待腻子干燥后应加以砂磨,并抹除表面灰尘,然后涂刷一层底漆,接着上一层腻子。刮腻子的层数应视金属结构的不同情况而定。金属结构表面一般可刮 2 ~ 3 道。

每刮完一道腻子待干后要进行砂磨,头道腻子比较粗糙,可用粗铁砂布垫木头块砂磨;第二道腻子可用细铁砂或 240 号水砂纸砂磨;最后两道腻子可用 400 号水砂纸打磨光滑。

(4)面漆涂装。建筑钢结构涂装底漆与面漆一般中间间隔时间较长。钢构件涂装防锈漆底漆后送到工地去组装,组装结束后才统一涂装面漆。这样在涂装面漆前需对钢结构表面进行清理,清除安装焊缝焊药,对烧去或碰去漆的构件,还应事先补漆。

面漆的调制应选择颜色完全一致的面漆,兑制的稀料应合适,面漆使用前应充分搅拌,保持色泽均匀。其工作黏度、稠度应保证涂装时不流坠,不显刷纹。

面漆在使用过程中应不断搅和,涂刷的方法和方向与刷底漆的工艺相同。

涂装工艺采用喷涂施工时,应调整好喷嘴口径、喷涂压力,喷枪胶管能自由拉伸到作业区域,空气压缩机气压应在 0.4 ~ 0.7 N/mm^2。

喷涂时应保持好喷嘴与涂层的距离,一般喷枪与作业面距离以 200 ~ 300 mm 为宜,喷枪与钢结构基面角度应该保持垂直,或喷嘴略为上倾。先喷次要面,后喷主要面。

喷涂时喷嘴应该平行移动,移动时应平稳,速度一致,保持涂层均匀。但是采用喷涂时,一般涂层厚度较薄,故应多喷几遍,每层喷涂时应待上层漆膜已经干燥后进行。

7.2.3.2 防腐涂装工程质量检查与验收

1.涂装前的检查

(1)涂装前钢材表面除锈应符合设计要求和国家现行有关标准的规定。处理后的钢材表面不应有焊渣、焊疤、灰尘、油污、水和毛刺等。当设计无要求时,钢材表面除锈等级应符合规定。检查数量按构件数抽查10%,且同类构件不少于3件。检查方法为用铲刀检查和用现行国家标准《涂装前钢材表面锈蚀等级和除锈等级》规定的图片对照观察检查。

(2)进厂的涂料应检查是否有产品合格证,并经复验合格,方可使用。

(3)涂装环境的检查,环境条件应符合前述规定的要求。

2.涂装过程中的检查

(1)用湿膜厚度计测湿膜厚度,用以控制膜厚度和漆膜质量。

(2)每道漆都不允许有咬底、剥落、漏涂和起泡等缺陷。

3.涂装后的检查

（1）漆膜外观应均匀、平整、饱满和有光泽；颜色应符合设计要求；不允许有咬底、剥落、针孔等缺陷。

（2）涂料、涂装遍数、涂层厚度均应符合设计要求。当设计对涂层厚度无要求时，涂层干漆膜总厚度，室外应为 150 μm，室内应为 125 μm。每遍涂层干漆膜厚度的合格质量偏差为 −5 μm。测定厚度的抽查数，桁架、梁等主要构件抽检 20%，最低不少于 5 件；次要构件抽检 10%，最低不少于 3 件；每件应测 3 处。板、梁及箱形梁等构件，每 10 m² 检测 3 处。

宽度在 15 cm 以下的梁或构件，每处取 3 点（垂直于边长的一条线上的 3 点），点距为宽度的 1/4。宽度在 15 cm 以上的梁或构件，每处取 5 点，取点中心位置不限，但边点应距构件边缘 2 cm 以上，5 个测点分别为 10 cm 见方正方形的四个角和对角线交点。

检测处涂层总平均厚度，应达到规定值的 90% 以上。其最低值不得低于规定值的 80%，一处测点厚度差不得超过平均值的 30%。计算时，超过规定厚度 20% 的测点值，按规定厚度 120% 计算，不得按实测值计算平均值。

4.涂装工程的验收

涂装工程施工完毕后，必须经过验收，符合《钢结构工程施工质量验收规范》（GB 50205—2001）钢结构涂装工程的要求后，方可交付使用。

7.3 钢结构防火涂料

7.3.1 防火涂料的分类

钢材虽不是燃烧体，但却易导热，怕火烧，普通建筑钢的热导率是 67.63 W/(m·K)。科学试验和火灾实例都表明，未加防火保护的钢构件耐火极限仅为 10 ~ 20 min。当钢构件的自身温度达到 540 ℃ 以上时，钢材的机械力学性能（如屈服点、抗压强度、弹性模量以及载荷能力等）都迅速下降；当达到 600 ℃ 时，钢构件失去承载能力，造成结构变形，最终导致倒塌。

考察和分析钢结构火灾实例，可看出钢结构火灾具有如下特点：

（1）钢结构垮塌快，难扑救。钢结构建筑物发生火灾后，裸露的钢构件在烈火围困之中，一般只需 10 min 便失去支撑能力，随即变形塌落，给消防灭火工作带来极大的困难。

（2）火灾影响大，损失重。采用钢结构的建筑往往是大跨度的厂房、仓库、礼堂、影剧院、体育馆及高层建筑等，不论是工业用房还是民用建筑，一旦发生火灾，都将造成重大的经济损失和惨痛的人员伤亡。

（3）建筑物易毁坏，难修复。由于建筑物是以钢构件作为梁柱或屋架，在火灾中往往因为钢结构变形失去支撑能力，而导致建筑物部分或全部垮塌毁坏，钢结构变成"麻花状"或"面条式"的废物。变形后的钢结构很难修复使用。

根据《建筑设计防火规范》（GB 50016—2006）、《高层民用建筑设计防火规范》（GB 50045—95）的规定，当采用钢材时，钢构件的耐火极限要求不应低于表 7-19 的规定。

表 7-19　钢构件的耐火极限要求　　　　　　　　（单位:h）

耐火等级	高层民用建筑			一般工业与民用建筑			
	柱	梁	楼板、疏散楼梯、屋顶承重构件	柱	梁	楼板	屋顶承重构件
一级	3.00	2.00	1.50	3.00	2.00	1.50	1.50
二级	2.50	1.50	1.00	2.50	1.50	1.00	1.00
三级	—	—	—	2.00	1.00	0.75	0.50
四级	—	—	—	0.50	0.50	0.50	—

为了提高钢结构的抗火性能,在多数情况下,需采取防火保护措施,使钢构件达到规定的耐火极限要求。提高钢结构抗火性能的主要方法有:水冷却法、单面屏蔽法、浇筑混凝土或砌筑耐火砖、采用耐火轻质板材作为防火外包层、涂抹防火涂料。防火涂料在工程中得到广泛应用。

钢结构防火涂料(包括预应力混凝土楼板防火涂料)主要用作非可燃性材料的保护。该类防火涂料涂层较厚,并具有密度小、导热系数低的特性。所以,在火焰作用下具有优良的隔热性能,使被保护的钢结构在火焰作用下不易产生结构变形,从而提高钢结构的耐火极限。钢结构采用防火涂装的最大特点是:施工方便、快速,缩短了防火保护的施工周期。

7.3.1.1　防火涂料的特性

(1)防火涂料本身具有难燃烧或不燃性,使被保护的基材不直接与空气接触而延迟基材着火燃烧。

(2)防火涂料具有较低的导热系数,可以延迟火焰温度向基材的传递。

(3)防火涂料遇火受热分解出不燃的惰性气体,可冲淡被保护基材因受热而分解出的可燃性气体,抑制燃烧。

(4)燃烧被认为是游离基引起的连锁反应,而含氮的防火涂料受热分解出 NO、NH_3 等基团,与有机游离基化合,中断连锁反应,降低燃烧速度。

(5)膨胀型防火涂料遇火膨胀发泡,形成泡沫隔热层,封闭被保护的基材,阻止基材燃烧。

7.3.1.2　防火涂料的类别

早在 20 世纪 50 年代,欧美、日本等先进国家就广泛采用防火涂料保护钢结构。20世纪 80 年代初期,国内的一些重要钢结构建筑,例如北京长城饭店、昆仑饭店、京广中心、深圳发展中心、上海希尔顿宾馆等都曾用国外防火涂料并由国外指定代理商施工。1985年以后,国内加强了防火涂料研制工作,四川、北京、上海先后研制成功多种钢结构防火涂料,并在国内不少重要工程中取代进口涂料,为国家节省了大量的建设费用。

1.按涂层厚度分类

防火涂料按高温下涂层变化情况来分,可分为两类:膨胀型防火涂料(薄型防火涂料)、非膨胀型防火涂料(厚型防火涂料)。

膨胀型防火涂料,又称薄型防火涂料,厚度一般为 2~7 mm,其基料为有机树脂,配方中还含有发泡剂、碳化剂等成分,遇火后自身会发泡膨胀,形成比原涂层厚度大十几倍到数十倍的多孔碳质层。多孔碳质层可阻挡外部热源对基材的传热,如同绝热屏障,用于钢结构防火,耐火极限可达 0.5 ~ 1.5 h。薄型防火涂料性能见表 7-20。膨胀型防火涂料优点是涂层薄、质量轻、抗震性好,有较好的装饰性;缺点是施工时气味较大,涂层易老化,若处于吸湿受潮状态会失去膨胀性。

表 7-20　薄型防火涂料性能

项目		指标		
黏结强度(MPa)		≥0.15		
抗弯性		挠曲 L/100,涂层不起层、脱落		
抗震性		挠曲 L/200,涂层不起层、脱落		
耐水性(h)		≥24		
耐冻隔循环性(次)		≥15		
耐火极限	涂层厚度(mm)	3	5.5	7
	耐火时间不低于(h)	0.5	1.0	1.5

非膨胀型防火涂料,主要成分为无机绝热材料,遇火不膨胀,自身具有好的隔热性,故又称隔热型防火涂料。其涂层厚度为 7 ~ 50 mm,对应耐火极限可达到 0.5 ~ 3 h 以上。因其涂层比薄型防火涂料要厚得多,因此称为厚型防火涂料。厚型防火涂料性能见表 7-21。非膨胀型防火涂料的防火机制是利用涂层固有的良好的绝热性,以及高温下部分成分的蒸发和分解等烧蚀反应而产生的吸热作用,来阻隔和消耗火灾热量向基材的传递,从而延缓钢构件达到临界温度的时间。厚型防火涂料一般不燃、无毒、耐老化、耐久性较可靠,构件的耐火极限可达 3 h 以上,适用于永久性建筑中。厚型防火涂料又分为两类,一类以矿物纤维为骨料,采用干法喷涂施工;另一类是以膨胀蛭石、膨胀珍珠岩等颗粒材料为主的骨料,采用湿法喷涂施工。干法喷涂纤维材料与湿法喷涂颗粒材料相比,涂层容重轻,但施工时容易散发细微纤维粉尘,给施工环境和人员的保护带来一定问题,另外表面疏松,只适合于完全封闭的隐蔽工程。两种类型的厚型防火涂料性能比较见表 7-22。

表 7-21　厚型防火涂料性能

项目		指标				
黏结强度(MPa)		≥0.04				
抗压强度(MPa)		≥0.3				
干密度(kg/m³)		≤500				
导热系数(W/(m·K))		≤0.1 160				
耐水性(h)		≥24				
耐冻融循环性(次)		≥15				
耐火极限	涂层厚度(mm)	15	20	30	40	50
	耐火时间不低于(h)	1.0	1.5	2.0	2.5	3.0

表 7-22　两种类型的厚型防火涂料性能比较

涂料类型	颗粒型（蛭石）	纤维型（矿棉）
主要原料	蛭石、珍珠岩、微珠等	石棉、矿棉、硅酸铝纤维
密度（kg/m³）	350~450	250~350
抗震性	一般	良
吸声系数（0.5~2 k）	≤0.5	≥0.7
导热系数（W/(m·K)）	0.1 左右	≤0.06
施工工艺	湿法机喷或手抹	干法机喷
一次喷涂厚度（cm）	0.5~1.2	2~3
外观	光滑平整	粗糙
劳动条件	基本无粉尘	粉尘多
修补难易程度	易	难

钢结构防火涂料的分类,如图 7-6 所示。

钢结构防火涂料 { 膨胀型（B 类） { 普通型（涂层厚 7 mm 以下,标准梁耐火时间可达 1.5 h）
超薄型（涂层厚 3 mm 以下,标准梁耐火时间可达 1.5 h）
非膨胀型（H 类） { 湿法喷涂（以蛭石、珍珠岩为主要绝热骨料）
干法喷涂（以矿物纤维为主要绝热骨料）

图 7-6　钢结构防火涂料的分类

2. 按涂层环境分类

防火涂料按涂层使用环境来分,可分为室内用和露天用。

3. 按黏结剂的类别分类

防火涂料按所采用黏结剂的类别来分,可分为有机类和无机类。

钢结构防火涂料的类别及适用范围,见表 7-23。

表 7-23　钢结构防火涂料的类别及适用范围

类别	特性	厚度（mm）	耐火时限（h）	适用范围
薄型防火涂料	附着力强,可以配色,一般不需外保护层	2~7	1.5	工业与民用建筑楼盖与屋盖钢结构,如 LB 型、SG-1 型、SS-1 型
超薄型防火涂料	附着力强,干燥快,可配色,有装饰效果,不需外保护层	3~5	2.0~2.5	工业与民用建筑梁、柱等钢结构,如 SB-2 型、BTCB-1 型、ST1-A 型
厚型防火涂料	喷涂施工,密度小,物理强度及附着力低,需装饰面层隔护	8~50	1.5~3.0	有装饰面层的民用建筑钢结构柱、梁,如 LG 型、ST-1 型、SG-2 型
露天用防火涂料	喷涂施工,有良好的耐候性	薄涂 3~10 厚涂 25~40	0.5~2.0 3.0	露天环境中的框架、构架等钢结构,如 ST1-B 型、SWH 型、SWB 型（薄涂）

7.3.2 钢结构防火涂料的选用

7.3.2.1 钢结构防火涂料技术要求

1. 一般要求

（1）用于制造防火涂料的原料，不得使用石棉材料和苯类溶剂。

（2）防火涂料可用喷涂、抹涂、滚涂或刷涂等方法中的任何一种，或多种方法共同施工，并能在通常的自然环境条件下干燥固化。

（3）防火涂料应呈碱性或偏碱性，复层涂料应相互配套。底层涂料应能同防锈漆或钢板相协调。

（4）涂层干后不应有刺激性气味，燃烧时不产生浓烟和有害人体健康的气味。

2. 性能指标

钢结构防火涂料的技术性能应符合表7-24的规定。

表 7-24　钢结构防火涂料的技术性能

序号	项目	指标		
		NCB	NB	NH
1	在容器中的状态	经搅拌后呈均匀细腻状态，无结块	经搅拌后呈均匀液态或稠厚流体状态，无结块	经搅拌后呈均匀稠厚流体状态，无结块
2	干燥时间（表干）（h）	≤8	12	≤24
3	外观与颜色	涂层干燥后，外观与颜色同样品相比应无明显差别	涂层干燥后，外观与颜色同样品相比应无明显差别	—
4	初期干燥抗裂性	不应出现裂纹	一般不出现裂纹；如有 1～3 条裂纹，其宽度应不大于 0.5 mm	一般不出现裂纹；如有 1～3 条裂纹，其宽度应不大于 1 mm
5	黏结强度（MPa）	≥0.20	≥0.15	≥0.04
6	抗压强度（MPa）	—	—	≥0.3
7	干密度（kg/m^3）	—	—	≤500
8	耐水性（h）	≥24，涂层应无起层、发泡、脱落现象	≥24，涂层应无起层、发泡、脱落现象	≥24，涂层应无起层、发泡、脱落现象
9	耐冷热循环性（次）	≥15，涂层应无开裂、剥落、起泡现象	≥15，涂层应无开裂、剥落、起泡现象	≥15，涂层应无开裂、剥落、起泡现象

注：NCB 指室内超薄型防火涂料，NB 指薄型防火涂料，NH 指室内厚型防火涂料。

7.3.2.2 防火涂料选用的原则

选用钢结构防火涂料时,应考虑结构类型、耐火极限要求、工作环境等,选用原则如下:

(1)高层建筑钢结构,单层、多层钢结构的室内隐蔽构件,当规定其耐火极限在 1.5 h 以上时,应选用非膨胀型防火涂料。

(2)室内裸露钢结构、轻型屋盖钢结构及有装饰要求的钢结构,当规定其耐火极限在 1.5 h 及其以上时,宜选用薄型防火涂料。

(3)钢结构耐火极限要求在 1.5 h 及其以上的室外钢结构工程,不宜选用膨胀型防火涂料。

(4)装饰要求较高的室内裸露钢结构,特别是钢结构住宅、设备的承重钢框架、支架、裙座等易被碰撞的部位,规定其耐火极限要求在 1.5 h 以上时,宜选用钢结构防火板材。

(5)室内隐蔽钢结构、高层全钢结构及多层厂房钢结构,当规定其耐火极限在 1.5 h 以上时,应选用厚型防火涂料。

(6)露天钢结构,应选用适合室外用的钢结构防火涂料且至少应有一年以上室外钢结构工程应用验证,涂层性能无明显变化。

(7)用于保护钢结构的防火涂料应不含石棉,不用苯类溶剂,在施工干燥后应没有刺激性气味;不腐蚀钢材,在预定的使用功能期内须保持其性能。

(8)复层涂料应相互配套,底层涂料应能同普通的防锈漆配合使用,或者底层涂料自身具有防锈性能。

(9)特殊性能的防火涂料在选用时,必须有一年以上的工程应用验证,其耐火性能必须符合要求。

(10)薄型防火涂料的保护层厚度,必须以实际构件的耐火试验确定。

(11)钢结构防火涂料必须有国家检测机构的耐火性能检测报告和理化性能检测报告,有消防监督机关颁发的生产许可证,方可选用。选用的防火涂料质量应符合国家有关标准的规定,有生产厂方的合格证,并应附有涂料品名、技术性能、制造批号、储存期限和使用说明等。

(12)选用钢结构防火涂料时,还应注意下列问题:

①不要把饰面型防火涂料用于钢结构,饰面型防火涂料是保护木结构等可燃基材的阻燃涂料,薄薄的涂膜达不到提高钢结构耐火极限的目的。

②不应把薄型膨胀防火涂料用于保护 2 h 以上的钢结构。薄型防火涂料之所以耐火极限不太长,是由自身的原材料和防火原理决定的。这类涂料含较多有机成分,涂层在高温下发生物理、化学变化,形成碳质泡膜后起到隔热作用。膨胀泡膜强度有限,易开裂、脱落,碳质在 1 000 ℃ 高温下会逐渐灰化掉。要求耐火极限达 2 h 以上的钢结构,必须选用厚型防火涂料。

③不得将室内钢结构防火涂料,未加改进和采取有效的防水措施,直接用于喷涂保护室外的钢结构。露天钢结构环境条件比室内苛刻得多,完全暴露于阳光与大气之中,日晒雨淋,风吹雪盖。露天钢结构必须选用耐水,耐冻融循环,耐老化,并能经受酸、碱、盐等化学腐蚀的室外钢结构防火涂料进行喷涂保护。

④在一般情况下,室内钢结构防火保护不要选择室外钢结构防火涂料,为了确保室外钢结构防火涂料优异的性能,其原材料要求严格,并需应用一些特殊材料,因而其价格要比室内钢结构防火涂料贵得多。但对于半露天或某些潮湿环境的钢结构,则宜选用室外钢结构防火涂料保护。

⑤厚型防火涂料基本上由无机材料构成,涂层稳定,老化速度慢,只要涂层不脱落,防火性能就有保障。从耐久性和防火性考虑,宜选用厚型防火涂料。

7.3.2.3 涂层厚度的确定

1. 涂层厚度的确定原则

钢结构防火涂料的涂层厚度,可按下列原则之一确定:

(1)按照有关规范对钢结构不同构件耐火极限的要求,根据标准耐火试验数据选定相应的涂层厚度。

(2)根据标准耐火试验数据,计算确定涂层的厚度。

2. 涂层厚度计算

根据设计所确定的耐火极限来设计涂层的厚度,可直接选择有代表性的钢构件,喷涂防火涂料做耐火试验,由实测数据确定设计涂层的厚度,也可根据标准耐火试验数据,对不同规格的钢构件按下式计算出涂层厚度:

$$T_1 = \frac{W_m/D_m}{W_1/D_1} T_m K$$

式中 T_1——待确定的钢构件涂层厚度;

T_m——标准试验时的涂层厚度;

W_1——待喷涂的钢构件质量,kg/m;

W_m——标准试验时的钢构件质量,kg/m;

D_1——待喷涂的钢构件防火涂层接触面周长,m;

D_m——标准试验时的钢构件防火涂层接触面周长,m;

K——系数,对钢梁 $K=1$,对钢柱 $K=1.25$。

3. 涂层厚度的测定

1)测针与测试图

测针(厚度测量仪)由针杆和可滑动的圆盘组成,圆盘始终保持与针杆垂直,并在其上装有固定装置,圆盘直径不大于 30 mm,以保持完全接触被测试件的表面。当厚度测量仪不易插入被插试件中时,也可使用其他适宜的方法测试。

测试时,将厚度测量仪探针垂直插入防火涂层,直至钢材表面上,记录标尺读数,如图 7-7 所示。

2)测点选定

测点选择须遵守以下规定:

楼板和防火墙的防火涂层厚度测定,可选相邻两纵、横轴线相交中的面积为 1 个单元,在其对角线上按每米长度选一点进行测试。

钢框架结构的梁和柱的防火涂层厚度测定,在构件长度内每隔 3.0 m 取一截面,按图 7-8 所示的位置进行测试。

对于桁架结构,规定上弦和下弦每隔 3 m 取一截面检测,其他腹杆每一根取一截面检测。

3)测量结果

对于楼板和墙面,在所选择的面积中,至少测出 5 个点;对于梁和柱,在所选择的位置中,分别测出 6 个点和 8 个点,分别计算出它们的平均值,精确到 0.5 mm。

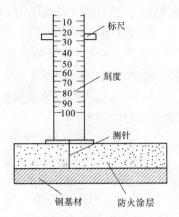

图 7-7　测厚度示意图

7.3.3 薄型防火涂料施工

7.3.3.1 施工工具与方法

(1)喷涂底层(包括主涂层,以下相同)涂料,宜采用重力式喷枪,配能够自动调压的 0.6 ~ 0.9 m³/min 的空压机。喷嘴直径为 4 ~ 6 mm,空气压力约为 0.4 MPa。局部修补和小面积施工,可采用抹涂。

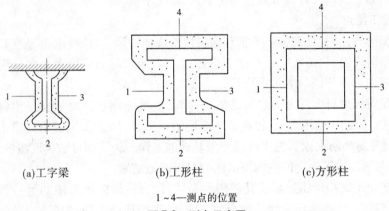

(a)工字梁　　(b)工形柱　　(c)方形柱

1 ~ 4—测点的位置

图 7-8　测点示意图

(2)面层装饰涂料,可以刷涂、喷涂或滚涂,一般采用喷涂施工。喷枪喷嘴直径换为 1 ~ 2 mm,空气压力调为 0.4 MPa 左右,即可用于喷面层装饰涂料。

(3)局部修补或小面积施工,不具备喷涂条件时,可用抹灰刀等工具进行手工抹涂。

7.3.3.2 涂料的搅拌与调配

(1)运送到施工现场的钢结构防火涂料,应采用便携式电动搅拌器予以适当搅拌,使其均匀一致,方可用于喷涂。

(2)双组分包装的涂料,应按说明书规定的配比进行现场调配,边配边用。单组分装的涂料也应充分搅拌。

(3)搅拌和调配好的涂料,应稠度适宜,喷涂后不发生流淌和下坠现象。

7.3.3.3 底层施工操作与质量

(1)底涂层一般应喷 2 ~ 3 遍,每遍间隔 4 ~ 24 h,待前一遍基本干燥后再喷后一遍。头遍喷涂以盖住基底面 70% 即可,第二、三遍喷涂厚度以不超过 2.5 mm 为宜。每喷 1

mm 厚的涂层,耗湿 1.2 ~ 1.5 kg/m²。

（2）喷涂时手握喷枪要稳,喷嘴与钢基材面垂直或成 70°角,喷口到喷面距离以 40 ~ 60 cm 为宜。要求回旋转喷涂,注意搭接处颜色一致,厚薄均匀,要防止漏喷、流淌,确保涂层完全闭合,轮廓清晰。

（3）喷涂过程中,操作人员要携带测厚计随时检测涂层厚度,确保各部位涂层达到设计规定的厚度要求。

（4）喷涂形成的涂层是粒状表面,当设计要求涂层表面平整光滑时,待喷完最后一遍应采用抹灰刀或其他适用的工具做抹平处理,使外表面均匀平整。

7.3.3.4　面层施工操作与质量

（1）当底层厚度符合设计规定,并基本干燥后,方可施工面层。

（2）面层涂料一般涂饰 1 ~ 2 遍。如头遍是从左至右喷,第二遍则应从右至左喷,以确保全部覆盖住底涂层。面涂用量为 0.5 ~ 1.0 kg/m²。

（3）对于露天钢结构的防火保护,喷好防火的底涂层后,也可选用适合建筑外墙用的面层涂料作为防水装饰层,用量为 1.0 kg。

（4）面层施工应确保各部分颜色均匀一致,接槎平整。

7.3.3.5　施工要点

（1）薄型防火涂料,可按装饰要求和涂料性质选择喷涂、刷涂或滚涂等施工方式。

（2）薄型防火涂料,每次喷涂厚度不应超过 2.5 mm,超薄型涂料每次涂层不应超过 0.5 mm,须在前一遍干燥后方可进行后一遍施工。

（3）薄型防火涂料大部分为水性乳液型涂料,直接涂刷于钢材表面易生锈。为了防止钢结构生锈,以延长使用寿命,提高整个涂层的保护性,因此施工的第二道工序是涂刷防锈底漆,这是薄型防火涂料施工过程中最基础的工作。为了保证防锈底漆的施工质量,第一道工序和第二道工序之间的间隔时间应尽可能地缩短。

（4）除防止钢结构生锈并延长其使用寿命的目的外,涂防锈底漆的另一目的是提高钢结构表面与防火涂料涂层之间的结合力。因此,正确地选择防锈底漆的品种及涂装工艺,对提高防火涂料涂层的性能、延长涂层的使用寿命有重要作用。选择防锈底漆时,应考虑其与钢结构基材要有很好的附着力;本身有较好的机械强度;对底材具有良好的防腐蚀保护性能,并不产生其他副作用;不能含有能渗入上层涂层引起弊病的组分;应具有良好的涂装性能等。

7.3.4　厚型防火涂料施工

7.3.4.1　施工方法与机具

厚型钢结构防火涂料宜采用喷涂施工,机具可为压送式喷涂机,配能自动调压的 0.6 ~ 0.9 m³/min 的空压机,喷枪口径为 6 ~ 10 mm,空气压力为 0.4 ~ 0.6 MPa。局部修补可采用抹灰刀等工具手工抹涂。

7.3.4.2　涂料的搅拌与配置

（1）由工厂制造好的单组分湿涂料,现场应采用便携式搅拌器搅拌均匀。

（2）由工厂提供的干粉料,现场加水或其他稀释剂调配,应按涂料说明书规定配比混合搅拌,边配边用。

(3)由工厂提供的双组分涂料,按配制涂料说明书规定的配比混合搅拌,边配边用。特别是化学固化干燥的涂料,配制的涂料必须在规定的时间内用完。

(4)搅拌和调配涂料,使稠度适宜,即能在输送管道中畅通流动。喷涂后不会流淌和下坠。

7.3.4.3　施工操作

(1)喷涂应分若干次完成,第一次喷涂以基本盖住钢基材面即可,以后每次喷涂厚度5～10 mm,一般以7 mm左右为宜。必须在前一遍喷层基本干燥或固化后再接着喷,通常情况下,每天喷一遍即可。

(2)喷涂保护方式、喷涂次数与涂层厚度应根据防火设计要求确定。耐火极限在1～3 h,涂层厚度为10～40 mm,一般需喷2～5次。

(3)喷涂时,持枪手紧握喷枪,注意移动速度,不能在同一位置久留,造成涂料堆积流淌;输送涂料的管道长而笨重,应配一助手帮助移动和托起管道;配料及往挤压泵加料均要连续进行,不得停顿。

(4)在施工过程中,操作者应采用测厚针检测涂层厚度,直到符合设计规定的厚度,方可停止喷涂。

(5)喷涂后的涂层要适当维修,对明显的乳突,应采用抹灰刀等工具剔除,以确保涂层表面均匀。

7.3.4.4　施工要点

(1)厚型防火涂料,可选用喷涂或手工涂抹施工。

(2)厚型防火涂料,宜用低速搅拌机,搅拌时间不宜过长,搅拌均匀即可,以免涂料中轻质骨料被过度粉碎影响涂层质量。

(3)厚型防火涂料,每遍涂抹厚度宜为5～10 mm,必须在前一道涂层基本干燥或固化后才可进行后一道施工。

7.3.4.5　质量要求

(1)涂层应在规定时间内干燥固化,各层间黏结牢固,不出现粉化、空鼓、脱落和明显裂纹。

(2)钢结构的接头、转角处的涂层均匀一致,无漏涂出现。

(3)涂层厚度应达到设计要求。如某些部位的涂层厚度未达到规定厚度值的85%以上,或者虽达到规定厚度值的85%以上,但未达到规定厚度部位的连续长度超过1 m时,应补喷,使之符合规定。

7.3.5　钢结构防火施工验收

7.3.5.1　一般规定

(1)工程施工质量的验收,必须采用经计量检定、校准合格的计量器具。

(2)当采用防火涂料保护钢结构时,验收应符合下列条件:

①钢结构防火涂料施工前的除锈和防锈,应在符合设计要求和国家现行标准后进行;

②钢结构防火涂料抽检试验的主要技术性能,应符合生产厂提供的产品质保书要求;

③钢结构防火涂料涂层的厚度,应符合设计要求;

④钢结构防火涂料的施工工艺,应与检测时试验条件一致;

⑤钢结构防火涂料的外观、裂缝、抽样检查等其他项目,应符合国家标准《钢结构工程质量检验评定标准》(GB 50221)和行业标准《钢结构防火涂料应用技术规程》(CECS 24)的要求。

(3)建设单位应委托有检验资质的工程质检单位,按照国家现行有关标准及设计要求,对钢结构防火保护工程及其材料进行检测,检测项目包括以下内容:

①施工中留样产品的性能参数检验。检验施工用材料的高温导热系数、容重及比热是否与施工方提供的产品说明书相符。

②施工中留样产品的强度检验,包括防火涂料的抗压强度和黏结强度检验,防火板的抗折强度检验。

③产品外观情况。

④防火保护材料的厚度检测。

(4)钢结构防火施工验收按《钢结构工程施工质量验收规范》(GB 50205—2001)的要求组织施工验收。

7.3.5.2 施工单位进行自检验收

(1)在施工过程中,除操作人员随时检测喷涂厚度外,工程技术负责人应抽查防火涂层厚度。

(2)施工结束后,工程负责人应组织施工人员自检施工质量,包括涂层厚度、黏结强度、平整度、颜色外观等是否符合防火设计规定,对不合格的部位及时整修或补喷。

(3)检查的内容和厚度测定点应做好记录。

7.3.5.3 竣工验收所需文件资料

钢结构防火涂料涂装竣工时,施工单位应具备下列文件:

(1)国家质量监督检验机构对所用产品的耐火极限和理化力学性能检测报告。

(2)消防监督部门颁发的消防产品生产许可证和该产品的合格证。

(3)大中型防火保护工程中,建设单位对所用产品抽检的黏结强度、抗压强度等检测报告。

(4)施工过程中,现场检查记录和重大问题处理意见与结果。

(5)如有隐蔽工程,其隐蔽工程的中间验收记录。

(6)施工结束后的自检记录和全过程总结。

7.3.5.4 建设单位组织竣工验收

钢结构防火保护施工结束后,建设单位应组织和邀请当地消防监督部门、建筑防火设计部门、防火涂料生产与施工等单位的工程技术人员组成验收小组,联合进行竣工验收。验收小组经检查各项质量都符合各类涂料的标准时,即判为合格,通过验收。如有个别不符,应视缺陷程度,分析原因和责任,视其具体情况,责令限期维修后再验收。验收合格,防火保护工程才算正式完工。

1. 直观检查的内容和检查方法

(1)用目测法检测防火涂料品种和颜色,与选用样品相对比。

(2)用目视法检测涂层外观颜色是否均匀,有无漏涂、明显裂缝和乳突情况;用0.75～1.0 kg榔头轻击涂层检测其强度,检查是否黏结牢固,有否空响或成块状脱落;用手触摸涂层,观察是否明显脱粉;用1.0 m直尺检测涂层平整度。

2.用测针选点检测涂层厚度

(1)测针构造与测试方法。测针(厚度测试仪),由针杆和可滑动的圆盘组成,圆盘始终保持与针杆垂直,并在其上装有固定装置,圆盘直径不大于30 mm,以保证完全接触被测涂层的表面。测试时,将测针插入防火涂层直至钢基材表面上,记录标尺读数,涂层厚度测试法如图7-7所示。

(2)测点选定。对不同的钢结构,选点方法不同。楼板和防火墙的防火涂层厚度测定,可选两相邻纵、横轴线相交中的面积为一单元,在其对角线上,按每米长度选一点进行测试;全框架结构的梁和柱以及桁架结构上弦和下弦的防火涂层厚度的测定,在构件长度内每隔3.0 m取一截面,按图7-8所示位置测试。

(3)结果计算。对于楼板和墙面,在选择的面积中,至少测出5个点;对于梁和柱等构件,在所选择的位置中,分别测出6个点或8个点,分别计算出它们的平均值,精确到0.5 mm。

(4)薄型防火涂层应符合下列要求:

涂层厚度符合设计要求;无漏涂、脱粉、明显裂缝等;如有个别裂缝,其宽度不大于0.5 mm;涂层与钢基材之间和各涂层之间应黏结牢固,无脱层、空鼓等情况;颜色与外观符合设计规定,轮廓清晰,接槎平整。

(5)厚型防火涂层应符合下列要求:

涂层厚度符合设计要求;如厚度低于原定标准,但必须大于原定标准的85%,且厚度不足部位的连续长度不大于1.0 m,并在5.0 m范围内不再出现类似情况。

涂层应完全闭合,不应露底、漏涂。

涂层不宜出现裂缝。如有个别裂缝,其宽度不应大于1.0 mm。

涂层与钢基材之间和各涂层之间,应黏结牢固,无空鼓、脱层和松散等情况。

涂层表面应无乳突。有外观要求的部位,母线不直度和失圆度允许偏差应不大于8.0 mm。

本章小结

钢结构防腐、防火涂装的目的,是防止钢结构锈蚀,防止火灾破坏钢结构的强度,延长其使用寿命。在涂装前对钢材表面进行彻底的清理是十分重要的。钢材表面除锈方法主要有手工除锈、动力工具除锈、喷射或抛射除锈、酸洗除锈和火焰除锈等。

防腐涂料一般由不挥发组分和挥发组分(稀释剂)两部分组成,涂料经涂敷施工形成漆膜后,具有保护作用、装饰作用、标志作用和特殊作用。我国涂料产品按《涂料产品分类、命名和型号》的规定进行分类。涂层的结构主要有底漆+中间漆+面漆、底漆+面漆、底漆和面漆用同一种漆等三种形式。

钢结构涂装方法有刷涂法、滚涂法、浸涂法、空气喷涂法、无气喷涂法等,应严格检查钢材表面除锈质量。

钢构件耐火极限仅为 0.25 h,为满足规范规定的耐火极限要求,必须施加防火保护。钢结构防火涂料按所用黏结剂的不同可分为有机类型防火涂料和无机类型防火涂料两大类。在使用时要正确选用防火涂料。

钢结构防火涂料的施工工艺流程:作业准备→防火涂料配料、搅拌→喷涂→检查验收。

防火涂料施工有薄型防火涂料施工和厚型防火涂料施工。按《钢结构工程施工质量验收规范》(GB 50205—2001)钢结构防火涂料涂装的要求验收内容包括施工单位进行自检验收、竣工验收所需文件资料、建设单位组织竣工验收等。

思考练习题

1. 钢材表面的主要外来污物类型、来源、对涂层质量的影响和清除方法有哪些?
2. 常用的清除钢材表面的油污的方法有哪些?
3. 常用的旧涂层清除的方法有哪些?
4. 钢材表面除锈有哪几种方法?
5. 手工和动力工具除锈、抛射除锈、喷射除锈、酸洗除锈、火焰除锈的方法是什么?
6. 防腐涂料的组成和命名规则是什么?
7. 钢结构涂装方法有哪几种?
8. 如何进行防腐涂料的施工?
9. 如何进行防腐涂装工程的质量检查和验收?
10. 钢结构防火涂料如何进行分类?如何选用钢结构防火涂料?
11. 钢结构防火涂料的施工有哪些一般规定和质量要求?
12. 薄型防火涂料施工过程是什么?
13. 厚型防火涂料施工过程是什么?
14. 钢结构防火工程验收包括哪些内容?

第8章 钢结构质量验收

【学习目标】

了解钢结构验收项目,熟悉钢结构质量验收等级,能进行钢结构验收。

8.1 钢结构验收项目

根据现行国家标准《建筑工程施工质量验收统一标准》(GB 50300—2001)的规定,钢结构作为主体结构之一应按子分部工程竣工验收,当主体结构均为钢结构时应按分部工程竣工验收。大型钢结构工程可划分成若干个子分部工程进行竣工验收。

8.1.1 钢结构验收项目的层次

钢结构验收应按分部工程、分项工程和检验批三个层次进行。

一般来讲,钢结构工程是作为主体结构分部工程中的子分部工程,当所有主体结构均为钢结构时,钢结构工程就是分部工程。

按主要工种、施工方法及专业系统,每个分部工程可划分为数个分项工程,即焊接工程、紧固件连接工程、钢零件及钢部件加工工程、钢构件组装工程、钢构件预拼装工程、单层钢结构安装工程、多层及高层钢结构安装工程、钢网架结构安装工程、压型金属板工程、钢结构涂装工程等 10 个分项工程。

检验批的验收是最小的验收单位,也是最基本、最重要的验收工作内容,其他分部工程、分项工程及单位工程的验收都是基于检验批验收合格的基础上进行验收。钢结构检验批的划分应遵照如下原则:

(1)单层钢结构可按变形缝划分检验批;

(2)多层、高层钢结构可按楼层或施工段划分检验批;

(3)钢结构制作可根据制造厂(车间)的生产能力按工期段划分检验批;

(4)钢结构安装可按安装形成的空间刚度单元划分检验批;

(5)材料进场验收可根据工程规模及进料实际情况合并成 1 个检验批或分解成若干个检验批;

(6)压型金属板工程可按屋面、墙面、楼面划分检验批。

8.1.2 钢结构质量验收等级

(1)分项工程的质量等级按表 8-1 划分。

表 8-1　分项工程的质量等级

等级	合格	优良
保证项目	全部符合标准	全部符合标准
基本项目	全部合格	60%以上优良,其余合格
允许偏差项目	90%及以上实测值在标准规定允许偏差范围内,其余值基本符合标准规定	90%及以上实测值在标准规定允许偏差范围内,其余值基本符合标准规定

注:一个基本项目所抽检的处(件)中60%及以上达到优良标准的规定,其余处(件)为合格,该基本项目即为优良。

（2）分部工程的质量等级按表 8-2 划分。

表 8-2　分部工程的质量等级

等级	合格	优良
所含分项工程	全部合格	包括主体分项工程在内的60%及以上分项工程为优良,其余合格

（3）单位工程的质量等级按表 8-3 划分。

表 8-3　单位工程的质量等级

等级	合格	优良
所含分部工程	全部合格	60%以上优良,其余合格
质量保证资料	齐全	齐全
观感质量评分	70%及以上	90%及以上

8.2　钢结构质量验收

8.2.1　钢结构工程质量验收记录

钢结构的验收是在分项工程各检验批验收合格的基础上进行的。分项工程质量验收记录参照《建筑工程施工质量验收统一标准》（GB 50300—2001）中表 E 进行,参见表 8-4。

钢结构分部工程合格的质量标准应符合下列要求:所含分项工程的质量均应验收合格,每个分项工程验收正确;所含分项工程无漏缺,归纳完整;分项工程资料和文件完整,每项验收资料的内容无缺漏项,签字齐全及符合规定;有关观感质量和安全及功能的检验和见证检测结果符合规范的相应合格质量标准的要求。即在所有分项工程验收合格的基础上,增加了质量控制资料和文件检查、有关安全及功能的检验和见证及有关观感质量检验 3 项。

分部(子分部)工程质量验收记录参照《建筑工程施工质量验收统一标准》（GB 50300—2001）中表 F 进行,参见表 8-5 和表 8-6。

表 8-4 钢结构工程分项工程质量验收记录

工程名称		结构类型		检验批数	
施工单位		项目经理		项目技术负责人	
分包单位		分包单位负责人		分包项目经理	
序号	检验批部位、区段	施工单位评定结果		监理(建设)单位验收结论	
1					
2					
3					
4					
⋮					
检查结论	项目专业技术负责人: 年　月　日		总监理工程师: (建设单位项目专业技术负责人) 年　月　日		

表 8-5 钢结构子分部工程质量验收记录

工程名称		结构类型		层数	
施工单位		技术部门负责人		质量部门负责人	
分包单位		分包单位负责人		分包技术负责人	
序号	分项工程名称	检验批数	施工单位检查评定	验收意见	
1					
2					
3					
⋮					
质量控制资料					
安全和功能检验(检测)报告					
观感质量验收					
参加验收单位	分包单位	施工单位	设计单位	监理(建设)单位	
	项目经理: 年　月　日	项目经理: 年　月　日	项目负责人: 年　月　日	总监理工程师: (建设单位项目专业技术负责人) 年　月　日	

表8-6 有关安全及功能的检验和见证检测项目检查记录

工程名称：		施工单位：		
序号	资料名称	份数	核查意见	核查人
1	见证取样送样试验报告 钢材及焊接材料复验 高强度螺栓预应力、扭矩系数复验 摩擦面抗滑移系数复验 网架节点承载力试验			
2	焊缝质量检测报告 内部缺陷 外观缺陷 焊缝尺寸			
3	高强度螺栓施工质量检查记录 终拧扭矩 梅花头检查 网架螺栓球节点			
4	柱脚及网架支座检查记录 锚栓紧固 垫板、垫块 二次灌浆			
5	主要构件变形检查记录 钢屋(托)架、桁架、钢梁、吊车梁等垂直和 侧向弯曲 钢柱垂直度 网架结构挠度			
6	主体结构尺寸检查记录 整体垂直度 整体平面弯曲			

结论：   验收意见：

施工单位项目经理：   总监理工程师：
            年   月   日   (建设单位项目责任人)   年   月   日

8.2.2 钢结构工程观感质量验收

8.2.2.1 钢结构工程观感质量检查记录

观感质量应由 3 人或 3 人以上共同检验评定。检验人员应对每个项目随机确定 10 处(件)进行检验,然后打分评定。钢结构工程观感质量检查记录见表 8-7。

表 8-7 钢结构工程观感质量检查记录

工程名称		完工日期			
施工单位		项目经理			
监理单位		总监理工程师			

序号	项目	抽查情况	质量评价		
			好	一般	差
1	普通涂层表面				
2	防火涂层表面				
3	压型金属板表面				
4	钢平台、钢梯、钢栏杆				
观感质量综合评价					

检查结论:

施工单位项目经理:　　　　年　　月　　日	总监理工程师: (建设单位项目负责人)　　年　　月　　日

注:质量评价为差的项目应进行返修。

8.2.2.2 评定方法举例

钢结构安装单位工程观感质量检验评定标准见表 8-8。

表8-8 钢结构安装单位工程观感质量检验评定标准

单位工程名称： 　　　　　　　　　　　　　　　　　　施工单位：

序号	项目名称	标准分	评定等级				
			一级	二级	三级	四级	五级
1	高强度螺栓连接	10	10	9	9	7	−10
2	焊接接头安装螺栓连接	10	10	9	9	7	0
3	焊缝缺陷	10	10	9	9	7	−25
4	焊渣飞溅	10	10	9	9	7	0
5	结构外观	10	10	9	9	7	−10
6	涂装缺陷	10	10	9	9	7	−25
7	涂装外观	10	10	9	9	7	0
8	标记基准点	10	10	9	9	7	0
9	金属压型板	10	10	9	9	7	−25
10	梯子、栏杆、平台	10	10	9	9	7	0

应得＿＿＿＿＿＿分,实得＿＿＿＿＿＿分,得分率＿＿＿＿＿＿%

8.2.2.3 钢结构制作和安装工程观感质量的检验评定项目和标准

钢结构制作和安装工程观感质量检验评定项目及标准见表8-9。

表8-9 钢结构制作和安装工程观感质量检验评定项目及标准

编号	钢结构制作	钢结构安装
1	切割缺陷:断面无裂纹、夹层和超过规定的缺口	高强度螺栓连接:螺栓、螺母、垫圈安装正确,方向一致,已做终拧标记
2	切割精度:粗糙度、不平度、上边缘熔化符合规定	焊接、螺栓连接:螺栓齐全或基本齐全,初次未安螺栓已按规定处理,补上螺栓
3	钻孔:成型良好,孔边无毛刺	金属压型板:表面平整清洁,无明显凹凸,檐口屋脊平行,固定螺栓牢固,布置整齐,密封材料敷设良好
4	焊缝缺陷:焊缝无致命缺陷、严重缺陷	焊缝缺陷:焊缝无致命缺陷、严重缺陷
5	焊渣飞溅:飞溅清除干净,表面缺陷已按规定处理	焊渣飞溅:飞溅清除干净,表面缺陷已按规定处理
6	结构外观:构件无变形,现场切割口平整;表面无焊疤、油污、黏结泥沙,连接在结构上的临时设施已拆除或处理	结构外观:构件无变形,现场切割口平整;表面无焊疤、油污、黏结泥沙,连接在结构上的临时设施已拆除或处理,且结构上的临时附加物已拆除

编号	钢结构制作	钢结构安装
7	涂装缺陷;涂层无脱落和返修,无误涂、漏涂	涂装缺陷:涂层无脱落和返修,无误涂、漏涂
8	涂装外观:涂刷均匀,色泽无明显差异,无流挂起皱,构件因切割、焊接而烘烤变形的漆膜已处理	涂装外观:涂刷均匀,色泽无明显差异,无流挂起皱,构件因切割、焊接而烘烤变形的漆膜已处理
9	高强度螺栓摩擦面:无氧化铁皮、毛刺、焊疤,不该有的涂料和油污	梯子、栏杆、平台:连接牢固、平直、光滑
10	标记:杆件号、中心、标高、吊装标志齐全,位置准确,色泽鲜明	标记基准点:大型重要钢结构应设置沉降观测基准点、构筑物中心标高和柱中心标志齐全

钢结构制作项目观感质量检验评定等级见表 8-10,单位工程(制作项目)质量综合评定见表 8-11。

表 8-10　钢结构制作项目观感质量检验评定等级

单位工程名称:　　　　　　　　　　　　　　施工单位:

序号	项目名称	标准分	评定等级				
			一级	二级	三级	四级	五级
1	切割缺陷	10	10	9	9	7	−25
2	切割精度	10	10	9	9	7	0
3	钻孔	10	10	9	9	7	0
4	焊缝缺陷	10	10	9	9	7	−25
5	焊渣飞溅	10	10	9	9	7	0
6	结构外观	10	10	9	9	7	−10
7	涂装缺陷	10	10	9	9	7	−25
8	涂装外观	10	10	9	9	7	0
9	高强度螺栓连接面	10	10	9	9	7	−10
10	标记	10	10	9	9	7	0

应得＿＿＿＿分,实得＿＿＿＿分,得分率＿＿＿＿%

表 8-11　单位工程(制作项目)质量综合评定

工程名称:_____　施工单位:_____　开工日期:_____

构件重量:_____　构件类型:_____　竣工日期:_____

项次	项目	评定情况
1	分部工程质量评定汇总	共_____分部,其中:优良_____分部,优良率_____%
2	质量保证资料评定	共核查_____分部,其中:符合要求_____项,经鉴定符合要求_____项
3	观感质量评定	应得_____分,实得_____分,得分率_____%

建设单位或监理部门意见	设计部门意见
负责人　　　公章 年　月　日	负责人　　　公章 年　月　日
企业评定等级	工程质量监督站核定:
企业技术负责人　　　公章 年　月　日	主管部门负责人　　　公章 年　月　日

　　钢结构制作项目的观感检验应视构件交货情况,分一次或数次进行。对观感质量评为五级项目,一旦发生分项工程质量不符合合格规定时,必须按规定及时进行处理,经处理后的分项工程,再重新确定其质量等级。

8.2.3　钢结构验收标准

　　钢结构施工各分项工程中的保证项目、基本项目及允许偏差项目在《钢结构工程施工质量验收规范》(GB 50205—2001)中有详细规定。

8.2.3.1　原材料及成品进场验收标准

　　原材料及成品进场验收标准见表8-12。

表 8-12 原材料及成品进场验收标准

序号	分类	主控项目	一般项目
1	钢材	（1）钢材、钢铸材的品种、规格、性能等应符合现行国家产品标准和设计要求,进口钢材产品的质量应符合设计和合同规定标准的要求。 检查数量:全数检查。 检验方法:检查质量合格证明文件、中文标志及检验报告等并签署《建筑材料报审表》。 （2）对属于下列情况之一的钢材,应进行抽样复验,其复验结果应符合现行国家产品标准和设计要求:①国外进口钢材;②钢材混批;③板厚等于或大于 40 mm,且设计有 Z 向性能要求的厚板;④建筑结构安全等级为一级,大跨度钢结构中主要受力构件所采用的钢材;⑤设计有复验要求的钢材;⑥对质量有疑义的钢材。 检查数量:全数检查。 检验方法:检查复验报告并签署《建筑材料报审表》	（1）钢板厚度及允许偏差应符合其产品标准的要求。 检查数量:每一品种、规格的钢板抽查 5 处。 检验方法:用游标卡尺量测并签署《建筑材料报审表》。 （2）型钢的规格尺寸及允许偏差符合其产品标准的要求。 检查数量:每一品种、规格的型钢抽查 5 处。 检验方法:用钢尺和游标卡尺量测。 （3）钢材的表面外观质量除应符合国家现有关标准的规定外,尚应符合下列规定:①当钢材的表面有锈蚀、麻点或划痕等缺陷时,其深度不得大于该钢材厚度负允许偏差值的 1/2;②钢材表面的锈蚀等级应符合现行国家标准《涂装前钢材表面锈蚀等级和除锈等级》(GB/T 8923)规定的 C 级及 C 级以上。 （4）钢材端边或断口处不应有分层、夹渣等缺陷。 检查数量:全数检查。 检验方法:观察检查并签署《建筑材料报审表》
2	焊接材料	（1）焊接材料的品种、规格、性能等应符合现行国家产品标准和设计要求。 检查数量:全数检查。 检验方法:检查焊接材料的质量合格证明文件、中文标志及检验报告等并签署《建筑材料报审表》。 （2）重要钢结构采用的焊接材料应进行抽样复验,复验结果应符合现行国家产品标准和设计要求。 检查数量:全数检查。 检验方法:检查复验报告并签署《建筑材料报审表》	（1）焊钉及焊接瓷环的规格、尺寸及偏差应符合现行国家标准《电弧螺柱焊用圆柱头焊钉》(GB/T 10433—2002)中的规定。 检查数量:按量抽查 1%,且不应少于 10 套。 检验方法:用钢尺和游标卡尺量测并签署《建筑材料报审表》。 （2）焊条外观不应有药皮脱落、焊芯生锈等缺陷,焊剂不应受潮结块。 检查数量:按量抽查 1%,且不应少于 10 包。 检验方法:观察检查

序号	分类	主控项目	一般项目
3	连接用紧固标准件	（1）钢结构连接用大六角头高强度螺栓连接副、扭剪型高强度螺栓连接副、钢网架用高强度螺栓、普通螺栓、铆钉、自攻钉、拉铆钉、射钉、锚栓（机械型和化学试剂型）、地脚锚栓等紧固标准件及螺母、垫圈等标准配件，其品种、规格、性能等应符合现行国家产品标准和设计要求，大六角头高强度螺栓连接副和扭剪型高强度螺栓连接副出厂时应分别随箱带有扭矩系数和紧固轴力（预拉力）的检验报告。 检查数量：全数检查。 检验方法：检查产品的质量合格证明文件、中文标志及检验报告等并签署《建筑材料报审表》。 （2）大六角头高强度螺栓连接副的检验及检验结果应符合 GB 50205—2001 附录 B 的规定。 检查数量：见 GB 50205—2001 附录 B。 检验方法：检查复验报告并签署《建筑材料报审表》。 （3）扭剪型高强度螺栓连接副预拉力的检验及检验结果应符合规范 GB 50205—2001 附录 B 的规定。 检查数量：见规范 GB 50205—2001 附录 B。 检验方法：检查复验报告并签署《建筑材料报审表》	（1）高强度螺栓连接副，应按包装箱配套供货，包装箱上应标明批号、规格、数量及生产日期，螺栓、螺母、垫圈外观表面应涂油保护，不应出现生锈和沾染脏物，螺纹不应损伤。 检查数量：按包装箱数抽查 5%，且不应少于 3 箱。 检验方法：观察检查并签署《建筑材料报审表》。 （2）对建筑结构安全等级为一级，跨度 40 m 及 40 m 以上的螺栓球节点钢网架结构，其连接高强度螺栓应进行表面硬度试验，对 9.9 级的高强度螺栓其硬度应为 HRC21～29；10.9 级高强度螺栓其硬度应为 HRC32～36，且不得有裂纹或损伤。 检查数量：按规格抽查 9 只。 检验方法：硬度计、10 倍放大镜或磁粉探伤，并签署《建筑材料报审表》
4	焊接球	（1）焊接球及制造焊接球所采用的原材料，其品种、规格、性能等应符合现行国家标准和设计要求。 检查数量：全数检查。 检验方法：检查产品的质量合格证明文件、中文标志及检验报告等并签署《建筑材料报审表》。 （2）焊接球焊缝应进行无损检验，其质量应符合设计要求，当设计无要求时应符合规范中规定的二级质量标准。 检查数量：每一规格按数量抽查 5%，且不应少于 3 个。 检验方法：超声波探伤或检查检验报告并签署《建筑材料报审表》	（1）焊接球直径、圆度、壁厚减薄量等尺寸及允许偏差应符合规范的规定。 检查数量：每一规格按数量抽查 5%，且不应少于 3 个。 检验方法：用卡尺和测厚仪检查并签署《建筑材料报审表》。 （2）焊接球表面应无明显波纹及局部凹凸不平不大于 1.5 mm。 检查数量：每一规格按数量抽查 5%，且不应少于 3 个。 检验方法：用弧形套模、卡尺和观察检查并签署《建筑材料报审表》

序号	分类	主控项目	一般项目
5	螺栓球	(1)螺栓球及制造螺栓球节点所采用的原材料,其品种、规格、性能等应符合现行国家产品标准和设计要求。 检查数量:全数检查。 检验方法:检查产品的质量合格证明文件、中文标志及检验报告等并签署《建筑材料报审表》。 (2)螺栓球不得有过烧、裂纹及褶皱。 检查数量:每一规格按数量抽查5%,且不应少于5只。 检验方法:用10倍放大镜观察和表面探伤并签署《建筑材料报审表》	(1)螺栓球螺纹尺寸应符合现行国家标准《普通螺纹基本尺寸》(GB/T 196—2003)中粗牙螺纹的规定,螺纹公差必须符合现行国家标准《普通螺纹公差》(GB/T 197—2003)中6H级精度的规定。 检查数量:每种规格抽查5%,且不应少于5只。 检验方法:用标准螺纹规检查并签署《建筑材料报审表》。 (2)螺栓球直径、圆度、相邻两螺栓孔中心线夹角等尺寸及允许偏差应符合规范规定。 检查数量:每种规格抽查5%,且不应少于3个。 检验方法:用卡尺和分度头仪检查并签署《建筑材料报审表》
6	封板、锥头和套筒	(1)封板、锥头和套筒及制造封板、锥头和套筒所采用的原材料,其品种、规格、性能等应符合现行国家产品标准和设计要求。 检查数量:全数检查。 检验方法:检查产品的质量合格证明文件、中文标志及检验报告等并签署《建筑材料报审表》。 (2)封板、锥头、套筒外观不得有裂纹、过烧及氧化皮。 检查数量:每种抽查5%,且不应少于10只。 检验方法:用放大镜观察检查和表面探伤	
7	金属压型板	(1)金属压型板及制造金属压型板所采用的原材料,其品种、规格、性能等应符合现行国家产品标准和设计要求。 检查数量:全数检查。 检验方法:检查产品的质量合格证明文件、中文标志及检验报告等并签署《建筑材料报审表》。 (2)压型金属泛水板、包角板和零配件的品种、规格以及防水密封材料的性能应符合现行国家产品标准和设计要求。 检查数量:全数检查。 检验方法:检查产品的质量合格证明文件、中文标志及检验报告等并签署《建筑材料报审表》	金属压型板的规格尺寸及允许偏差、表面质量、涂层质量等应符合设计要求和GB 50205—2001的规定。 检查数量:每种规格抽查5%,且不应少于3件。 检验方法:观察和用10倍放大镜检查及尺量并签署《建筑材料报审表》

序号	分类	主控项目	一般项目
8	涂装材料	(1)钢结构防腐涂料、稀释剂和固化剂等材料的品种、规格、性能等应符合现行国家产品标准和设计要求。 检查数量:全数检查。 检验方法:检查产品的质量合格证明文件、中文标志及检验报告等并签署《建筑材料报审表》。 (2)钢结构防火涂料的品种和技术性能应符合设计要求,并应经过具有资质的检测机构检测符合国家现行有关标准的规定。 检查数量:全数检查。 检验方法:检查产品的质量合格证明文件、中文标志及检验报告等并签署《建筑材料报审表》	防腐涂料和防火涂料的型号、名称、颜色及有效期应与其质量证明文件相符,开启后,不应存在结皮、结块、凝胶等现象。 检查数量:按桶数抽查5%,且不应少于3桶。 检验方法:观察检查并签署《建筑材料报审表》
9	其他	(1)钢结构用橡胶垫的品种、规格、性能等应符合现行国家产品标准和设计要求。 检查数量:全数检查。 检验方法:检查产品的质量合格证明文件、中文标志及检验报告等并签署《建筑材料报审表》。 (2)钢结构工程所涉及的其他特殊材料,其品种、规格、性能等应符合现行国家产品标准和设计要求。 检查数量:全数检查。 检验方法:检查产品的质量合格证明文件、中文标志及检验报告等并签署《建筑材料报审表》	

8.2.3.2　钢结构各分项工程的质量验收标准

钢结构各分项工程的质量验收标准见表8-13。

表 8-13　钢结构各分项工程的质量验收标准

序号	分项工程	一般规定（检验批划分）	检查内容、检查数量、检验方法	验收
1		（1）检验批划分：可按相应的钢结构制作或安装工程检验批的划分原则划分为一个或若干个检验批。 （2）碳素结构钢应在焊缝冷却到环境温度、低合金钢结构应在完成焊接 24 h 以后，进行焊缝探伤检验。 （3）焊缝施焊后应在工艺规定的焊缝及部位打上焊工钢印	见 GB 50205—2001 中的《钢结构制作（安装）焊接工程检验批质量验收记录表》、《焊钉（栓钉）焊接工程检验批质量验收记录表》或 GB 50205—2001 的 5.2、5.3 内容	施工单位自检合格，填写 GB 50205—2001 中的《钢结构制作（安装）焊接工程检验批质量验收记录表》、《焊钉（栓钉）焊接工程检验批质量验收记录表》和《工程报验单》报监理，监理工程师组织有关各方进行验收，验收合格，签署相关文件；验收不合格，签返相关文件
2	紧固件连接工程	可按相应的钢结构制作或安装工程检验批的划分原则划分为一个或若干个检验批	见 GB 50205—2001 中的《普通紧固件连接工程检验批质量验收记录表》、《高强度螺栓连接工程检验批质量验收记录表》或 GB 50205—2001 的 6.2、6.3 内容	施工单位自检合格，填写 GB 50205—2001 中的《普通紧固件连接工程检收记录表》、《高强度螺栓连接工程检验批质量验收记录表》和《工程报验单》报监理，监理工程师组织有关各方进行验收，验收合格，签署相关文件；验收不合格，签返相关文件
3	钢零件及钢部件加工工程	可按相应的钢结构制作或安装工程检验批的划分原则划分为一个或若干个检验批	见 GB 50205—2001 中的《钢结构零部件加工工程检验批质量验收记录表》、《钢网架制作工程检验批质量验收记录表》或 GB 50205—2001 的 7.2～7.6 内容	施工单位自检合格，填写 GB 50205—2001 中的《钢结构零部件加工工程检验批质量验收记录表》、《钢网架制作工程检验批质量验收记录表》和《工程报验单》报监理，监理工程师组织有关各方进行验收，验收合格，签署相关文件；验收不合格，签返相关文件

序号	分项工程	一般规定（检验批划分）	检查内容、检查数量、检验方法	验收
4	钢构件组装工程	可按相应的钢结构制作工程检验批的划分原则划分为一个或若干个检验批	见 GB 50205—2001 中的《钢结构零部件加工工程检验批质量验收记录表》或 GB 50205—2001 的 9.2～9.5 内容	施工单位自检合格,填写 GB 50205—2001 中的《钢构件组装工程检验批质量验收记录表》和《工程报验单》报监理,监理工程师组织有关各方进行验收,验收合格,签署相关文件;验收不合格,签返相关文件
5	钢构件预拼装工程	可按相应的钢结构制作工程检验批的划分原则划分为一个或若干个检验批	见 GB 50205—2001 中的《钢结构零部件加工工程检验批质量验收记录表》或 GB 50205—2001 的 9.2 内容	施工单位自检合格,填写 GB 50205—2001 中的《钢构件组装工程检验批质量验收记录表》和《工程报验单》报监理,监理工程师组织有关各方进行验收,验收合格,签署相关文件;验收不合格,签返相关文件
6	单层钢构件安装工程	可按变形缝或空间刚度单元等划分为一个或若干个检验批,地下钢结构可按不同地下层划分检验批	见 GB 50205—2001 中的《单层钢构件安装工程检验批质量验收记录表》或 GB 50205—2001 的 10.1～10.3 内容	施工单位自检合格,填写 GB 50205—2001 中的《单层钢构件安装工程检验批质量验收记录表》和《工程报验单》报监理,监理工程师组织有关各方进行验收,验收合格,签署相关文件;验收不合格,签返相关文件
7	多层及高层钢结构安装工程	可按楼层和施工段等划分为一个或若干个检验批,地下钢结构可按不同地下层划分检验批	见 GB 50205—2001 中的《多层及高层钢构件安装工程检验批质量验收记录表》或 GB 50205—2001 的 12.1～12.3 内容	施工单位自检合格,填写 GB 50205—2001 中的《多层及高层钢构件安装工程检验批质量验收记录表》和《工程报验单》报监理,监理工程师组织有关各方进行验收,验收合格,签署相关文件;验收不合格,签返相关文件
8	钢网架结构安装工程	可按变形缝、施工段或空间刚度单元划分为一个或若干个检验批	见 GB 50205—2001 中的《钢网架结构安装工程检验批质量验收记录表》或 GB 50205—2001 的 12.1～12.3 内容	施工单位自检合格,填写 GB 50205—2001 中的《钢网架结构安装工程检验批质量验收记录表》和《工程报验单》报监理,监理工程师组织有关各方进行验收,验收合格,签署相关文件;验收不合格,签返相关文件

序号	分项工程	一般规定 （检验批划分）	检查内容、检查数量、 检验方法	验收
9	压型金属板工程	可按变形缝、楼层、施工段或屋面、楼面、墙面等划分为一个或若干个检验批	见 GB 50205—2001 中的《压型金属板工程检验批质量验收记录表》或 GB 50205—2001 的 13.1～13.3 内容	施工单位自检合格，填写 GB 50205—2001 中的《压型金属板工程检验批质量验收记录表》和《工程报验单》报监理，监理工程师组织有关各方进行验收，验收合格，签署相关文件；验收不合格，签返相关文件
10	钢结构涂装工程	可按钢结构制作或钢结构安装工程的划分原则划分为一个或若干个检验批	见 GB 50205—2001 中的《涂装工程检验批质量验收记录表》或 GB 50205—2001 的 14.1～14.3 内容	施工单位自检合格，填写 GB 50205—2001 中的《涂装工程检验批质量验收记录表》和《工程报验单》报监理，监理工程师组织有关各方进行验收，验收合格，签署相关文件；验收不合格，签返相关文件

8.2.3.3 钢结构工程竣工验收资料

质量控制资料应完整，核查和归纳各检验批的验收记录资料，查对其是否完整；检验批验收时，具备的资料应准确完整后才能验收；注意核对各种资料的内容、数据及验收人员的签字是否规范；钢结构工程竣工验收时，应提供下列文件和记录：

（1）钢结构工程竣工图纸及相关设计文件；

（2）施工现场质量管理检查记录；

（3）有关安全及功能的检验和见证检测项目检查记录；

（4）有关观感质量检验项目检查记录；

（5）分部工程所含各分项目工程质量验收记录；

（6）分项工程所含各检验批质量验收记录；

（7）强制性条文检验项目检查记录及证明文件；

（8）隐蔽工程检验项目检查验收记录；

（9）原材料、成品质量合格证明文件、中文标志及性能检测报告；

（10）不合格项的处理记录及验收记录；

（11）重大质量、技术问题实施及验收记录；

（12）其他有关文件和记录。

本章小结

根据现行国家标准《建筑工程施工质量验收统一标准》（GB 50300—2001）的规定，钢结构作为主体结构之一应按子分部工程竣工验收;当主体结构均为钢结构时应按分部工程竣工验收。验收分为分部工程、分项工程和检验批三个层次。

钢结构的验收是在分项工程各检验批验收合格的基础上进行的。分部工程合格的质量标准是所含分项工程的质量均应验收合格,每个分项工程验收正确;所含分项工程无漏缺,归纳完整;分项工程资料和文件完整,每项验收资料的内容无缺漏项,签字齐全及符合规定;有关观感质量和安全及功能的检验和见证检测结果符合规范的相应合格质量标准的要求。

钢结构施工各分项工程中的保证项目、基本项目及允许偏差项目在《钢结构工程施工质量验收规范》(GB 50205—2001)中有详细规定。

思考练习题

一、单选题

1.《钢结构工程施工质量验收规范》是( )。

A. 国家标准   B. 行业标准   C. 地方标准   D. 企业标准

2. 环境温度是指( )的现场温度

A. 制作时   B. 安装时   C. 制作或安装时   D. 验收时

3. 钢板厚度及允许偏差应符合其产品标准的要求,每一品种、规格的钢板抽查( )处。

A. 3   B. 5   C. 8   D. 10

4. 碳素结构钢应在焊缝冷却到环境温度,低合金钢应在完成焊接( )h 以后,进行焊缝探伤检验。

A. 12   B. 36   C. 24   D. 48

5. 永久性普通螺栓紧固应牢固、可靠,外露丝不应少于( )扣。

A. 2   B. 3   C. 4   D. 5

6. 钢材切割面或剪切面应无裂纹、夹渣、分层和大于( )的缺棱。

A. 1 mm   B. 2 mm   C. 3 mm   D. 4 mm

7. 管、球加工主控项目要求,螺栓球成型后,不应有( )。

A. 裂纹   B. 褶皱   C. 裂纹、褶皱、过烧   D. 过烧

8. 钢结构组装工程,吊车梁和吊车桁架不应下挠,且全数检查,检查方法为:构件直立,在两端支承后,用( )检查。

A. 水准仪   B. 钢尺   C. 经纬仪   D. 水准仪和钢尺

9. 钢结构安装,吊车梁或直接承受动力荷载的梁其受拉翼缘、吊车桁架或直接承受动力荷载的桁架其受拉弦杆上( )焊接悬挂物和卡具。

A. 可以长期   B. 只能短期   C. 允许适量   D. 不得

10. 钢结构表面应干净,结构表面不应有疤痕、泥沙等污垢。检查数量按同类构件数检查10%,且不应少于( )件。

A. 2   B. 3   C. 4   D. 5

11. 钢结构安装检验批应在进场验收和焊接连接、紧固件连接、制作等分项工程 (   )的基础上进行。

A. 完成   B. 自己检查   C. 检查验收   D. 验收合格

12. 压型金属板工程,压型板成型后,其基板(   )裂纹。

A. 不得有   B. 允许少量   C. 不得有明显   D. 可以有

13. 钢结构防火涂料涂装分项工程,涂装完成后,构件的标志、标记和编号应清晰完整。检查数量为构件数的(   )。

A. 10%   B. 30%   C. 50%   D. 100%

14. 钢结构分部工程有关安全及功能的检验需要见证取样送检的试验项目有 (   )。

A. 钢材及焊接材料复检   B. 高强度螺栓预拉力

C. 扭矩系数复验   D. 网架节点承载力试验

E. ABCD

15. 钢结构施工质量验收所使用的计量器具必须是根据计量法规定的,定期计量检验意义上的合格,且保证在(   )内使用。

A. 检定有效期   B. 加工现场   C. 施工现场   D. 半年内

二、多选题

1. 高强度螺栓质量检查记录包括(   )。

A. 终拧扭矩   B. 梅花头检查

C. 网架螺栓头节点   D. 摩擦面抗滑移系数复验

2. 钢结构分部工程有关观感的质量检查项目包括(   )。

A. 普通涂层表面   B. 防火涂层表面

C. 压型金属板表面   D. 钢平台、钢梯、钢栏杆   E. 主体工程尺寸检查

3. 分部工程质量优良的标准为包括主体分项工程在内的(   )分项工程为优良,其余合格。

A. 50%   B. 60%   C. 60%及以上   D. 50%及以上

4. 多层及高层钢结构安装工程可按(   )等划分为一个或若干个检验批。

A. 变形缝   B. 楼层   C. 施工段   D. 屋面、楼面、墙面

5. 单位工程(制作项目)质量综合评定表应有(   )部门负责人签字盖章。

A. 监理部门   B. 勘测部门   C. 施工企业   D. 工程质量监督站

E. 设计部门

三、简答题

1. 钢结构工程竣工验收资料有哪些?

2. 钢结构原材料的质量验收标准是什么?

3. 钢结构各分部工程、分项工程的质量验收标准是什么?

第 9 章　钢结构案例

【学习目标】
　　通过本章的学习,对我国钢结构施工技术有更深的理解,能应用所学知识解决钢结构施工中的技术问题。

9.1　上海金茂大厦

9.1.1　工程概况

　　金茂大厦位于上海浦东新区黄浦江畔的陆家嘴金融贸易区,工程占地面积 2.3 万 m^2,地下 3 层、地上 88 层,建筑面积约 29 万 m^2,金茂大厦建筑总高度为 420.5 m,为当时已建工程的中国大陆第 3、世界第 8 高楼。

　　金茂大厦是一幢集办公、旅馆、购物、娱乐、餐饮、休闲于一体的综合性大楼。其 1 ~ 52 层是办公楼,53 ~ 87 层是五星级的金茂凯悦大酒店,距地面 340 m 的 88 层是观光层;裙楼部分有 6 层,内设大小宴会厅、百货商场和休闲娱乐场所等;6 万 m^2 的三层地下室内设有各类大型机电设备、服务设备、地下停车库和食街。整幢大楼如一座综合性的小区。其总投资约 45 亿元。金茂大厦基坑面积近 2 万 m^2,基坑开挖深度约 20 m,主楼基础承台为 4 m 厚。13 500 m^3 的 C50 高强度等级大体积混凝土,主楼泵造混凝土高度达到 382.5 m,在 24 ~ 26 层、55 ~ 57 层、85 ~ 87 层有三道外伸桁架将核心筒与八根巨型柱连接成一个整体。工程结构设计独特,并获世界结构工程协会颁发的国际建筑结构设计最高奖。

　　金茂大厦的建设受到了众多的国内外承包商的青睐,上海建工(集团)总公司携日本大林组、法国西宝公司、香港其士集团,一举中标总承包该幢大楼的建筑施工,开创了国内大型企业集团总包具有国际影响的大型建筑的先河,也首次运用总包的总管理总协调的手段和高新施工技术完成了该幢大楼,为上海浦东新区及外滩沿线增加了新景观。

9.1.2　应用新技术情况

9.1.2.1　商品混凝土和散装水泥应用技术

　　该技术应用于地下连续墙,钻孔灌注桩,基坑围护、支撑,主楼核心筒、复合巨型柱、楼板等工程部位。应用的总量达到了 157 000 m^3。金茂大厦使用的商品混凝土用散装水泥。机械上料、自动称量、计算机控制技术,外加剂和掺合料"双掺"技术,搅拌车运输和泵送浇筑技术,不但提高了土建施工生产的机械化和专业化程度,而且增强了施工现场的文明标准化程度,并创下了一次性泵送混凝土 382.5 m 高度的世界纪录。

9.1.2.2 粗直径钢筋连接技术

金茂大厦的核心筒和巨型柱的模板均采用定型加工的钢大模,所以在核心筒与楼面梁的钢筋连接处、主楼旅馆区环板与核心筒钢筋连接处、巨型柱与楼面梁的钢筋连接处,采用锥螺纹连接的施工技术。

整个工程锥纹接头共计 58 296 只,通过对接头的试验及抽检结果均符合 A 级水平。

新型钢筋冷轧锥螺纹工艺从七个方面改进了钢筋冷轧锥螺纹工艺:改进刀具、滚丝轮的材质;改进工具夹;增加自动定位装置;设置滚动上料架;端头冷处理,提高强度,保证 A 级接头标准。这些改进使应用达到了高速、优质、低耗的目的。

9.1.2.3 新型模板与脚手架应用技术

金茂大厦的主体结构层高变化多,还存在墙体收分和体形变化,共有 3.2 m、4 m、5.2 m 等共 8 种高度,53 层以上取消了原有的井字形内剪力墙,墙体厚度由 850 mm 逐步分四次收分至 450 mm。尤其在 24 ~ 26、51 ~ 53、85 ~ 87 层设有三道外伸钢桁架,给模板脚手的设计及超高层施工作业安全性带来了极大的难度。为此,我们在主楼核心筒施工中,自行设计制造了"分体组合自动调平整体提升式钢平台模板体系"。与国外先进模板比较,各项性能毫不逊色,同时节约成本约 1 000 万元。成功地完成了高空解体和组装,利用一种模板体系在两种不同结构的施工技术,创新地采用了电脑自动调平技术控制系统提升的施工技术,及采用全封闭模板体系,使施工安全可靠、操作简便、创造了一个月施工 13 层的施工速度。电脑自动调平技术已获得国家专利(专利号:ZL952465391.1)。该模板体系的研究和应用成果已获得上海市科技进步一等奖。

在巨型柱施工中,创新设计制造了"跳提式爬模系统",成功地解决了巨型柱施工时,上部钢梁已安装就位,传统的模板脚手体系均无法圆满完成混凝土施工后的爬升问题。

该体系创新设计了伸缩吊臂、斜面滑板、顶伸式伸缩架、翻转开启式附墙等一系列专门的构件,使爬架能顺利跨越钢梁。通过这些新型模板脚手体系的研究和应用,安全、可靠地完成了主楼核心筒和复合巨型柱连续施工。经专家鉴定,该模板脚手体系的技术水平达到了国际领先水平。

9.1.2.4 建筑节能技术

金茂大厦主要填充墙、防火分区隔墙等均采用空心砌块。其中,120 mm 厚砌块 4 901 m²,190 mm 厚砌块 49 742 m²,250 mm 厚砌块 1 098 m²,300 mm 厚砌块 3 493 m²。金茂大厦裙房屋面、主楼局部屋面也采用了屋面保温层。其中,裙房屋面约 7 500 m²,主楼局部屋面约 2 500 m²。

9.1.2.5 硬聚氯乙烯塑料管的应用技术

在金茂大厦裙房基础底板施工中,采用了国内首次出现的大面积静力释放层技术。φ100PVC 管 1 184 m,φ150PVC 管 511 m。将地下水通过大面积滤水层集中排到集水井,再通过泵抽至地面来释放和削减地下水对底板的浮力。此项技术在纵横交错的盲沟中设置多孔 PVC 滤水管。大面积静力释放层技术的应用,使裙房基础底板的厚度仅为 0.6 m 左右,而按传统设计基础底板厚度至少为 1.5 ~ 2.0 m,比传统做法薄 0.9 m 左右。

9.1.2.6 粉煤灰综合利用技术

金茂大厦主楼基础承台为 C50 高强度等级混凝土,方量 13 500 m³。在配合比设计中,掺入了一定量的磨细粉煤灰,发挥其"滚珠效应",以改善混凝土的和易性,提高混凝土的可泵性,并因此取代部分水泥,降低混凝土的水化热。同时,在砌筑砂浆拌制过程中,也掺入一定量的粉煤灰。粉煤灰的用量约 4 500 t,达到节能、高效的目的。

9.1.2.7 建筑防水工程新技术

设计要求在金茂大厦基础底板下施工防水层。防水材料采用美国胶体公司的纤维装单夹防咸水 CR 膨润土防水膜、膨润土填缝剂和多用途膨润土粉粒。防水膜用于大面积铺贴,填缝剂和多用途粉粒用于嵌缝、填补空洞。CR 膨润土的用量约 23 608 m²。CR 型膨润土防水系列材料是一种柔性的高强度聚丙烯纺织物和火山灰钠基膨润土的复合物,它的技术特点是:遇水膨胀,柔软、高强度,抗污染、抗老化。它的应用丰富和发展了国内防水材料的种类,为今后新型防水材料的研究和应用提供了实践经验。

9.1.2.8 现代管理技术与计算机应用

金茂大厦工程的信息量大、范围广,针对这种情况,在施工管理过程中,计算机技术得到了广泛的应用。财务管理、合同预算、人事档案管理、施工计划管理、施工方案的设计和编制、施工翻样图的绘制、深化图纸的设计等均采用了计算机管理软件。

9.1.2.9 其他新技术的应用

在金茂大厦的施工过程中,还应用了"超大超深基坑的支护技术"、"高精度测量技术"、"大型垂直运输机械应用技术"等一系列新技术。

金茂大厦地下室开挖面积近 2 万 m²,基坑周长 570 m,开挖深度 19.65 m,土方量达到了 32 万 m³,是上海地区软土地基施工中开挖面积最大、开挖深度最深的基础。在基坑围护方面,设计了空间桁架式全现浇钢筋混凝土内支撑技术,既保证了工程质量和安全,又缩短了施工工期,提高了经济效益。

测量工作是工程建设中的"眼睛",尤其在金茂大厦这样规模的建筑物施工中,测量工作的重要性就更显突出。在施工中采用 WILDT2 经纬仪、DII600 激光测距仪等高精度测量仪器,采用极坐标结合直角坐标法进行轴线放样,用天顶倒锥体法进行严格的测量复核,用往返水准控制高程。针对钢和混凝土两种材料不同的压缩、收缩和沉降,采用预先控制的修正补偿,达到了很好的效果。

9.1.3 经济效益与社会效益

金茂大厦推广应用新技术使我们尝到了科技转化为生产力的甜头。不但节约了能源和资源,而且获得了较好的经济效益和社会效益,共计节约近 2 500 万元。同时,通过新技术的应用,大大推动了建筑业科技成果的转化工程,培养了一批新技术应用人才,全面提高了建筑业职工队伍的素质,带动了一批新兴科技产业和科技型企业的形成和发展,运用市场经济规律,促进科技和经济的紧密结合,显示出科技生产力的巨大潜力。

9.2 国家体育场

国家体育场规模巨大,占地面积 20.42 km²,总建筑面积(含看台面积的一半以及立面楼梯)257 989 m²,屋面投影面积 59 814 m²,基底面积 69 548 m²,地下 1 层,地上 7 层,3

层看台。2008 年北京奥运会期间,可容纳观众 91 000 人,其中临时座席 11 000 个(赛后拆除),主要承担奥运会开幕式、闭幕式和田径比赛;奥运会后,可承担特殊重大比赛、各类常规赛事以及非竞赛项目。

9.2.1　结构形式

国家体育场钢结构建筑顶面呈马鞍形,长轴为 332.3 m,短轴为 296.4 m,最高点高度为 68.5 m,最低点高度为 42.8 m。屋盖中间开洞长度为 185.3 m,宽度为 127.5 m。主要由 48 榀主桁架围绕屋盖中间的开口呈放射形布置而成,主桁架与顶面及立面杂乱无章的次结构一起形成了"鸟巢"的特殊建筑造型,大跨度空间钢屋盖支撑在周边的 24 根桁架柱之上,并将荷载传至基础。

为达到预定的视觉效果,编织鸟巢用的杆件均为箱形构件,其中主桁架断面高度为 12 m,上弦杆截面为 1 200 mm×1 200 mm~1 000 mm×1 000 mm,下弦杆截面为 1 000 mm×1 200 mm~800 mm×800 mm,腹杆截面基本为 600 mm×600 mm。桁架柱为三角形格构柱,每根格构柱由 2 根 1 200 mm×1 200 mm 箱形外柱和 1 根 1 200 mm×1 200 mm 菱形内柱组成,腹杆截面为 1 000 mm×1 200 mm。立面次结构的截面为 1 200 mm×1 200 mm,顶面次结构的截面主要为 1 000 mm×1 000 mm。

9.2.2　钢材选用

国家体育场钢结构为全焊接结构,设计用钢量约 42 000 t,所使用的材料种类包括 GS20Mn5V 铸钢、Q345C、Q345D、Q345GJD 及 Q460E - Z35 等高强钢。其中,Q460E - Z35 为国内建筑钢结构工程首次采用,共计约 900 t,应用在 4 个柱脚和 6 根桁架柱中。在主体受力结构中大量采用 Q345GJD 及 Q460E - Z35 材质的厚板,钢板的最大厚度达到 110 mm。

除 C19 柱外,所有桁架柱的菱形内柱下端(标高 1.5 m)采用了 GS20Mn5V 铸钢件。铸钢件高 2 020 mm,壁厚最厚为 130 mm,单件最重为 18.09 t,共计 276 t。

9.2.3　工程特点与难点

9.2.3.1　工程组织管理难度大

本工程规模巨大,工程组织管理体系相当复杂,从市政府到业主、设计、监理、总包,从总包到土建施工单位、机电设备安装单位、装饰装潢单位、钢结构分部,从钢结构分部到钢结构加工单位、钢结构安装单位及膜结构施工单位,层次众多,项目管理极其复杂。

同时,钢结构安装与土建、钢结构现场拼装等存在多方施工交叉作业现象,现场场地狭小,施工场地布置、构件运输及大型吊机行走路线等受到限制。施工各方需合理协调、统筹管理,工程组织管理难度大。

9.2.3.2　结构复杂,造型奇特,安装精度控制难度大

国家体育场特殊的建筑造型,造成主、次结构之间存在多杆空间交会现象;而次结构的复杂多变和规律性少,更增加了结构节点构造的复杂性。安装时,经常存在多个管口同时对接现象。对于箱形断面,要保证多个管口的对接精度,难度巨大。同时,对于大跨度

空间结构,构件长度受温度变化的影响较大,安装精度极难控制。

9.2.3.3 构件体形大、质量重、形体怪异,安装难度大

本工程中,桁架柱的最大断面达 25 m × 20 m,高度为 67 m,单榀最重达 700 t。主桁架高度为 12 m,双榀贯通最大跨度为 258.365 m,构件体形庞大,单体质量重,加之桁架柱和立面次结构的形体怪异,吊装难度大。

同时,根据设计要求,本工程的顶面次结构需在支撑塔架卸载完毕后再进行安装。由于在支撑塔架的卸载过程中,屋盖钢结构会产生一定的变形,从而导致顶面次结构的安装边界条件发生了改变,但考虑到工期和设计难度,顶面次结构仍是按照卸载前的边界条件(即原设计坐标)进行加工和拼装的,这两者之间存在一定程度的尺寸偏差,从而导致顶面次结构的安装对口和精度控制难度增大。

9.2.3.4 厚板焊接、高强钢焊接及低温焊接难度大

本工程中,厚板数量较多(最厚达 110 mm),且均为高强钢(材质最高为 Q460E),厚板焊接、高强钢焊接、铸钢件焊接等居多,现场焊接工作量相当大,难度高,高空焊接仰焊多。同时,主结构安装与厚板焊接正值冬期施工,焊前预热、焊后保温、高空防风、防滑、防寒措施必不可少,施工难度大。

9.2.3.5 合拢难度大

国家体育场屋盖钢结构属于特大型大跨度钢结构,双榀主桁架贯通最大跨度 258.365 m。由于结构形成过程和使用过程存在较大的温差,在使用过程中,结构会产生较大的温度变形和温度应力。因此,根据北京地区的极限最低温度和极限最高温度,设计上设置了合拢温度,即屋盖结构最终形成时的温度,以减小温度变形和温度应力。根据设计要求,本工程中的主桁架和立面次结构各设置了 4 条合拢线,其中主桁架合拢口 96 个,立面次结构的合拢口 28 个,合拢口数量众多。为确保合拢线上的对接口同时合拢,需组织大量的人力和物力。同时,根据钢结构施工进度和北京历年来的气温情况,要确保设计要求的合拢温度,难度甚大,必须进行周密的部署和施工安排,合拢组织难度大。

9.2.3.6 卸载难度大

国家体育场钢结构受力体系为中央大开口的斜交桁架双层网壳,表现出很强的空间非几何线性作用。根据总体施工方案,结构安装阶段,整个屋盖设置了 80 个支撑塔架,作为主桁架安装时的临时支撑,主结构安装完毕后,再进行卸载和拆除。在支撑塔架的卸载过程中,结构体系逐步转换,结构本身和支撑塔架的受力均产生变化,卸载的先后顺序、卸载等级及工艺都会对其产生影响,需进行详细的工况分析。对于如此复杂的结构体系,工况分析及同步卸载控制难度大。

9.2.3.7 工期压力大

本工程的工期以钢结构施工为主线,其施工的进度直接影响体育场看台、基座、膜结构以及其他相关工程的施工,工期压力相当大。对于本工程钢结构的安装,无论是从工程量,还是从施工难度来看,工期都相当紧张。加上冬期低温施工的效率低下和北京春季风沙对吊装作业的影响,更加大了工期压力。

9.2.4　施工技术及研究

9.2.4.1　支撑塔架设置

　　为实施屋盖钢结构的安装和施工,根据钢结构特点、吊装分段形式和下部混凝土看台结构的布置情况,在主桁架下弦交叉节点的位置设置80个3 m×3 m格构式支撑塔架。为提高支撑塔架的整体刚度和稳定性,防止支撑塔架的沉降,支撑塔架的顶部设置桁架式水平支撑体系,底部设置6 m×6 m的桩基承台。根据主桁架的总体安装顺序将整体支撑塔架分成四大块,长短轴各两个区块,四个区块所有支撑塔架连成整体。

　　为方便现场加工制作和安装,提高其经济性,支撑塔架和柱顶连系桁架的设计均采用标准节方式。支撑塔架的柱肢采用D528×12和13609×12的螺旋焊管,水平腹杆采用2L125×8十字形布置,斜腹杆采用L125×8X形交叉体系。为提高支撑塔架柱身的抗扭刚度,在每节标准段的两端和中间区域设置角钢交叉横隔。同时,为便于主桁架的安装和支撑塔架的整体卸载,支撑塔架顶部设置十字形箱梁和H型钢支顶装置。

9.2.4.2　柱脚施工技术

　　国家体育场桁架柱柱脚共计24件,次结构(包括立面次结构、楼梯柱和排水柱)柱脚共计106件,所有柱脚通过φ30过渡板与混凝土承台中的预埋件相连。柱脚底部标高最低为-8.72 m,顶部标高为1.5 m(其中C19轴为-0.8 m),最重为189 t。柱脚单体质量重,50、80、100 mm的厚板较多,厚板焊缝密集,焊接变形和残余应力控制难度大。同时,柱脚部分与土建单位的交叉施工集中,柱脚安装时,土建施工还未结束,现场施工条件较差并受到限制。加之,柱脚周围存在大量的插筋,情况复杂,柱脚安装操作空间相当狭窄,施工难度大。柱脚安装完毕后,土建单位还需进行承台钢筋绑扎和混凝土的二次浇筑工作。所以,本工程柱脚特别是桁架柱柱脚无论是在结构形式还是在受力上都不同于其他工程,安装时,不但要确保柱脚的垂直度、水平偏移、上口标高,为上部结构施工创造条件,还要确保焊接质量,以保证整个屋盖结构的安全。

　　根据柱脚的结构特点及现场实际情况,针对不同位置的柱脚采用不同的施工技术。对于桁架柱柱脚,采用分块安装方法,并尽量减少现场焊缝的数量,保证焊接操作空间和位置,降低焊接难度。为此,所有柱脚的锚梁单独安装,并辅以垫板调节标高和垂直度,加设限位板以减小水平偏移。安装完毕后,采取稳定加固措施,避免土建施工对柱脚的影响。同时,对影响柱脚安装的钢筋,待柱脚安装就位后再进行绑扎。柱脚的锚梁段以上部分,北区选择500 t履带式起重机分段或整体进行安装,南区选择800 t履带式起重机整体进行安装。

　　为满足现场安装时的作业条件,立面次结构、楼梯柱、排水柱柱脚与柱身分段对接口设置在二次混凝土顶面以上1.2 m左右,相邻断口的最小距离大于0.6 m。次结构、楼梯柱、排水柱柱脚均采用整体安装,最大吊装重量为24 t。

9.2.4.3　桁架柱安装技术

　　桁架柱支撑着整个屋盖,受力大,施工质量要求高。安装时,不但要确保内柱的垂直度、水平偏移及上节柱和下节柱的对口偏差,而且还要确保桁架柱上各牛腿的管坐标,为主桁架和立面次结构的安装创造条件。但是,桁架柱对接管口多,刚度大,拼装时很难保证各管口的精度,这势必给安装带来困难,特别是柱脚与桁架柱对接处,因未进行预拼装且钢板较厚,对口调节困难。

为降低构件的拼装难度,桁架柱采用卧拼法。由于桁架柱体形庞大,整根吊装难度极大,且既不经济,又不安全。为此,根据桁架柱的特点、现场场地条件及安装精度要求、工期要求等实际情况,桁架柱采用就近整体拼装、分段吊装的方法,即桁架柱在指定的位置整体拼装完成并经验收合格后,采用分段双机抬吊、起吊直立、主吊车回转就位的吊装方法。每根桁架柱均分为两段:下节柱和上节柱。

由于桁架柱较重,且重心偏向内柱,在吊装过程中吊点与吊耳受力较大。为此,根据桁架柱重心位置、拼装形态及结构形式,下柱吊装时,内柱设置主吊点和圆管吊耳,以便于起吊直立过程中钢丝绳的转动;两外柱设置副吊点和板式吊耳,以便于桁架柱吊装时的平衡调节。同时,为保证桁架柱外观的美观及起吊后钢丝绳的受力,外柱上的吊耳均设置在桁架柱内侧,内柱上的吊耳设在菱形内柱两侧。上柱吊装时的吊点均设置在外柱弯扭段顶面,靠内柱一侧为主吊点,两主吊点距离较近,外侧为副吊点,主副吊耳均采用板式吊耳。

在桁架柱的吊装过程中,吊耳将承受较大的集中荷载。由于吊耳的受力较为复杂,采用通常的方法难以确定吊耳的内力分布情况,只能通过实体有限元的方法来确定,并会涉及接触非线性与材料非线性问题。为便于吊耳的重复利用,吊耳设计时,可适当加长,并以最重的吊装分段和最不利工况作为计算分析依据。根据计算分析,内柱圆管吊耳选用D500×34 和 D610×32 两种,圆管内设厚度为 20 mm 的内加劲板。为了防止吊绳上滑,圆管外加限位环板,环板上设置加劲板来保证其强度与稳定性。板式吊耳则采用 50 mm 厚钢板。

桁架柱安装需要进行脱胎、起吊直立、吊装就位等一系列工艺程序,对于桁架柱此类特大型构件的安装,吊装前的各项准备工作尤为重要,如现场平面规划与清理包括吊机站位点与行走路线、800 t 吊车配重摆放位置、吊机行走路线、超起配重的回转范围及桁架柱的起吊直立区域内构件、工器具、杂物等影响桁架柱脱胎的拼装平台、拼装定位板及其他杂物、垃圾的清理;柱脚上口处操作平台、安全通道搭设;内部加强支撑、外部刚性拉撑、刚性拉撑包箍、缆风绳耳板的装设;柱脚上口和桁架柱下端处的工装件、定位板的安装。为防止钢丝绳的损坏,500 t 辅助吊车吊点处需增设圆弧形钢板保护套。起吊直立和吊装就位时,通过捌链及滑轮组对桁架柱进行平衡调节,并确保桁架柱内柱垂直于大地。

桁架柱起吊直立时,动作要平稳,并须进行全过程监测,直到桁架柱内、外柱下端口保持水平。下柱吊装就位时,因内柱下端为铸钢件,且铸钢件以插入形式与柱脚连接,所以在进行对口就位时,首先进行内柱的对口定位,然后调整外柱的对口偏差。桁架柱就位后,先进行临时固定,然后通过经纬仪、全站仪进行内柱垂直度的控制测量及控制点坐标的测量,根据偏差情况进行调整,直到满足要求。调整时,先调整内柱垂直度,后调整每个箱形柱管口坐标。调整好桁架柱后及时利用卡马进行固定,然后三个管口同时施焊,对称焊接,待焊缝完成 2/3 以上后,吊车方可松钩。

为确保桁架柱的侧向稳定,根据吊装工况分析和变形计算结果,桁架柱就位后,在内柱与混凝土看台之间设置圆管刚性拉撑,外柱内侧拉设稳定缆风绳。

9.2.4.4 主桁架安装技术

根据散装总体思路,即分段吊装方案,主桁架共分为 182 个吊装分段,其中平面桁架共 166 段,立体桁架共 16 段。除内圈主桁架外,主桁架均采用平拼法。由于主桁架分段形态和重心分布各不一样,故吊点的布置也会互不相同。根据主桁架的分段形式,吊点设置总体分为两种:外圈和中圈的平面主桁架采用两点吊装,局部牛腿较长的桁架增设一个稳定吊点;内圈立体主桁架采用三点吊装,一个主吊点和两个辅助吊点。所有吊点均设在桁架上弦节点区域对应内加劲或靠近内加劲的位置,以满足桁架上弦的局部受力要求。

由于主桁架吊装单元分为平面主桁架和立体主桁架,平面主桁架采取卧式组拼,而立体主桁架拼装形态与吊装时相同,所以平面主桁架与立体主桁架的吊装过程不尽相同。立体主桁架的吊装过程:脱胎—就位—校正—焊接;平面主桁架的吊装过程:脱胎—翻身—就位—校正焊接。

为便于对位,主桁架安装时需在主桁架下弦下表面和上弦上表面标出质量控制基准点,基准点选择支撑塔架处主桁架两个方向轴线的交点,并将基准点投影到支撑塔架顶部十字梁上。当主桁架就位时,首先确保主桁架下弦下表面的基准点与支撑塔架顶部的基准点重合,然后通过经纬仪、全站仪进行主桁架的垂直度测量和主桁架上弦上表面基准点的坐标测量,如不符合设计和规范要求,可在支撑塔架顶部架设千斤顶来进行调整,直到基准点的坐标达到设计和规范要求。主桁架就位后,进行相关管口的坐标测量,如偏差不符合设计和规范要求,进行相应的处理,并作为相邻主桁架分段的安装依据。

主桁架安装前通过建模确定支顶点的标高,并根据计算结果加工和安装好支顶装置,确保支托位置和顶部标高符合预定的尺寸要求。确定标高时要考虑支撑塔架的压缩变形量(约 5 mm),确保主桁架就位后自重作用下的安装实测标高符合设计要求。为防止垫板和支托在主桁架就位时滑动,采用压马将垫板和支托固定在短柱上。在就位过程中,如主桁架管口标高未达到设计坐标,可通过气割调整支托高度,满足要求后,将支托上端与主桁架下弦底板焊接固定。

主桁架高度高,且搁置在支撑塔架上,分段吊装时,高空构件的风载较大,在分段未连成整体或结构未形成整体之前,稳定性较差,尤其是最先吊装的主桁架分段,侧向稳定性差。所以,主桁架安装遵循分区对称安装原则,尽早形成独立稳定的区域,并按照三个阶段八个区域的吊装顺序,进行安装。主桁架就位完毕后,及时进行固定,对接口设置卡马,自由端设置侧向稳定撑杆和缆风绳。对于首件吊装的主桁架,必须待所有固定措施和侧向稳定措施做好后方可松钩,松钩时要缓慢,以确保首件吊装的主桁架的安全和支撑塔架的安全。同时,在松钩过程中,要加强对主桁架的变形(主要为挠度)和支撑塔架垂直度的监测。根据吊装工况分析和变形计算结果,起吊前局部悬臂杆件之间加设临时内支撑,支撑形式为 〔 20(用于长度较短的支撑)和用 〔 20 拼成的支撑(用于长度较长的支撑)。

9.2.4.5 立面次结构及钢楼梯安装技术

国家体育场的结构特色的主要体现就是次结构的布置,因其看似杂乱的布置,真正体现了"鸟巢"的结构主题。为确保管口对接质量,在施工总体思路上,立面次结构和钢楼梯分区间整体预拼装,分段进行安装。根据结构布置和吊车选用情况,立面次结构共分为 418 个吊装分段。在施工总体程序上,立面次结构安装遵循分区对称安装原则,尽早与桁架柱形成独立稳定的区域。同时,立面次结构及钢楼梯安装遵循由内向外的施工顺序:楼梯柱安装—内楼梯安装和立面次结构安装—外楼梯安装。

因立面次结构倾斜向外,在结构未形成整体稳定区块之前,自身稳定性很差,为防止侧向失稳,立面次结构吊装时,往看台方向拉设缆风绳。

9.2.4.6 冬期焊接与低温焊接技术

国家体育场钢结构工程量大,厚板焊接、高强钢焊接众多。根据散装总体施工方案,现场焊接,特别是高空焊接工作量相当大。受钢结构开工时间的影响及总体工期压力的制约,大量钢结构必须在冬期进行焊接,冬期焊接和低温焊接不可避免。为了能够既确保工期,又确保工程焊接质量,必须研究相应的焊接技术。针对国家体育场冬期施工这一实际情况,专门在哈尔滨进行了低温焊接试验,根据试验结果,结合国内外的相关工程经验,制订冬期焊接与低温焊接技术方案。

对于低温焊接,钢材的预热、层间温度控制及热处理十分重要。$t \geqslant 30$ mm 时,采用电加热;$t < 25$ mm 时,采用火焰预热。

在拘束度大的情况下,预热温度需提高 $15 \sim 30$ ℃。异种钢焊接,预热温度执行强度级别高的钢种的预热温度。不同板厚对接,预热温度执行板厚较厚的钢板预热温度。由于本工程均为箱形构件,预热时在正面加热,测温点设置在坡口底部垫板中心。采用电加热方式进行预热的构件,应进行伴随预热,层间温度不得低于预热温度,且 Q345 钢不超过 250 ℃,Q460E 钢不超过 200 ℃,层间温度测温点在焊道的起始点。采用火焰加热的主要目的是烤干焊接区域水汽,实现正温焊接。烘烤范围是焊缝两边各 50 mm,烘烤温度为 $20 \sim 40$ ℃。

低温焊接时需连续施焊,焊接工作结束后,立即进行紧急后热或保温。$t < 40$ mm 时需紧急保温,采用岩棉包裹焊接接头,自然冷却;$t > 140$ mm 时进行后热处理,后热温度在 $250 \sim 3\ 500$ ℃,后热时间 $1 \sim 2$ h,然后采用岩棉保温缓冷。为确保低温焊接质量和安全,明确低温焊接环境温度范围为 $0 \sim -15$ ℃。低于 -15 ℃时,需停止焊接作业。同时,低温焊接时需搭设防风装置。高空焊接作业时,防风装置要严密保温,特别是防风棚底部要密实,防止沿焊道形成穿堂风。雪天及雪后进行作业时,焊缝两端 1 m 处设置密封装置,防止雪水进入焊接区。

焊机尽量集中摆放在可移动的焊机防护棚内,防护棚内设置加热设备,使焊机在正温状态下工作。使用前,气瓶尽可能集中存放,在气瓶存放棚设加热装置,确保气体随用随有;气瓶在使用时,放置在焊机棚内,实现正温管理,单机使用时,气瓶必须采取加热保温措施,采用电热毯加热外包岩棉或其他保温材料进行保温,保证液态气正常汽化,使保护气体稳定通畅。冬期施工采用接触式测温仪控制预热、后热及层间温度,环境温度使用普通温度计监控。保护气体使用纯度为 99.9% 的 CO_2 气体,以保证焊接接头的抗裂性能。

9.2.4.7 合拢技术

北京地区的气候类型属典型的温带大陆性气候,季节气温变化很大。由于"鸟巢"结构的钢构件直接暴露于室外,冬季时钢构件的温度与室外气温基本相同。夏季室外气温最高,同时太阳照射强度也最大,太阳照射将引起构件温度显著升高。由于屋架上、下弦膜材之间的空气流动性较差,屋架内部温度明显高于室外气温,形成"温箱"效应。另外,结构在迎光面与背光面的温差,以及屋面、立面钢构件的温差将形成梯度较大的温度场分布。由于国家体育场大跨度钢结构的平面尺度很大,温度变化将在结构中引起很大的内力和变形,对结构的安全性与用钢量将产生显著的影响。加之,国家体育场钢结构工程量大,结构安装需经历较长的时间跨度,为控制安装过程的变形,减小结构使用过程中的极限温度变形和温度应力,在安装主桁架的过程中,采用了分块安装法,即先将各分段主桁架在高空依次拼接为 4 个对称、均匀布置的独立板块,然后将各独立板块连成一个整体,这一分块连成整体的过程就叫作合拢。合拢时的钢构件平均温度即为合拢温度,它有别于合拢时的大气温度,它是结构使用过程中温度的基准点。为保证使用过程中的安全,特别是北京地区极限最高温度和极限最低温度时的安全,必须选择合适的合拢温度,以减少结构使用过程中的温度变形和温度应力。根据原设计要求,主桁架的合拢温度为$(14 \pm 4)℃$,立面结构与顶面次结构的合拢温度为$(14 \pm 8)℃$。考虑到全球气温变暖趋势、极限最高温度和极限最低温度的取值偏低及施工进度等诸多实际情况,设计对合拢温度进行了微调,调整后的合拢温度要求为:①钢结构的合拢温度 $15 \sim 23 ℃$;②次结构的合拢温度 $11 \sim 23 ℃$;③设计合拢温度为钢结构的平均温度,在合拢时钢结构尽量做到温度均匀,在立面次结构后合拢情况下,顶面主结构温度允许偏差为 $\pm 2 ℃$。

国家体育场钢屋盖结构复杂,跨度较大,主桁架相互交错,合拢线的选择比较困难。在确定合拢线时,不但要考虑结构本身的受力和变形情况,同时还应考虑钢结构的整体安装顺序和主桁架的安装分段情况,尽量减少合拢点的数量,特别是合拢口的数量,以方便施工,减少合拢时的人员、设备及其他资源的投入,并确保施工过程的安全。根据设计要求,并结合现场施工的实际情况,主桁架、立面结构及顶面次结构的合拢线确定如下:①主桁架沿屋盖环向设置 4 条合拢线,主桁架的合拢线充分利用钢结构的两条分区施工线,另增设两条合拢线;②为保证整个结构的合拢,立面结构与顶面次结构沿屋盖环向在与主体钢结构合拢断面相应的位置设置 4 条合拢线;③安装时,合拢线处所有钢结构杆件均断开,采用卡马临时搭接,并保证合拢口的伸缩自由。根据以上情况,主桁架共有 96 个合拢口,立面次结构共有 28 个合拢口。

由设计要求和选定的合拢线可知,本工程的合拢口数量众多,牵涉的合拢段较多。根据总体施工进度安排,合拢段安装的时间跨度相对较大,因此各合拢段安装时的温度差别较大,受温度变化的影响也较大。为确保合拢段的顺利安装和施工过程中的安全,同时确保合拢口合拢时的最终间隙符合要求,在进行合拢段的安装时,必须遵循以下原则:①尽量选择在与合拢时相近的温度条件下或低于该温度的条件下进行安装,以方便构件的进档,控制合拢时的坡口间隙,该间隙大小要考虑温度变形计算结果和焊接收缩变形,以减小合拢口的焊接量和焊接残余应力,确保合拢口的焊接质量。如达不到预定的要求,可调整合拢段先焊一端的坡口间隙。同时,对合拢口的错边量也要加以严格控制,保证合拢的顺利进行。②尽量采用小间隙安装法,避免合拢时合拢口间隙过大。③为确保合拢段施工过程中的安全,合拢段安装就位后,除设计要求的合拢口不进行焊接连接外,其他接口部位均需及时焊接完毕,以增强结构的整体稳定性。④为确保合拢口在施工过程中因温度变化而自由伸缩,合拢口采用卡马搭接连接,卡马的大小和数量需根据该接口部位的受力计算确定。此受力计算不但要考虑合拢段安装过程中搭接受力要求,而且要考虑合拢过程中合拢口的受力要求,包括构件本体的受力。

因合拢口数量众多,如一次合拢,则需投入大量的人力和物力,且施工组织管理也相当困难,根据现场实际情况,结合设计提出的先行合拢构件需纳入后续合拢线合拢温度要求范围这一基本原则,本工程的合拢按合拢线依次进行合拢。先进行主桁架的合拢,再进行立面结构的合拢,主桁架合拢时,先进行两大施工区域内部合拢线的合拢,再进行两大施工分区间合拢线的合拢,同一合拢线的各合拢口同时、同步合拢。在进行主桁架4条合拢线的合拢时,合拢温度条件要基本相同,此时因立面结构还未合拢和形成整体,故可不对立面结构的温度作严格的要求。但当进行立面结构的合拢时,顶面主桁架因已形成整体并参与受力,所以必须加以总体考虑,主桁架的温度要求同立面结构的合拢温度要求。

按照设计要求,合拢时钢结构本体温度是结构的整体温度,为确切掌握整个屋盖钢结构的温度场分布情况,以及不同部位钢结构实际温度同气温的对应关系,确定最佳的合拢时机,建立了以热电偶作为测温元件的自动测温系统。该系统测温范围为 $-5 \sim +120$ ℃,测试精度为 ± 1 ℃。温度测试共布设60个测点,其中:顶面桁架36个测点,立面结构24个测点,测点具体设置为:上下弦杆的上表面、立面结构的侧表面、内柱的外侧面。温度测试在合拢前5 d开始进行全天24 h跟踪监测,并覆盖合拢过程的所有工作。为形成连续的测量资料,每间隔0.5~1 h读取各测量点的温度信息,并形成数据文件。重点对各测量点的夜间温度进行整理分析,以获取夜间钢结构整体温度的具体数值和分布情况。

为防止合拢时因温度变化而产生过大的温度变形和温度应力,选择在气温相对稳定的情况下进行合拢,即合拢安排在夜间进行。由于合拢口数量多,焊接量大,要在短时间内将合拢口焊接完毕,难度较大。为此,实际合拢时,先将合拢口的所有卡马焊接固定,然后进行合拢口焊缝的焊接。卡马的焊接在1 h内完成,卡马的连接焊缝高度根据受力计算结果确定。卡马焊接完毕后,及时进行合拢口对接焊缝的焊接,并确保焊接过程中钢结构的本体温度尽可能处于设计要求的合拢温度范围内。

9.2.4.8 支撑塔架卸载技术

国家体育场支撑塔架的卸载具有卸载总吨位大(达14 000 t)、卸载点分布广、点数多、同比卸载量变化大及单点卸载吨位大等特点,为确保结构的安全和整体外形,需控制各点同步下降。为此,采用液压同步控制系统来进行卸载。

对于大跨度空间结构,卸载顺序直接影响支撑塔架的受力变化和结构本身的受力转换。不同的结构形式,卸载顺序也会有所区别,但总体原则是确保支撑塔架的受力不超出预定要求和结构成型相对平稳。根据多次计算分析的结果,最终确定由外向内的卸载总顺序,分7大步和35小步进行卸载,并且在外、中、内三圈支撑塔架各圈卸载过程中保持同步,三圈支撑塔架每次卸载的位移同各点的最终总位移保持等比关系。

国家体育场钢结构采用散装总体施工方案,虽然施工临时措施较多,但经多种方案比较,所选方案是能够安全实施的最佳方案,目前该施工方案已获得圆满成功,取得了较好的经济效益和社会效益,并满足了合同工期要求。

参 考 文 献

[1] 胡建琴,常自昌.钢结构施工技术与实训[M].北京:化学工业出版社,2010.
[2] 谢国昂,王松涛.钢结构设计深化及详图设计表达[M].北京:中国建筑工业出版社,2010.
[3] 赵占彪.钢结构[M].北京:中国铁道出版社,2006.
[4] 陈绍蕃,顾强.钢结构[M].北京:中国建筑工业出版社,2005.
[5] 郭成喜.钢结构辅导与习题精解[M].北京:中国建筑工业出版社,2005.
[6] 戴国欣.钢结构[M].武汉:武汉理工大学出版社,2007.
[7] 孙加保.钢结构工程施工[M].黑龙江:黑龙江科学技术出版社,2005.
[8] 北京土木建筑学会.钢结构工程施工操作手册[M].北京:经济科学出版社,2005.
[9] 唐丽萍,乔志远.钢结构制造与安装[M].北京:机械工业出版社,2008.
[10] 刘声扬.钢结构[M].北京:中国建筑工业出版社,2005.
[11] 李帼昌,张曰果,杨华.钢结构设计问答实录[M].北京:机械工业出版社,2008.
[12] 李守巨.钢结构工程监理细节100[M].北京:中国建材工业出版社,2007.
[13] 王珊.钢结构设计原理[M].北京:中国社会出版社,2005.
[14] 童根树.钢结构的平面内稳定[M].北京:中国建筑工业出版社,2005.
[15] 张耀春.钢结构设计[M].北京:高等教育出版社,2007.
[16] 施工技术杂志社.建筑钢结构施工新技术[M].北京:中国建筑工业出版社,2009.